长江河口滩涂湿地

上海崇明东滩
鸟类国家级自然保护区
第二次综合科学考察报告

主编 陈家宽

副主编 汤臣栋 马涛 马强

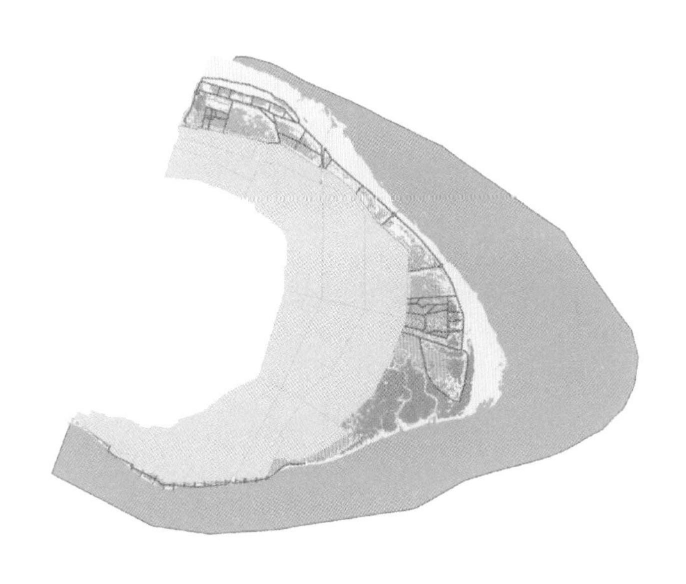

上海科学普及出版社

编写委员会

主　编

陈家宽

副主编

汤臣栋　马　涛　马　强

编　者

（以姓名笔画为序）

马　涛　马　强　马志军　王　卿　冯雪松　汤臣栋
李梓榕　吴　巍　吴纪华　陈家宽　赵　斌　傅萃长

序　一

崇明东滩，我们从这里再次启航

2018年1月28日凌晨两点，我终于完成了《上海崇明东滩鸟类国家级自然保护区第二次综合科学考察报告》(上报本，以下简称“《二次科考报告》”)的统稿工作。至此，上海崇明东滩鸟类国家级自然保护区功能区调整所需要的规定文本全部完成。

《二次科考报告》能顺利完成，原因有两个：第一，保护区晋升为国家级自然保护区以来的十多年里，复旦大学生物多样性科学研究所和上海市崇明东滩鸟类自然保护区管理处等单位研究人员都有长期研究与监测的科学资料，为《二次科考报告》的编写提供了坚实基础；第二，写作班子成员都对中国自然保护地事业有发自内心的历史责任感与协同创新的愿望。

此时此刻，我对上海的同事们和公众还有话要说吗？有，那就是“长江河口自然保护只有进行时，没有完成时！”

一、崇明东滩，复旦大学重振生态学科从这里启航

1997年12月，我应吴千红教授之请从位于长江中游的武汉大学来到位于长江口的复旦大学，出任生物多样性科学研究所所长，肩负重振生态学科的任务。如何寻找复旦大学发展生态学科又能服务于国家重大需求的突破口呢？

1997年6月，原国家科技领导小组决定制定《国家重点基础研究发展规划》，并于1998年由科技部开始组织实施“国家重点基础研究发展计划(973计划)”。同年10月，我与中国科学院动物研究所李典谟研究员组织撰写了《生物多样性起源、维持和丧失机理及其高科技保育的研究》建议书，并获得国家自然科学基金委员会推荐进入答辩，但因种种原因最终未获批准立项。于是，我开始思索：我们的突破口究竟何在？

1998年12月起，我担任了原国家环保总局国家级自然保护区第三、第四届评审委员会副主任。1999年，我在受命实地考察长江流域多个申报晋级国家级自然保护区的省级自然保护区过程中有了重要发现：第一，自然保护区体系建设事关长江流域的生态安全；第二，全球重要生态敏感区——长江河口竟然没有一个国家级自然保护区，也没有进入

《国际重要湿地名录》。这不正是我在苦苦寻找复旦大学发展生态学科又能服务于国家重大需求的突破口吗？

几乎与此同时，1999年6月，世界自然基金会（WWF）长江湿地网络项目负责人雷光春博士主动批准我到复旦大学后的第一个项目。随后十年里，复旦大学生态学科从崇明东滩湿地启航——我主持的长江河口湿地生态系统的科学研究项目接踵而来。

1. 世界自然基金会（WWF）项目：崇明岛湿地利用方式、生态后果评价及保护对策（1999～2000）。

2. 上海市优秀学术带头人项目：上海市及其邻近地区生物多样性丧失与维持机理研究（1999～2001）。

3. 世界自然基金会（WWF）项目：长江中下游典型洄游性鱼类的生态过程（2000～2001）。

4. 上海市九段沙湿地自然保护区项目：上海九段沙湿地自然保护区综合科学考察（2003～2004）。

5. 教育部科技司重点项目：长江河口新生湿地的演变规律、受损机制与修复途径预研究（2004～2005）。

6. 上海市科学技术委员会重大项目：上海九段沙湿地生态系统保护和调控的技术体系（2004～2007）。

7. 上海市科学技术委员会重大项目：上海崇明东滩国际重要湿地监测、维持和修复技术（2006～2008）。

8. 上海市绿化和市容管理局预研究项目：崇明东滩互花米草控制与鸟类栖息地优化工程（2006）。

9. 上海市科学技术委员会重大项目：崇明东滩互花米草控制与鸟类栖息地优化工程的关键技术研究（2008～2010）。

在科技项目的支持下，复旦大学生态学科的科研团队为长江河口生态系统保护与上海生态文明建设作出了应有的贡献。

1. 1998年复旦大学建立长江河口湾生物多样性野外定位站；2004年与上海市崇明东滩鸟类自然保护区正式签订协议，共享科研条件与生活设施；2004年建成全球碳通量东滩野外观测站，数据通过因特网发布；2006年复旦大学正式发文确认野外定位站；2006年上海市科学技术委员会批准正式更名为“长江河口湿地生态系统野外科学观测研究站”（上海市绿化和市容管理局、复旦大学），实验区和生活区正式投入使用；2012年上报并获批国家林业局“上海崇明东滩湿地生态系统野外定位研究站”；2021年，被科技部正式批准为“国家野外科学观测研究站”，这是中国第一个大型河口滩涂湿地野外定位研究站。

2. 2000年3月，我为上海市科学技术协会撰写内参《建设与国际大都市相称的自然保护区》，指出上海与国际大都市纽约、伦敦、东京和中国香港在自然保护地建设上的明显差距，以及上海地处长江河口的地理优势，提出了上海建设国际一流自然保护地体系的方案，并被采纳。

3. 2005年4月，受上海市科学技术委员会委托，我代表专家们在《上海中长期科技发展规划纲要》论证会上作“崇明生态岛科技示范工程重大专项”汇报。汇报中提出生态岛建设的内容与关键技术，此重大专项最终成为部市合作的科技重大专项，为崇明世界级生态岛建设的创新驱动作出贡献。

4. 2005年7月，依靠复旦大学科技支撑，上海九段沙湿地成功晋升为国家级自然保护区，也为同年晋升为国家级自然保护区的崇明东滩的申报提出了至关重要的决策建议，从而结束了上海市和长江河口没有国家级自然保护区的历史，在中国环保史上写下重要一笔。

5. 2007年1月，受上海市绿化和市容管理局委托，承担“上海崇明东滩鸟类国家级自然保护区互花米草控制与鸟类栖息地优化项目方案”预研究项目，陈家宽教授课题组提出了“围、割、淹、晒、种、调”六字方针，并在项目可行性论证、示范性研究和正式立项中提供技术支撑。2012年年底，经原国家林业局、原国家环保部按照严格法律程序审批后，项目由上海市发展改革委员会立项拨款建设，投资10.3亿元，面积24.2 km^2，建设内容包括互花米草生态控制、鸟类栖息地优化和科研监测基础设施三部分，于2017年年底完工。这是世界上最大的入侵种控制工程和鸟类栖息地优化工程之一，其成效得到国内外同行高度评价。

在为长江河口生态系统保护开展科学研究的同时，复旦大学陈家宽、李博、方长明、赵斌、吴纪华、马志军、傅萃长和张文驹等教授，在2004 ～ 2012年间，以崇明东滩为研究地指导博士后研究报告和研究生学位论文42篇，其中博士后出站报告3篇，博士学位毕业论文17篇，硕士学位毕业论文22篇。部分代表性学位论文有：

1. 陈中义，2004：互花米草入侵国际重要湿地崇明东滩的生态后果（博士学位论文）；

2. 廖成章，2007：外来植物入侵对生态系统碳、氮循环的影响：案例研究与整合分析（博士学位论文）；

3. 全为民，2007：长江口盐沼湿地食物网的初步研究：稳定同位素分析（博士学位论文）；

4. 严燕儿，2009：基于遥感模型和地面观测的河口湿地碳通量研究（博士学位论文）；

5. 崔军，2011：河口湿地围垦后长期耕作下土壤理化性质演变、碳固定及细菌群落演替的研究（博士学位论文）。

作为这一历史见证人，我还要特别提到英年早逝的杰出生物学家钟扬教授。他在上述科研项目策划、创新平台建设和研究生培养中贡献了无与伦比的智慧与才华，他无愧于复旦大学生态学国家重点学科奠基人和领军人之一这一称号！

作为这一历史见证人，我还要特别提出：上海市人民政府诸位领导的远见卓识、上海市主管委办局领导的抓铁有痕以及各个自然保护区管理处全体工作人员的无私奉献，才是长江河口生态系统保护事业取得成功的关键！

二、崇明东滩，我们从这里再次启航

我们任重道远，长江河口自然保护地体系建设只有进行时，没有完成时！

作为一名负责任的生态学家，我必须指出以下几点。

第一，崇明东滩是长江河口生态系统的很小组成部分之一，局限于崇明东滩滩涂保护难以见效。我认为只有保护好长江河口生态系统以及长江流域才能保护好崇明东滩。

崇明滩涂湿地只是崇明岛的一部分，崇明岛、长兴—横沙岛和九段沙也只是长江河口的一部分。可是，到目前为止，我们只对滩涂湿地生态系统研究较为深入，而对整个河口生态系统结构与功能研究极其缺乏；对长江河口的研究大多为地形地貌、水沙动态和生物资源等方面。如果上海要率先在大型河口建立以国家公园为主体的自然保护地体系，显然还缺乏成体系的科技支撑。

第二，作为长江河口自然保护体系的有机组成部分——崇明东滩、九段沙、中华鲟和金山三岛，却长期处于由林业、环保、农业和海洋等部门分别管辖的各自为政的状态，直到最近才得以理顺。

据我所知，与崇明东滩相比，其他三个自然保护区在基础设施、执法能力、管理水平、科技支撑、自然教育和对外开放等方面都存在一定差距。个别自然保护区与其他自然保护区的地理范围还严重重叠，急需调整。近20年来，崇明东滩在自然保护上做出令人瞩目的成就，但在互花米草生态控制与鸟类栖息地优化工程完工后还会面临如何科学管控的重大挑战，还必须培养一支能打大仗、打硬仗的高水平的科研与管理队伍！

第三，长江大保护是中央政府的重大战略决策，上海地处长江河口，如何在长江大保护中成为参与者、贡献者和引领者？上海市人民政府、科技界、高校和自然保护区管理部门都需要认真思考，要把长江大保护放到重要议事日程上来，并付诸行动。

崇明东滩，复旦大学生态学科要与大家一起从这里再次启航！

陈家宽

2021年10月

序　二

长江河口生态系统——生态学研究的理想实验室

中国河口数量与类型之多堪称世界之最：大陆海岸线北起辽宁的鸭绿江口，南至广西的北仑河口，全长1.8万千米，加上我国海岛入海河流一共有上千条，而且全球多条最重要的河流分布在我国境内，最重要的河口有鸭绿江、辽河、滦河、海河、黄河、灌河、长江、钱塘江、椒江、瓯江、闽江、九龙江、韩江、珠江、南流江、北仑河等；又由于中国的地质历史复杂、地形地貌独特、地理疆域辽阔并拥有广袤的大陆架，因此我国拥有特征各异的河口生态系统和三角洲平原。可以说，缺少对我国河口生态系统的深入、系统的科学研究，我们就不可能有对全球范围的河口生态系统的科学认知。

我们同时注意到，我国河口生态系统和三角洲地区地理位置非常优越：一是大多处于湿润的亚热带和温带区域；二是大多位于太平洋的北半球西海岸中部或近中部；三是通过重要河流与广袤的内陆有着密不可分的联系，这会给有利于人类生存与发展必需的各种重要的生态和资源要素合理配置创造有利条件。因此，我们不难理解中国目前最重要的经济区、城市群和人口集中在长三角、珠三角和渤海湾地区，我们也可以预见中国未来发展中在全球最有竞争力的地方就在上述区域！

非常有趣的是，一个国家的科学技术研究特别是生态学和地学的研究格局往往与这个国家的经济社会发展战略和国家安全有着密切的关联：在中国改革开放和融入全球经济一体化之前，我们重视的是内陆经济社会和相关科学技术的发展，从生态学和地学研究来看，我国对森林、草原、荒漠、湖泊乃至青藏高原的研究要远远好于海岸带和海洋。现在我们要迈进海洋强国的行列，必定会加速我国海岸带和海洋的科学技术的研究。实际上，从近十年来中国河口生态系统研究态势来看已经初见端倪。

笔者从长江河口长期研究中已深刻体会到河口是非常独特的生态系统，由于处于海洋、陆地和河流生态系统相互作用的界面上，因此河口生态系统有以下诸多特点。

1. 高度开放。通过水沙运动、潮汐节律、生物迁移和人类高强度活动等，河口生态系统与陆地、河流和海洋生态系统的物质交换频繁，主要表现在与相邻生态系统之间的碎屑、颗粒有机物、水溶性营养物和生物之间的频繁迁移。而各种有时空规律或者突发性的水流、潮汐、海陆风等物理能变化等又不断加剧这种物质交换过程或导致变化的不确定性。因此，相对于其他类型的生态系统更具开放性，河口生态系统结构与生态过程极为复杂多变，不考虑其他生态系统的影响因素来科学理解河口生态系统结构、功能与演变是完全不可能的。

2. 极为敏感。从外部环境来看，由于受海洋、陆地和河流的多重作用，河流的水沙通量、海洋的潮汐、海水盐度和河口河床地形地貌相互作用以及人类活动对上述各个要素的影响等都会对河口生态系统的形成和演变产生重要影响；从内部结构来看，该生态系统中作为初级生产力的植物群落组成种类较少、结构相对简单，因此任何一个关键种多度的变化或者外来物种的入侵将强烈和快速影响整个河口生态系统的结构与功能，从而改变其演变方向。

3. 非常脆弱。河口生态系统健康的维持常常取决于水文、地形、地貌特征，因此人类活动对这三要素的任何干扰，都将显著地改变河口生态系统的命运。已有证据证明，远离河口上千公里的上游大型水利工程建设等都会对河口生态系统带来深刻影响，更不用说河口的三角洲恰恰又是人类活动最为频繁的区域。司空见惯的围垦、航道港口修建、排污、外来物种引入和掠夺性捕捞已让河口生态系统面目全非，危机四伏。

4. 稳定性低。由于如下因素，河口生态系统稳定性非常低：受流域水沙通量、潮汐和人类活动的相互作用，河口河岸边界和河床地形地貌稳定性差，变化的时间尺度很短，往往以十年计；河口生态系统中仅有盐沼部分生长有高等植物，虽然生物量高，但是对于整个河口生态系统结构与功能的维持来说，要依赖其他生态系统物质与能量的输入，因此，河口生态系统是不完全生态系统。一个初级生产力不足以维持自身结构与功能的生态系统必定是不稳定的。

长江是世界第三大河，由于发源于青藏高原，因此是世界上落差最大的河流。又由于河流东西走向，同处于降雨量丰富的亚热带湿润区，流入宜昌中下游平原后水势相对平缓，河口又无海湾地形地貌，这些特点共同决定了长江河口的盐度、河床地形地貌和河口的发育形态与演变趋势。因此，长江河口生态系统除了具有上述特点还有其自身的独特性。

1. 长江河口是十分典型的分汊型河口。河口依次形成由西向东的一代又一代的冲积岛，河口河段又被这些冲积岛依次分为南支与北支，目前长江河口有第一代冲积岛也是世界上最大的冲积岛——崇明岛，第二代冲积岛是长兴—横沙岛，第三代冲积岛是九段沙。这种相对稳定的分汊型河口为长江航道安排和管理提供了便利。

2. 在河口冲积岛周边形成广袤边滩湿地。数千平方公里的滩涂湿地成为河口生态系统的主体，最广袤的、还在不断向外扩张的滩涂湿地都分布在冲积岛东部——崇明东滩、横沙东滩、南汇东滩和九段沙下沙东侧；从地质史时间尺度来看，这些湿地形成历史很短，长则千年，短则仅有百年历史，如九段沙露出水面还不到一百年时间。无疑，这些新生的、不断扩张的、快速演替的滩涂湿地为长三角经济区提供了巨大生态服务功能和宝贵的潜在土地资源。

3. 河口滩涂生态系统结构简单而演替快速。在这一“原生裸地”的天然“理想实验室”上，可以开展许许多多重要的生态学问题研究，如生物多样性形成过程与机制、生物多样性与生态系统功能、生态系统快速演替与驱动力、外来物种入侵过程与生态后果、生态系统服务功能与区域发展，以及人类活动对生物多样性保护和生态系统维持的影响等。

4. 长江河口演变受自然与人类活动的双重影响。长江河口能为区域经济社会发展提供巨大的服务功能，包括供水、灌溉、泄洪、净化水质、调节气候、方便交通以及提供水产品和景观价值等。但大规模的围垦造地、重要航道和大型港口的兴建、城市污水的排放、水产品的大量捕捞和外来种引入已经司空见惯。如果我们不考虑自然因素和人类活动的双重作用，绝无可能理解长江河口生态系统的演变，绝无可能科学管理长江河口生态系统，也绝无可能做到长江三角洲经济社会可持续发展！

中国是个负责任的大国，有履行《生物多样性公约》的义务，我们必须按照国际公约的要求严格保护好长江河口生态系统。据前人研究，长江河口是具有国际意义的生态敏感区，原因是长江河口湿地是全球最重要的鸟类迁徙路线之一的东亚—澳大利西亚鸟类迁徙路线上最重要的中途停歇地。根据《湿地公约》的《国际重要湿地名录》制定的标准，如果一个区域的某种水鸟数量达到该物种种群数量的1%，则该区域在水鸟保护上具有国际重要意义。据调查，至少有11种鸻鹬类仅在崇明东滩湿地一处停歇的个体数量就达到其迁徙路线上种群数量的1%标准；白头鹤、黑脸琵鹭、花脸鸭等在崇明东滩的停歇或越冬数量也都达到了全球种群数量1%标准。目前，崇明东滩和长江口中华鲟自然保护区都已经被批准为国际重要湿地。

就保护长江流域生态系统和流域经济社会可持续发展而言，长江河口的重要性也不言而喻：长江有许多江海洄游鱼类，河口生态系统为这些鱼类在江海之间洄游中对盐度变化的适应以及产卵、索饵育肥提供场所；另外，已有研究证据表明，许多重要经济水生生物在长江河口有非常重要的遗传多样性资源，这些遗传资源无疑是经济水生生物遗传育种的珍贵材料。

根据文献资料记载，在20世纪40年代末，中国建立了第一个河口研究机构，以长江口和钱塘江口为研究基地，兼及黄河口和辽河口等。在20世纪50～70年代，长江河口还停留在一般性的野外地学和生物资源的普查上，直到陈吉余等在1979年发表《两千年来长江河口发育模式》和在1985年发表*Development of the Changjiang Estuary and its Submerged delta*后，长江河口的研究才进入一个新阶段。在长江河口地学研究的同时，生物多样性和渔业资源研究也在开展。到了21世纪初，上海市政府为了将崇明东滩和九段沙湿地申报国家级自然保护区，由上海市林业局和上海市浦东新区环境保护局分别下达了两个自然保护区的综合科学考察任务。由复旦大学和华东师范大学牵头组织了一大批科学家和研究生对崇明东滩和九段沙的自然地理、植物资源、动物资源、周边社会经济活动作了综合考察。陈家宽等在2003年出版的《上海九段沙湿地自然保护区科学考察集》和徐宏发等在2005年出版的《上海崇明东滩鸟类保护区科学考察集》是这次大规模考察最终的总结。这两本著作不但为两个自然保护区晋升为国家级自然保护区奠定了科学基础,也为长江河口生态系统的研究开创了新局面。

我们非常高兴地看到,长江河口生态系统的研究已经大大缩短了我国与国际学术界同类研究的差距,特别在河口滩涂的生物多样性、外来入侵物种、围垦对生态系统的主要功能群的影响、食物网结构、与相邻生态系统的物质交换过程与机理、滩涂生态系统的碳氮通量与时空动态以及互花米草生态控制与鸟类栖息地优化工程等方面有了非常可喜的进展。遗憾的是我们对整个河口还缺乏研究,好在已经有一批青年学者从长江河口开始走上国际河口生态学的学术舞台,他们会比我们做得更好。

陈家宽

2018年2月

前 言

崇明东滩是我国规模最大、最为典型的河口型潮汐滩涂湿地之一，是国际重要湿地，是亚太地区候鸟迁徙路线上的重要栖息地。从20世纪50年代起，特别是80～90年代，国内不少学者发表了有关崇明东滩鸟类资源和湿地生态环境的研究成果，并逐步提出了在崇明东滩建立自然保护区的设想。1998年11月，上海市政府批准建立上海市崇明东滩鸟类自然保护区。

2000年8月，为了摸清东滩自然保护区的本底情况，为下一步申报国家级自然保护区奠定科学基础，原上海市农林局组建了科学考察队并启动了本底资源野外调查工作。在华东师范大学徐宏发教授的主持下，保护区管理处联合华东师范大学、上海师范大学、中国水产科学研究院东海水产研究所等单位的有关专家、学者，开展了为期3年的科学考察工作。在此工作基础上，从2004年起科学考察队又对《上海市崇明东滩鸟类自然保护区本底调查报告》进行了整理、分析和补充，于2005年3月在中国林业出版社出版了《上海市崇明东滩鸟类自然保护区科学考察集》(以下简称《科学考察集》)，这是东滩自然保护区的第一次综合科学考察工作的系统总结。《科学考察集》全面系统地介绍了崇明东滩的自然环境，包括自然地理概况、历史演变及地质地貌、长江口水文泥沙特征、地貌发育过程和气候；整理与分析了生物资源综合调查的结果，包括植物、浮游生物、昆虫、底栖动物、鱼类、两栖爬行动物、鸟类、兽类等，以及保护区的社会经济概况、科学研究与环境教育情况。这次综合科学考察为2005年7月东滩保护区被批准为国家级自然保护区提供了重要的科学依据。

晋升为国家级自然保护区以后，崇明东滩鸟类自然保护区进入快速发展期。2006年10月，被国家林业局确定为全国51个具有典型性、代表性的示范自然保护区之一。崇明东滩鸟类自然保护区的建设发展对保护湿地资源和全球候鸟迁徙路线的完整性，对中国履行国际湿地公约，树立良好的国际形象有重要意义和社会影响力。

2009年10月31日，长江隧桥正式启用。隧桥开通后不到一个月的时间内，崇明接待游客超过110万人次，相当于上一年全年的游客接待总量，最高峰时日游客接待量达8.24万人次，相当于过去一个月的接待量。外来人员的剧增给保护区的管理带来了一些压力，但同时也使得保护区发挥科普宣传、自然教育的功能得到了极大提升。2010年7月，崇明东滩鸟类自然保护区抓住上海世博会机遇，建成了“崇明东滩鸟类科普教育基地”，为保护区发挥宣传教育阵地作用提供了形象展示窗口。

但是，崇明东滩鸟类自然保护区也面临着一个日趋严重的威胁：自1995年互花米草首次在崇明东滩滩涂发现以来，由于自然扩散和人工移栽，其分布面积迅速扩大，不断入侵潮滩湿地生态系统，对保护区的主要保护对象的生存构成了严重威胁。保护区管理处从2006年开始联合上海市有关部门和高校，开展互花米草治理技术研究和技术示范。2012年年底，原国家林业局和上海市政府批准启动了“上海崇明东滩鸟类国家级自然保护区互花米草控制和鸟类栖息地优化工程”。在完成工程基础建设并进入运营期后，为了持续发挥生态效益，达到为迁徙候鸟提供多种类型栖息地的预定目标，必须对工程区域内布设的泵、闸等水利设施进行人工调控。因此需要把位于原核心区和缓冲区的生态调控设施调整到实验区，以便今后合法开展管护工作。此外，由于崇明东滩鸟类自然保护区位于长江河口，长江河口滩涂生态系统自然演变导致鸟类栖息地空间格局发生较大变化。北部区域这些年滩面高程加速抬高，形成的大面积光滩成为鸻鹬类的重要觅食场所，原有的功能区划已不适应管理的需要。因此为加强对鸟类及其栖息地的保护，提升保护区现代化管理能力，体现适应性管理和动态保护理念，崇明东滩鸟类自然保护区管理处在2017年启动了功能区划调整工作，并委托复旦大学等单位的相关专家开展了第二次科学考察工作。

这次科学考察与第一次普查式的科学考察目的不同，不是为了摸清保护区的本底情况，而是针对保护区功能区划调整的关键问题开展专题性科学调查和评估。本次科学考察不是临时组织队伍开展的季节性和年度调查，而是在依托复旦大学和崇明东滩鸟类自然保护区管理处等单位长期研究与监测的科学资料的基础上，对这十余年来东滩自然保护区的滩涂淤涨、鸟类、水生生物、植被的变化情况开展评估，并重点关注了互花米草生态修复工程的复杂生态影响。本次科学考察的区域并未覆盖保护区全境，而是聚焦在互花米草生态控制和鸟类栖息地优化工程区域，以及滩涂淤涨变化较快的区域。本次科学考察的重点包括滩涂冲淤变化，受滩涂冲涨变化和生态控制工程影响较大的植被、鸟类和水生生物，以及社会经济变化情况，并总结了保护区成立以来的建设成效和社会评价。本次科学考察工作从2017年10月启动，到2019年1月完成，撰写的《上海崇明东滩鸟类国家级自然保护区第二次综合科学考察报告》(上报本)作为崇明东滩鸟类自然保护区功能区调整申报材料之一上交国家林业局。2020年7月31日，该功能区调整方案经国家级自然保护区评审委员会评审通过并上网公示。

2021年下半年，科考专家组对《上海崇明东滩鸟类国家级自然保护区第二次综合科学考察报告》(上报本)进行了补充更新和修改完善，最终形成了本书书稿。本书共分六章，分工如下：第一章自然地理和资源特征、演变与功能区划调整，由马涛、陈家宽、汤臣栋执笔；第二章鸟类多样性的现状及近十年来水鸟变化趋势，由吴巍、马志军执笔；第三章植物区系、植被及其植物群落类型、分布与变化，由王卿、赵斌执笔；第四章2008与2013年水生动物资源分布及生态修复工程施工期水生动物群落演变，由吴纪华、傅萃长执笔；第五章保护区及周边社区社会经济调查，由冯雪松、马强执笔；第六章保护区建设成效和社会评价，由李梓榕、马涛执笔。

囿于作者水平，书中疏漏在所难免，敬请读者批评指正。

本书编委会

2022年8月

目　录

第一章

自然地理和资源特征、演变与功能区划调整

摘　要

上海崇明东滩鸟类国家级自然保护区(以下简称“崇明东滩鸟类自然保护区”),地处长江入海口、我国第三大岛——崇明岛的最东端;属于潮滩地貌单位,潮滩由潮上带、中潮滩、低潮滩和潮下带组成;地处中亚热带北缘,属海洋性季风气候,冬暖夏凉,有利于各种候鸟在不同季节的迁徙过境和栖息繁殖;水质普遍偏咸,含盐度较高。潮滩盐土适宜盐生化草本植物群落的生长。

虽然长江入海泥沙大幅减少,但崇明东滩仍在淤涨之中。与20世纪80年代之前相比,淤涨速率趋于减缓。实施互花米草生态修复工程后,崇明东滩的南部、中部、北部区域对工程的响应具有显著差异。北部区域潮滩湿地加速淤涨,滩面高程加速抬高;南部潮滩湿地盐沼植被有所退化,光滩部分自南至北淤积强度逐渐增强;中部区域对生态修复工程响应强烈,部分潮沟系统已被大堤阻断,受到严重影响,邻近光滩的潮沟入口段出现淤浅迹象。

保护区内记录到被子植物16科43属51种,主要优势植物群落为芦苇群落、藨草—海三棱藨草群落、互花米草群落等。有各类野生动物627种,其中兽类10种、鸟类290种、鱼类109种、两栖爬行类16种、昆虫103种、底栖动物80种(含2种昆虫)、浮游动物21种,比2005年出版的《上海市崇明东滩鸟类自然保护区科学考察集》中记录的种类略有增加。

为加强对鸟类及其栖息地的保护,提升崇明东滩鸟类自然保护区的现代化管理能力,强化生态系统管控水平,保护区管理处在2017年启动了功能区调整工作,目前已经通过国家级自然保护区评审委员会评审。按照新的功能分区方案,保护区的边界范围和总面积不变,核心区和缓冲区面积有所增加。此次功能区调整是响应滩涂的淤涨变化,将重点保护对象的主要栖息地纳入核心区管理，同时加强了对外来物种互花米草的生态控制及鸟类栖息地优化的科研和管理工作。

1.1 地理位置

崇明东滩鸟类自然保护区位于上海市崇明区，地处我国第三大岛——崇明岛的最东端。根据《关于发布河北柳江盆地地质遗迹等17处新建国家级自然保护区面积、范围及功能分区等有关事项的通知》(环函〔2005〕314号)，崇明东滩鸟类自然保护区确定的范围在东经121°50′ ～ 122°05′、北纬31°25′ ～ 31°38′之间，南起奚家港，北至北八滧港，西以1988年、1991年、1998年和2002年等年份建成的围堤为界限(目前的一线大堤)，东以吴淞标高1998年零米线外侧3 000 m水域为界限，呈仿半椭圆形，航道线内属于崇明岛的水域和滩涂。总面积241.55 km^2。(图1.1)

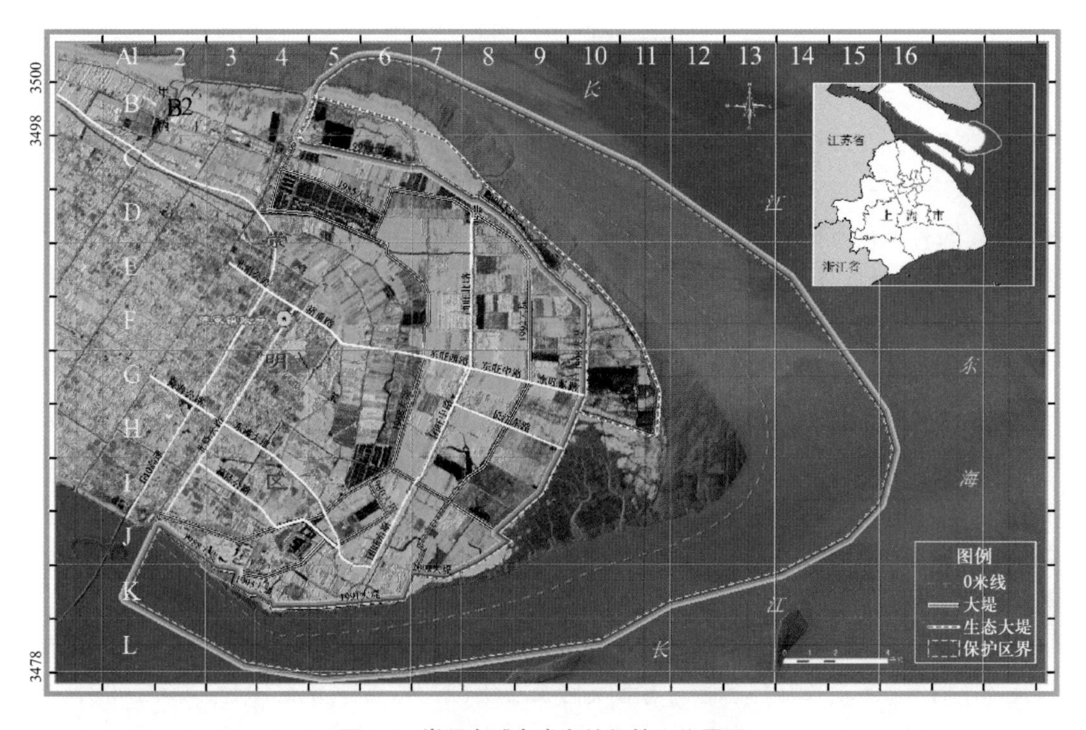

图1.1 崇明东滩鸟类自然保护区位置图

1.2 自然地理环境

1.2.1 自然地理概况

崇明东滩鸟类自然保护区位于长江口最大的沙岛——崇明岛的最东端。发源于青藏高原的长江流经数千公里从这里注入东海，由于潮汐的作用，长江携带的大量泥沙在这里沉积，形成了长江独有的分汊型河口和冲积岛屿，冲积岛屿从西向东依次是崇明岛、长兴—横沙岛和九段沙，其中崇明岛最早形成、面积最大。

崇明东滩地处中亚热带的北缘，又濒临西太平洋，气候温和湿润，四季分明，夏季盛行东南风，冬季盛行西北风，季风气候十分明显。夏季常会有暴风雨或者台风经过，天文高潮和暴风同时发生。

崇明岛年平均日照时数为2 137.9 h，无霜期长达229 d。年均气温为15.3℃，极端最高气温37.3℃，极端最低气温为−10.5℃。但崇明东滩鸟类自然保护区的南、北和东部三面处在长江河口和东海水体的包围之中，水体热容量大，对保护区内气温有良好的调节作用，因此崇明东滩冬暖夏凉，气温适宜。

崇明东滩鸟类自然保护区降水充沛，年降水量为1 022 mm，主要集中在4 ～ 9月，占全年降水的71%，4月雨日最多。保护区内的自然滩涂生境由于潮汐作用而变化较大，深刻影响动植物的分布、生存和适应性。崇明东滩处在中等潮汐河口，属非正规半日潮型，每日潮滩有昼夜两次的潮汐变化。

崇明东滩由长江泥沙冲积而成，长江挟带的泥沙在河口堆积，厚度可达300多米。泥沙下面的基底岩石由紫红色石类砂岩、灰黑色粉沙质泥岩、中酸性火山熔岩和火山碎屑岩组成。保护区内地势平坦，大部分地区的吴淞高程为3 ～ 4 m左右。

1.2.2　地质

1）概况

崇明东滩鸟类自然保护区位于上海市崇明岛的最东端。崇明岛的陆域面积为1 267 km^2，是世界上最大的河口冲积岛，也是中国第三大岛。长江每年带来大量泥沙，经历了河口心滩—水下沙洲—河口沙岛的演变过程和涨坍变化，在河口区域堆积形成了崇明岛。

崇明岛整体地势平坦，覆盖着厚达300 ～ 400 m的疏松沉积物。在疏松沉积层下面埋藏着坚硬的基底岩系，其中最古老的地层是紫红色石英砂岩和灰黑色粉砂质泥岩等，分布在崇明岛的西北部从庙镇至草棚镇一带；其余地区则被侏罗系上统中酸性火山熔岩和火山碎屑岩所占据。崇明岛新构造单位原属江苏滨海坳陷的南缘，自晚第三纪以来，新构造运动以持续沉降为其特点，因此，岛内沉积了厚层（最厚达480 m）的新第三纪和第四纪地层。新第三纪地层，岩性以灰绿色黏土、亚黏土与砂砾石为互层，并夹有弱胶结的薄层钙质砂岩和铁质砂岩，均是陆相堆积，层厚60 ～ 130 m。第四纪地层，堆积厚度可达320 ～ 350 m。自下而上，海相性明显趋于增强，而陆相性则趋于减弱（崇明县地方志编纂委员会，1989）。

2）地貌的形成及特征

崇明东滩鸟类自然保护区属于潮滩地貌单位。潮滩由潮上带、中潮滩、低潮滩和潮下带几部分组成。潮上带是指平均大潮高潮线以上的淤泥质沉积地带，潮间带是指平均大潮高潮线和平均低潮线之间的滩涂；这两个区域内的自然滩涂受周期性海洋潮汐的影响。崇明东滩的潮下带非常宽，一直延伸至20 km外的东海、黄海以及长江口汇合处的佘山岛。崇明东滩鸟类自然保护区地貌的一个重要特征是潮滩区中有众多发育良好的潮沟。潮沟在潮滩上的发育形成了众多的微生境，具有非常丰富的生物多样性。（国家林业局昆明勘察设计院，2011）

1.2.3 气候

崇明东滩鸟类自然保护区地处中亚热带北缘，属海洋性季风气候。夏季湿热，盛行东南风；冬季干燥，盛行偏北风。年平均日照时数为2 137.9 h，无霜期为229 d。年均气温为15.3℃，极端最高气温37.3℃，极端最低温为−10.5℃。年降水量为1 022 mm，主要集中在4 ～ 9月。崇明东滩鸟类自然保护区处在长江口和东海水体的包围之中，因此冬暖夏凉，气温适宜，有利于候鸟的迁徙过境和栖息繁殖。（国家林业局昆明勘察设计院，2011）

1.2.4 大气成分

2013年，崇明东滩鸟类自然保护区依托崇明东滩大气综合观测站，对东滩气溶胶（不同尺度颗粒物）开展了首次监测，基本了解了东滩不同尺度颗粒物的季节变化及来源。监测数据表明：东滩PM1、PM2.5和PM10的平均质量浓度分别为37 $\mu g/m^3$、42 $\mu g/m^3$、50 $\mu g/m^3$。东滩PM1、PM2.5、PM10的日变化特征表现为上午浓度较高，午后较低，日变化起伏小。东滩PM10中有70% ～ 80%为PM1，80% ～ 90%为PM2.5，而PM2.5中有85%左右的PM1。气溶胶浓度与地面风向风速的关系表明：东滩气溶胶局地排放少，主要来源为大气输送。（上海市崇明东滩鸟类自然保护区管理处，2013）

1.2.5 水文

崇明岛的水道历来有洪、港、滧、河、沟五种。两沙之间流水，日久渐狭，因势利导成渠的称洪；入江海之口，有潮汐涨落，可泊舟船的称港或滧，如崇明东滩的奚家港、北八滧；在两滧交界处掘土成渠，以供蓄泄的称河；由乡民自开的田间水道称沟。（崇明县地方志编纂委员会，1989）

崇明东滩的地面高差并不大，内河取统一水位，闸内正常水位为2.8 m；农忙灌溉用水期间则开闸引潮，内河水位可升至2.9 m左右；台风暴雨时，闸内河沟水位降至2.6 m左右。在地面高程3.2 m的地区，建有排涝泵站，正常水位控制在2.6 m以下。东滩地下水位较高，据1981 ～ 1983年测定，地下水位波动值在81.6 ～ 88 cm之间，平均为85.7 cm。地下水受降水量影响较大，在梅雨季节和秋季阴雨季节为高位期，地下水位可上升到离地面31 ～ 46 cm。此外，受海潮上溯的影响，东滩地区的水质普遍偏咸，含盐度较高，尤其在2 ～ 3月的长江枯水期。（国家林业局昆明勘察设计院，2011）

1.2.6 土壤

崇明东滩鸟类自然保护区所处的崇明岛为冲积砂岛，土壤母质为河口沉积物，基底多为壤土，熟化程度较高。土壤类型可分为水稻土、灰潮土和盐土3个土类，黄泥、类砂泥、黄泥土、类砂土、砂土、堆叠土、壤质盐土、砂质盐土8个土属，35个土种。土壤耕作层的厚度一般为3 ～ 5 m。水稻土主要分布在防汛大堤以内，其次为灰潮土、滨海盐土。海堤外为潮滩盐土，一般含盐度0.2% ～ 0.6%。土壤表层质地多为轻壤、中壤，并常有深度不一的砂层。（徐宏发和赵云龙，2005）

1.3 滩涂淤涨变化

1.3.1 滩涂自然淤涨变化

崇明东滩鸟类自然保护区由于位于长江河口，其自然滩涂受到长江入海泥沙量变化与海水顶托的双重作用，滩涂面积和地理形态变化剧烈。2011 ～ 2012年，受崇明东滩鸟类自然保护区管理处的委托，华东师范大学河口海岸科学研究院在崇明东滩开展了“典型断面地形冲淤变化及潮沟监测”项目，发现崇明东滩的自然滩涂有如下变化：虽然长江入海泥沙大幅减少，但崇明东滩仍在淤涨之中；与20世纪80年代之前相比，淤涨速率则趋于减缓。长江入海泥沙减少对长江口的影响，目前主要出现在口外水下三角洲，以2000年为分界年，2000年之前以淤积为主，2000年后由淤积转为冲刷。影响崇明东滩冲淤变化的因素较为复杂，主要有长江主泓改道、径潮流风浪等动力条件、盐沼植被特征、长江流域来沙的增减等，其中流域来沙量的多寡是主导因素，对滩涂冲淤变化起长效作用。（华东师范大学河口海岸科学研究院，2013）

1.3.2 互花米草生态修复工程对滩涂地貌的影响

1995年引入到崇明东滩鸟类自然保护区的互花米草至2005年已大量取代海三棱藨草和芦苇群落，对保护对象构成严重威胁。为控制互花米草不断扩张的态势，2012年年底，经原国家林业局、原环保部严格按照法律程序审批后，“上海崇明东滩鸟类国家级自然保护区互花米草生态控制与鸟类栖息地优化工程”（以下简称“生态修复工程”）由上海市发展改革委员会立项拨款建设。工程投资10.3亿元，面积24.2 km^2，建设内容包括互花米草生态控制、鸟类栖息地优化和科研监测基础设施。2013年9月29日项目主体工程正式开工，在2017年年底完成基建工程。

2014年，崇明东滩鸟类自然保护区首次开展了滩涂地貌监测，发现在生态修复工程影响下，崇明东滩南部、中部、北部区域对修复工程的响应具有显著差异。（上海市崇明东滩鸟类自然保护区管理处，2014）保护区北部区域潮滩湿地加速淤涨，滩面高程加速抬高（图1.2）；南部潮滩湿地盐沼植被有所退化，生境格局发生较大变化。

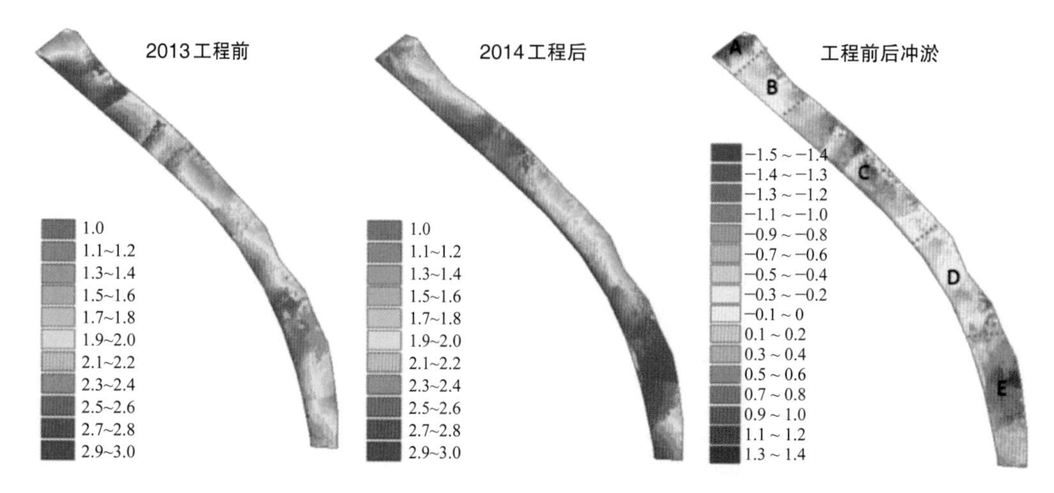

图1.2　崇明东滩鸟类自然保护区互花米草生态修复工程前后中北部光滩地形变化

（引自：上海市崇明东滩鸟类自然保护区管理处，2014）

崇明东滩自然滩涂中部区域对治理工程响应强烈。光滩区域平均淤积强度达59 cm/a，2 m等深线以251 m/a的速度向海推进，约是工程前的26倍。自然滩涂中部区域部分潮沟系统已被大堤阻断，受到严重影响；临近光滩的潮沟入口段出现淤浅迹象；芦苇带中潮沟因植被带保护作用，工程前后变化不大，但入口部位的淤浅不利于潮沟体系的进一步发育。（图1.3）

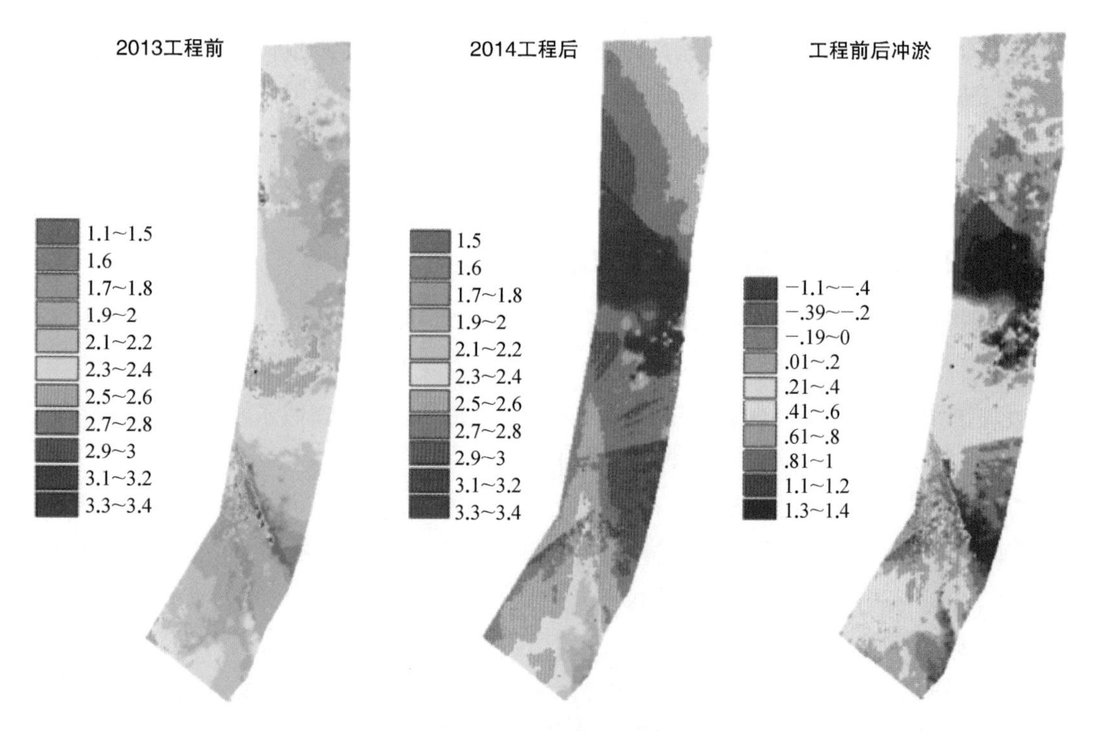

图1.3　崇明东滩鸟类自然保护区互花米草生态修复工程前后中部光滩地形变化

（引自：上海市崇明东滩鸟类自然保护区管理处，2014）

崇明东滩自然滩涂南部区域光滩部分自南至北淤积强度逐渐增强。2 m等深线以3.9 m/a的速度缓慢向海推进，与工程前淤涨态势相近。南侧潮沟系统整体格局稳定，但潮沟末端枝杈仍在缓慢延伸生长，并伴随有新的小分支生成，潮沟仍在逐步发育过程中。（图1.4）

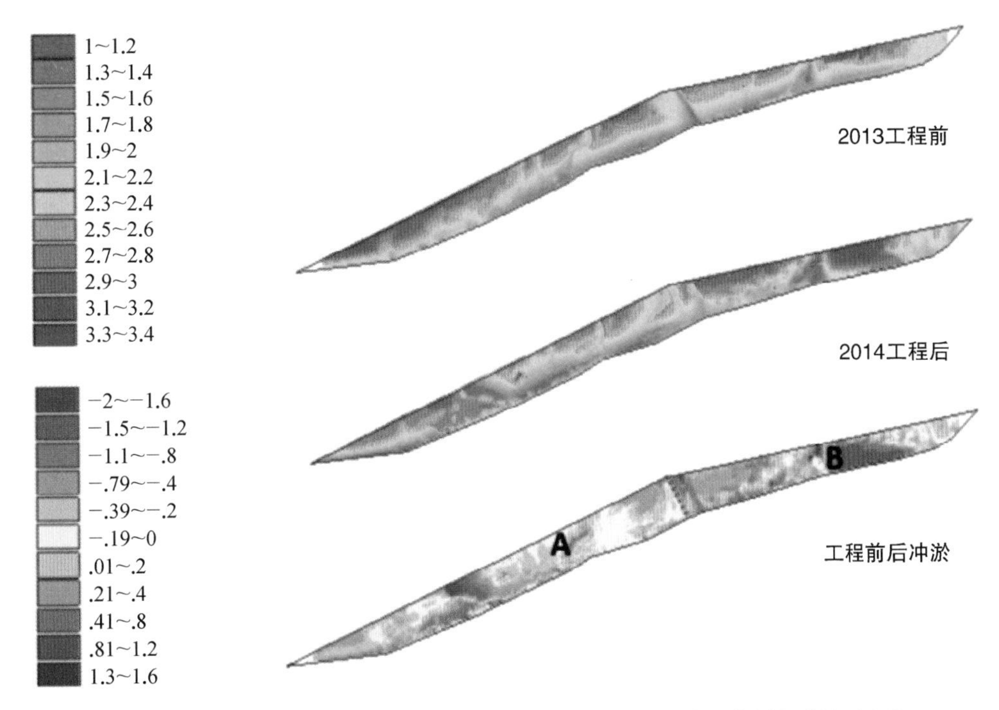

图1.4　崇明东滩鸟类自然保护区互花米草生态修复工程前后南侧光滩地形变化

（引自：上海市崇明东滩鸟类自然保护区管理处，2014）

1.4　自然资源概况

1.4.1　植物资源

多年调查资料显示，自20世纪90年代起，崇明东滩共记录到被子植物16科43属51种（具体见附录1）。主要优势物种为芦苇、糙叶苔草、互花米草、海三棱藨草、藨草、水烛、白茅等。

崇明东滩鸟类自然保护区自然滩涂的主要优势植物群落为芦苇群落、藨草—海三棱藨草群落、互花米草群落等。2017年崇明东滩芦苇群落面积900.27 hm^2，主要分布在崇明东滩小北港、团结沙等地区；藨草—海三棱藨草群落面积1 439.10 hm^2，作为崇明东滩滩涂的先锋物种，主要分布在盐沼植被前沿，较集中分布在捕鱼港（大石头）前沿及小北港外围自然滩涂；而互花米草群落由于人工控制工程取得显著成效，到2017年其面积迅速减少，目前仅有较小的斑块岛状分布于滩涂前沿区域。

1.4.2 动物资源

根据多年调查，崇明东滩鸟类自然保护区及其周边84 km^2国际重要湿地范围内记录到各类野生动物627种，其中兽类10种、鸟类290种（具体见附录2）、鱼类109种（具体见附录3）、两栖爬行类16种、昆虫103种、底栖动物80种（含2种昆虫）、浮游动物21种。比2005年出版的《上海市崇明东滩鸟类自然保护区科学考察集》中记录的种类略有增加。

1.4.3 景观资源

崇明东滩鸟类自然保护区位于河口湿地区域，是陆地和海洋之间的生态交错带，各生态系统相互交错，有着独特的滨海湿地景观和生物景观资源（国家林业局昆明勘察设计院，2011）。

1）水域天象景观资源

保护区处在长江口和东海水体的包围之中，海水蓝、江水黄，如两龙相搏，蔚为奇观，古时就被称为崇明的著名美景“水格分涛”。随着朝阳从海平面冉冉升起，滩涂全部被朝霞染红，壮丽无比，崇明古景有“日跃东海”之说。

2）滨海湿地景观资源

滨海湿地景观主要由芦苇带、盐沼、光滩、潮沟4种景观要素类型组成。从98大堤俯瞰东滩，大面积的区域被芦苇、海三棱藨草等植物覆盖，如同置身于大草原一样。宽阔的自然滩涂也是极具观赏价值的景观资源。

3）候鸟迁徙景观资源

作为过境候鸟迁徙路线上的重要停歇地、越冬候鸟的重要栖息地，崇明东滩鸟类自然保护区被称为“鸟类天堂”和“鸟类自然博物馆”。每年均有近100万只次迁徙水鸟在保护区栖息或过境。一到春季和秋季，万鸟会集，禽声鼎沸，成为独特的风景线。

1.4.4 土地资源

1）土地权属

保护区241.55 km^2范围内土地类型为滩涂和浅海海域，均为国家所有。保护区依法拥有区内的滩涂使用与管理权。

2）土地现状与利用结构

崇明东滩指崇明岛东部海堤以外的自然滩涂，其西界是奚家港（岛南部）和北八滧（岛北部）。目前，海堤以外0 m、−2 m和−5 m等深线以上面积分别为131.8 km^2、200.6 km^2和324.0 km^2。东部最宽处潮滩（0 m以上）约10 km，植被带的宽度在南、北两侧均小于1.5 km，而在中部最大可达3 km；大约在理论基准面以上2.7 m（吴淞基面以上2.3 m）开始出现连片的植物，近海堤高程最大已超过4 m（吴淞基面以上3.6 m）。植被带中潮沟体系发育，潮沟向外到达光滩后多数消失。滩面沉积物自海向陆呈变细趋势，光滩和植被带沉积物平均粒径通常小于0.1 mm和0.03 mm。其中241.55 km^{2}的自然滩涂全部为保护区用地。

1.5　功能区划调整

1.5.1　原功能区划

按照2005年升级成为国家级自然保护区的批复，崇明东滩鸟类自然保护区的核心区面积165.92 km^2，占保护区总面积的68.69%，其范围西以1998年人工围堤外侧500 m和2001年修筑的堤坝外侧200 m为界，北至东旺沙水闸出口，南至团结沙出口，东至吴淞0 m线以外3 km。缓冲区面积10.7 km^2，占保护区总面积的4.43%。其范围包括：西至1998年和2001年修筑的堤坝，北至东旺沙水闸出口，南至团结沙出口，东至核心区边界的区域。实验区面积64.93 km^2，占保护区总面积的26.88%，分为南、北不相连的两部分。其中北部实验区：东旺沙水闸出口至北八滧之间的区域；南部实验区：团结沙水闸出口至奚家港之间的区域。

但由于受当时测绘技术所限，功能区面积测量并不准确。经过精确校准后的数据为：核心区183.34 km^2，占保护区总面积的75.90%；缓冲区8.74 km^2，占保护区总面积的3.62%；实验区49.47 km^2，占保护区总面积的20.48%。(图1.5)

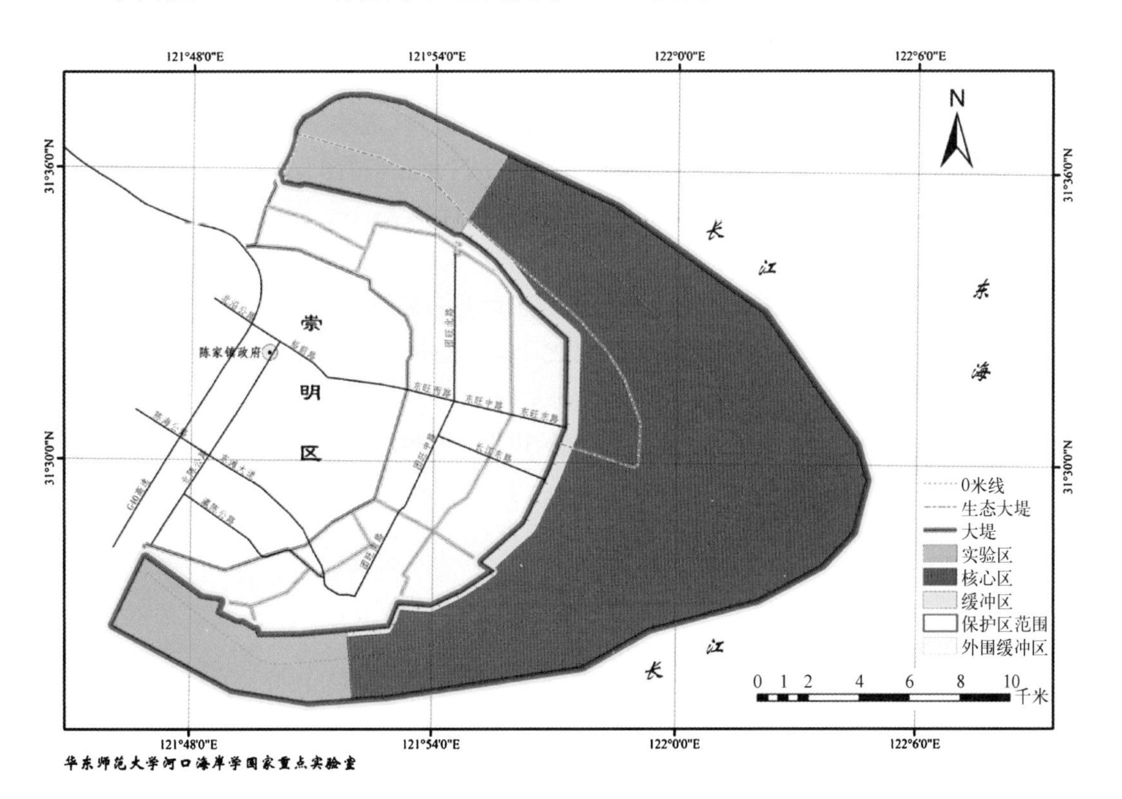

图1.5　崇明东滩鸟类自然保护区原功能区划图

1.5.2 功能区调整的必要性

一是应对长江河口滩涂生态系统自然演变导致鸟类栖息地空间格局发生变化的需要；二是高质量实施长江经济带修复工程，加强互花米草生态控制和鸟类栖息地优化管理的需要；三是纠正历史误差，提升保护区数字化、精准化管理水平的需要。

1.5.3 功能区调整的原则

一是保护优先，确保重要保护对象划入核心区，不破坏生态系统和生态过程的完整性，不改变自然保护区性质。二是尊重历史，对原有的功能区划只做必要的细微调整，保持分区比例基本不变，维持功能区布局的历史延续性。三是强化管理，调整后更有利于保护区依法科学管理，消除未来管理中的潜在隐患。四是完善功能，充分发挥崇明东滩鸟类自然保护区的示范带头作用，强化在长江河口和我国滨海湿地领域的科学研究和技术示范功能，提升社会影响力和科技创新能力。

1.5.4 功能区调整方案

2017年起，保护区管理处启动了功能区调整工作，委托复旦大学、华东师范大学等单位开展科学考察和功能区调整方案的编制工作。2020年7月31日，“上海崇明东滩鸟类国家级自然保护区的功能区调整方案”经国家级自然保护区评审委员会评审通过，予以公示。按照此调整方案，保护区的边界范围和总面积不变，仅调整功能分区。调整区域总面积为14.42 km^2（占保护区总面积的6%）。调整后核心区面积增加0.42 km^2（占保护区总面积的0.17%），缓冲区面积增加1.33 km^2（占保护区总面积的0.55%），实验区面积减少1.75 km^2（占保护区总面积的0.72%）。（图1.6）调整内容包括：

取消原来的外围缓冲区，该区域本来就不在保护区范围内；

将北部6 km^2实验区调整为核心区，此处是鸻鹬类新的栖息地；

将生态修复工程区内的两块区域（共4.25 km^2，含核心区3.19 km^2，缓冲区1.06 km^2）调整为实验区，用作生态工程管护中心和科研基地；

依托新修堤坝调整两处核心区和缓冲区的边界，便于功能区识别和管理，涉及范围面积为1.90 km^2；

将南部缓冲区向核心区侧拓宽300 m，与北部缓冲区保持宽度一致，把2.27 km^2核心区调整为缓冲区。

1.5.5 调整后的功能区范围及四至边界

1）核心区

核心区面积为183.76 km^2，占保护区总面积的76.08%，比调整前增加0.42 km^2。如图1.7所示，其范围在东经121°51′57″～ 122°4′46″ 、北纬31°25′5″～ 31°36′54″ 之间，北

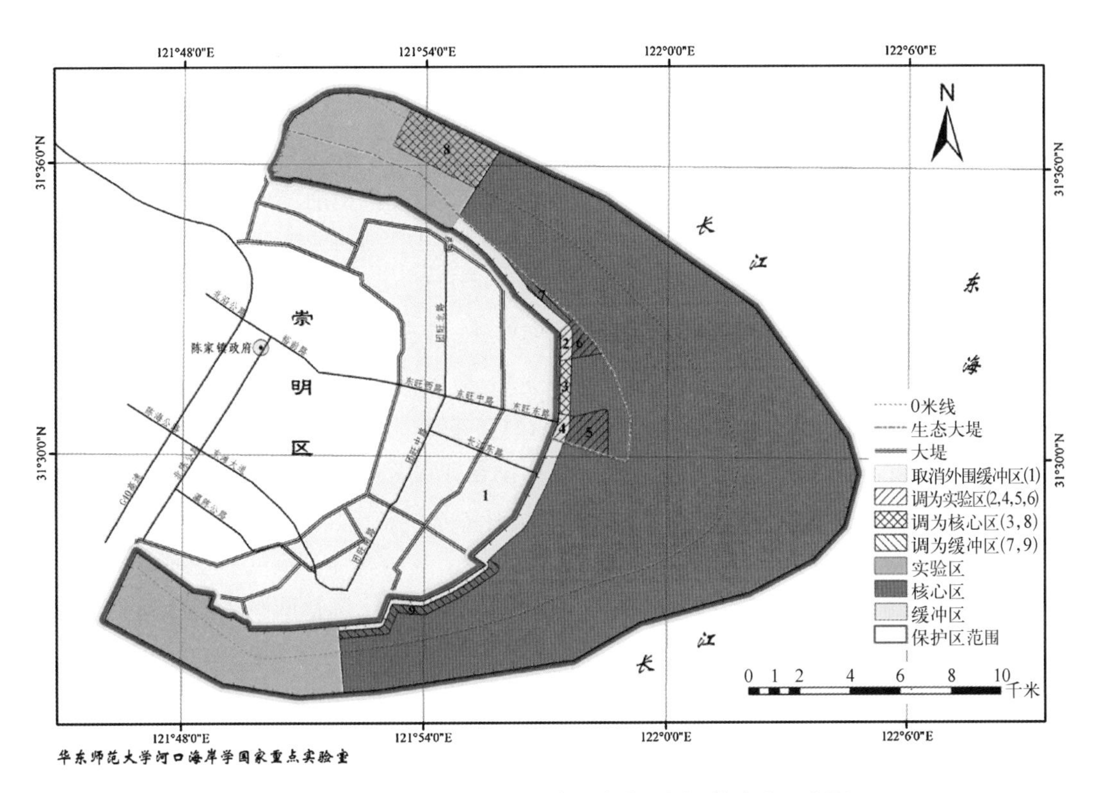

图1.6 崇明东滩鸟类自然保护区功能区划调整方案示意图

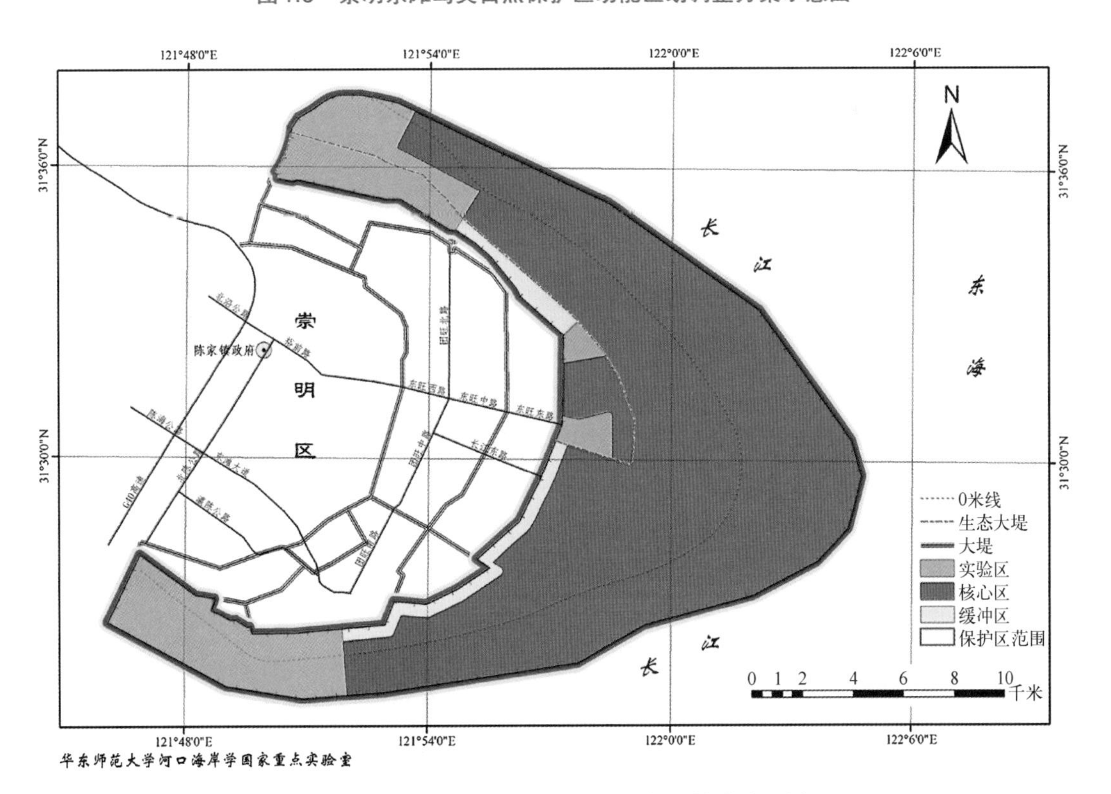

图1.7 崇明东滩鸟类自然保护区调整后的功能区划图

至东旺沙水闸为界，南至团结沙水闸，西至1998大堤以东50 m，东至保护区东部水域边界。

2）缓冲区

缓冲区面积为10.07 km^2，占保护区总面积的4.17%，比调整前增加1.33 km^2。如图1.7所示，分为南、北两个缓冲区；其中：

南部缓冲区面积6.29 km^2，其范围在东经121°51′54″～121°57′30″、北纬31°26′22″～31°30′23″之间，北以1998大堤及2015大堤交界处，南至团结沙水闸，西以1998大堤和2001大堤为界，东至核心区边界。

北部缓冲区面积3.78 km^2，其范围在东经121°54′40″～121°57′42″ 、北纬31°30′54″～31°34′57″之间，北至保护区北部实验区边界，南至东旺路东端北290米处，东至2015新大堤。

3）实验区

实验区面积为47.72 km^2，占保护区总面积的19.75%，比调整前减少1.75 km^2。如图1.7所示，其范围在东经121°46′9″～121°58′37″、北纬31°25′1″～31°37′30″之间，分为南、北、中、中北共4个实验区。

南部实验区面积23.22 km^2，位于保护区最南端，团结沙水闸至奚家港水闸之间的区域。北部实验区面积20.26 km^2，位于保护区最北端，东旺沙水闸和北八滧水闸之间的区域。中部实验区面积2.74 km^2，位于保护区中部，东旺路以东的保护区区域。中北部实验区面积1.50 km^2，位于北部缓冲区及核心区之间。

1.5.6 功能区调整的适宜性评价

此次功能区调整涉及的区域面积仅占保护区总面积的6%。调整后核心区和缓冲区面积均有所增加，两者面积之和超过了保护区总面积的80%，从而使得主要保护鸟类的生存适宜性较好的区域大部分落在核心区和缓冲区。

① 调整后核心区面积增加到183.76 km^2，占保护区总面积的76.08%。核心区由海三棱藨草群落和光滩组成，为5类主要保护鸟类的最适宜或适宜良好的生存区域。该区维持崇明东滩河口湿地的自然景观和整个河口生态系统的稳定性，确保关键物种、关键生境得以保留。其中海三棱藨草群落是东滩湿地鸟类最重要的觅食地和栖息生境，是东滩湿地生态系统的重要部分和生物多样性最为丰富的区域，也是4类主要保护鸟类（鸻鹬类、雁鸭类、鹭类、鹤类）共同的最适宜生存区域；而划入本区域的光滩则是鸥类的最适宜或适宜良好的生存区域，同时也包括了其他4种鸟类适宜良好的生存区域。此次调整从北部实验区调入6 km^2区域到核心区，该区域近年来不断向外淤涨，滩涂发育有利于鸟类栖息，生态环境较好，鸻鹬类数量显著增加，纳入核心区管理后更有利于鸟类保护。随着该区域滩涂的淤涨，未来作为鸟类栖息地的重要性会进一步增加。

② 调整后缓冲区面积增加到10.07 km^2，占保护区总面积的4.17%。缓冲区主要由水

域和芦苇带组成，该区包含了适合雁鸭类、鸻鹬类、鹭类、鹤类和鸥类的栖息地。此次将南部缓冲区宽度拓宽为500 m，和北部缓冲区保持一致，有利于功能区的边界识别和监管。更宽的缓冲区设置也更有利于发挥缓冲作用。

③ 实验区主要包括北部互花米草再入侵高风险区域、中部互花米草生态控制和鸟类栖息地优化管控中心和科研基地及南部鸟类利用率较低区域。北部实验区的互花米草再入侵风险高，需要高强度人工干预保证互花米草控制效果；中部实验区主要是方便开展生态调控和科学研究，保证和提高工程的生态效益；南部实验区由于冲刷侵蚀严重，鸟类分布较少。此次新增加的两块实验区均位于生态工程修复区域内，定位于生态管控和科学研究，对重点保护对象和资源环境的影响很小。

（马涛，陈家宽，汤臣栋）

第二章

鸟类多样性的现状及近十年来水鸟变化趋势

摘 要

崇明东滩鸟类自然保护区是水鸟的重要栖息地。根据近年来的调查，保护区共记录到鸟类16目50科290种，其中国家一级重点保护鸟类15种、国家二级重点保护鸟类47种。保护区的大部分鸟类为候鸟，其中以春秋迁徙路过的旅鸟和越冬的冬候鸟种类和数量最多。据监测数据推算，每年在保护区栖息或过境的候鸟数量达百万只次，有11种水鸟的数量达到或超过迁徙路线上种群数量的1%。因此，保护区对于迁徙候鸟的保护、对于我国履行生物多样性保护的国际公约和树立良好国际形象具有重要意义。

水鸟是依赖湿地的鸟类类群。保护区广袤的河口滩涂湿地为水鸟的栖息提供了优越条件。根据历年调查，保护区共记录到水鸟93种。初步分析2006～2017年保护区水鸟调查数据发现，保护区内水鸟数量在近10年大致呈现先下降后恢复的趋势。水鸟数量下降的原因主要是保护区外部缓冲区的土地利用方式发生了改变，以及互花米草入侵使得水鸟的适宜栖息地面积下降。近年来水鸟数量逐渐恢复的原因主要是随着“崇明东滩生态修复项目”的实施，水鸟适宜栖息地的面积明显增加，栖息地优化工程区域已经成为越冬雁鸭类的重要栖息地，2017年冬季在该区域记录的水鸟数量约占保护区内记录的水鸟总数量的一半(50.56%)。保护区拟增加的北部核心区在特定潮位条件下可容纳大量水鸟，且随着该区域滩涂的淤涨，其未来作为重要的鸟类栖息地的可能性将会进一步增加。

为了进一步加强鸟类及其栖息地的保护，建议：① 对自然滩涂湿地要加强对依赖自然滩涂湿地的鸟类的栖息地保护，防止互花米草再次入侵和扩散，同时恢复海三棱藨草等鸟类的食源植物；② 对生态工程营建的修复湿地要根据不同鸟类在不同季节对栖息地的动态需求,采取水文调控、植被管理和地形维护等措施,不断改善栖息地质量,提高鸟类的容纳量。

2.1　鸟类生物多样性

崇明东滩鸟类自然保护区位于长江口,该区域属河口型潮汐滩涂,有着广袤的滩涂湿地。该区域在亚太地区所处的地理区位得天独厚:既是候鸟迁徙路线上的一个过境停歇中转站,又是候鸟的重要越冬地,因而成为长江河口最重要的鸟类分布区域(徐宏发和赵云龙,2005)。

2.1.1　鸟类区系组成

通过多次科学考察与长期监测,保护区范围内记录到的鸟类种数总计290种,隶属16目50科(见附录1)。具体目、科、种和季节型统计见表2.1。

表2.1　崇明东滩鸟类自然保护区鸟类目、科、种及季节型统计

目	科(种数)	种数	季节型统计			
			留鸟	夏候鸟	冬候鸟	旅鸟
1. 潜鸟目	潜鸟科(1)	1	—	—	1	—
2. 鸊鷉目	鸊鷉科(3)	3	1	—	2	—
3. 鹈形目	鸬鹚科(1)鲣鸟科(1)鹈鹕科(2)	4	—	—	2	2
4. 鹳形目	鹭科(16)鹳科(2)鹮科(2)	20	1	9	5	5
5. 雁形目	鸭科(29)	29	—	—	27	2
6. 隼形目	鹰科(11)隼科(4)	15	—	2	7	6
7. 鸡形目	雉科(2)	2	1	—	1	—
8. 鹤形目	鹤科(3)秧鸡科(9)	12	2	4	4	1
9. 鸻形目	水雉科(1)彩鹬科(1)蛎鹬科(1)燕鸻科(1)鸻科(10)鹬科(33)反嘴鹬科(2)瓣蹼鹬科(2)鸥科(13)	64	1	—	12	51
10. 鸽形目	鸠鸽科(4)	4	2	1	1	—
11. 鹃形目	杜鹃科(6)	6	—	2	—	4
12. 鸮形目	鸮科(6)	6	2	1	2	2
13. 夜鹰目	夜鹰科(1)	1	—	—	—	1
14. 雨燕目	雨燕科(3)	3	—	—	—	3

续 表

目	科（种数）	种数	季节型统计			
			留鸟	夏候鸟	冬候鸟	旅鸟
15. 佛法僧目	翠鸟科(4)、佛法僧科(1)、戴胜科(1)	6	1	—	—	5
16. 雀形目	八色鸫科(1)百灵科(2)燕科(2)鹡鸰科(11)山椒鸟科(2)鹎科(1)太平鸟科(2)伯劳科(6)黄鹂科(1)卷尾科(3)椋鸟科(5)币鸟科(1)鸦科(1)鹟科(50)山雀科(2)攀雀科(1)绣眼鸟科(1)文鸟科(3)雀科(20)	114	23	11	31	49
总 计	50科	290种	34	30	95	131

在保护区的290种鸟类中，在生态上依赖湿地栖息的水鸟总计139种，分别隶属于潜鸟目、鹈鹕目、鹈形目、鹳形目、雁形目、鹤形目、鸻形目和佛法僧目中的翠鸟科等，占总数的47.93%；其余非水鸟类为151种，占总数的52.07%，几乎与水鸟类各占一半。从鸟类季节型组成分析，旅鸟131种，占总数的45.17%，冬候鸟95种，占32.76%，夏候鸟30种，占10.34%，三者合计256种，占群落种群总数的88.28%。留鸟比例最小，仅34种，占种类总数的11.72%。

水鸟可分为涉禽（如鹳形目、鹤形目和鸻形目等鸟类）和水禽（如潜鸟目、鹈鹕目、雁形目、鸥形目和鹈形目等鸟类）两大类。无论在种类和数量上，占优势的是涉禽类的鸻形目鸟类和水禽类的雁形目鸟类，分别为64种（占22.07%）和29种（占10.00%），是崇明东滩湿地的重要标志性生物类群，也是保护区保护的主要对象。

2.1.2 鸟类群落的季节变化

保护区地处东亚—澳大利西亚鸟类迁飞区的中段（Barter，2002），随着季节的更迭，鸟类群落组成发生相应的变化。保护区全年的鸟类迁徙具有两个种类和数量的高峰期，分别是春、秋季，而夏季鸟类的种类和数量均为最少（Ma，et al，2009）。这种群落组成的季节改变，可以减少鸟类对保护区有限空间和食物资源的种间竞争，这对于鸟类完成迁徙、越冬以及繁殖活动具有重要意义。

从年度季相更替分析，过境候鸟（旅鸟）、冬候鸟和夏候鸟在保护区出现的时间生态位是大致分化的（表2.2）。其中过境候鸟在一年中春、秋两季出现，春季北上过境时间从3月下旬到5月中旬约60天，高峰期从4月上旬到下旬；秋季南下过境从8月中旬到11月上旬约90天，高峰期从9月中旬至10月中旬。越冬候鸟从9月下旬陆续抵达越冬，至次年3月中旬至4月上旬先后飞离，越冬期约150～180天。夏季繁殖的候鸟从3月上旬至8月下旬在保护区栖息，时间长达半年左右（Zhou，et al，2016）。以鸻鹬类为主的过境鸟类和以雁鸭类为主的越冬鸟类在时间生态位上出现季节性更替，所以其空间生态位上也互不重叠。这3类候鸟在崇明东滩出现的时间错开，在栖息空间和食源取得上可减少竞争，有利于群落维持。另外，保护区内还有30余种留鸟，它们一年四季都在保护区内栖息。

表2.2　三类候鸟在崇明东滩鸟类自然保护区出现的月份（粗黑线表示高峰期）

月份类别	1	2	3	4	5	6	7	8	9	10	11	12
过境候鸟												
冬候鸟												
夏候鸟												

2.1.3　重要鸟种

受胁鸟类和濒危珍稀鸟类是保护区鸟类的重要组成部分。目前已观察到国家重点保护的一、二级鸟类共62种，其中列入国家一级保护的鸟类15种，包括东方白鹳、黑鹳、白尾海雕、中华秋沙鸭、白头鹤和勺嘴鹬等；列入国家二级保护的鸟类47种，如大滨鹬、白腰杓鹬、小天鹅、鸳鸯等。

保护区的大部分候鸟为洲际迁徙候鸟。据监测数据推算，每年在崇明东滩湿地栖息或过境的候鸟可达百万只次（徐宏发和赵云龙，2005）；根据建区以来的历年调查记录，有11种水鸟数量达到或超过迁徙路线种群数量的1%（表2.3）。

表2.3　崇明东滩鸟类自然保护区达到或超过全球种群1%的涉禽种类

鸟　种	学　　名	达到1%标准次数	最高单次记录数量	最高单次记录月份	1%标准
白头鹤	*Grus monacha*	50	129	2006年12月	10
黑脸琵鹭	*Platalea minor*	17	97	2016年10月	20
蛎鹬	*Haematopus ostralegus*	3	95	2017年2月	70
鹤鹬	*Tringa erythropus*	3	298	2006年1月	250
环颈鸻	*Charadrius alexandrinus*	5	2 237	2010年10月	710
花脸鸭	*Sibirionetta formosa*	1	8 000	2006年2月	3 000
黑腹滨鹬	*Calidris alpina*	1	10 876	2016年2月	10 000

续 表

鸟 种	学 名	达到1%标准次数	最高单次记录数量	最高单次记录月份	1%标准
罗纹鸭	*Mareca falcata*	1	834	2017年3月	830
大滨鹬	*Calidris tenuirostris*	1	3 051	2007年3月	2 900
黑尾塍鹬	*Limosa limosa*	10	3 540	2016年8月	1 400
黑嘴鸥	*Saundersilarus saundersi*	1	110	2014年10月	85

注：水鸟种群的1%标准数据来自Wetland International，2012

2.2 晋升国家级自然保护区后的水鸟种类、数量及其变化

崇明东滩鸟类自然保护区是以保护迁徙水鸟及其赖以生存的河口湿地生态系统为主要目的，经国家批准的，依法划定、并依法予以特殊保护和管理的区域。在晋升为国家级自然保护区后不久，保护区就定期组织开展规律性的水鸟调查，以监测保护区主要保护对象的变化。

按照鸟类迁徙的规律，每个年度的调查是从上一年的11月开始到当年的10月结束。在鸟类迁徙的高峰期（每年的3月、4月、8月和9月）每月开展两次调查，其余月份每月开展一次调查，全年共调查16次。每年按照保护区的实际情况在自然滩涂和生态修复工程的湿地中设置固定的调查路线，由多组调查人员同步实施鸟类调查。调查人员乘车到达指定的调查地点，步行或乘车进行鸟类调查、数量统计。在调查过程中，用20～60倍单筒望远镜和8倍或10倍双筒望远镜观察记录遇见所有的水鸟种类和数量。调查时保证每组一架单筒望远镜、数码相机及GPS。调查过程中一人进行观察计数，一人记录。

自2006～2017年共完成了12个年度的水鸟调查，掌握了保护区内水鸟种类、数量和分布规律，现将调查结果报告如下。

2.2.1 水鸟种类、数量及其变化

1）水鸟总体变化概况

崇明东滩鸟类自然保护区晋升国家级自然保护区是2006年，当年保护区共记录到水鸟87种112 066只次；数量最少则是在2009年，记录到水鸟81种39 734只次；保护区生态修复工程开工的2013年记录到76种58 697只次；2017年是79种100 541只次。2006年至2017年保护区水鸟的种类和数量变化见图2.1。从图2.1来看，保护区的水鸟种类数量基本维持稳定，水鸟的个体数量总体上经历了一个先下降后上升的变化过程。

2）主要水鸟类群的种类和数量变化

保护区中分布的水鸟类群主要由雁鸭类（雁形目鸟类）、鸻鹬类（鸻形目鹬科、鸻科

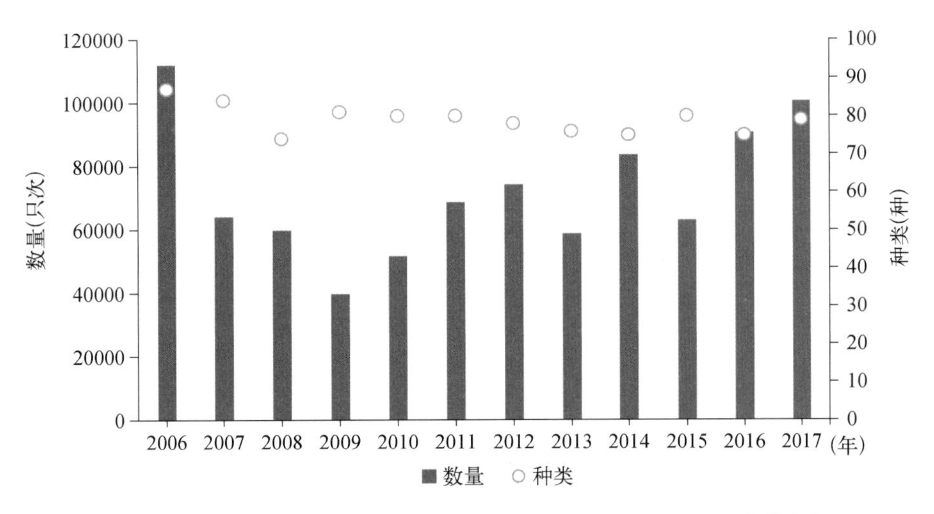

图2.1　2006～2017年崇明东滩鸟类自然保护区水鸟数量、种类的变化

和反嘴鹬科)、鸥类(鸻形目鸥科和燕鸥科)、鹭类(鹈形目鹭科)和其他水鸟(以鹤形目秧鸡科、鸊鷉目鸊鷉科和鲣鸟目鸬鹚科为主)5个类群构成,下面就这5大类群的变化进行分述。

2006年雁鸭类水鸟的数量是最多的达到了19种53 997只次,2010年时下降到17种8 575只次,随后雁鸭类水鸟的数量逐步上升,其间有所波动,至2017年记录到的雁鸭类18种37 623只次。图2.2显示了2006年至2017年间雁鸭类的数量变化,雁鸭类数量的变化与总体水鸟数量的变化趋势一致,先下降后上升,但下降幅度大,2017年的数量离2006年的数量还有差距。(图2.2)

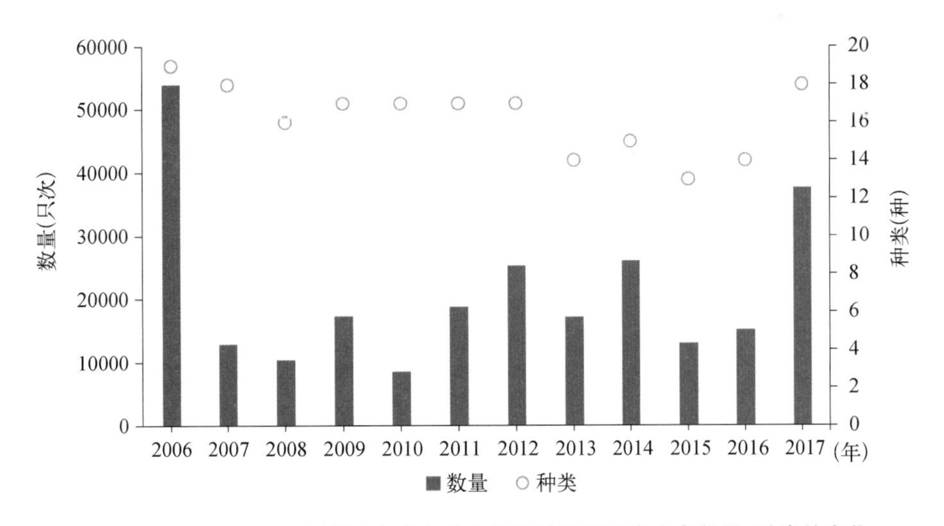

图2.2　2006～2017年崇明东滩鸟类自然保护区雁鸭类水鸟数量、种类的变化

与雁鸭类水鸟不同,鸻鹬类水鸟整体上保持相对稳定,从2006年到2017年数量基本维持在3万到4万只次之间。2009年的数量最少,为11 866只次,2016年数量最多,为61 834只次。(见20页图2.3)

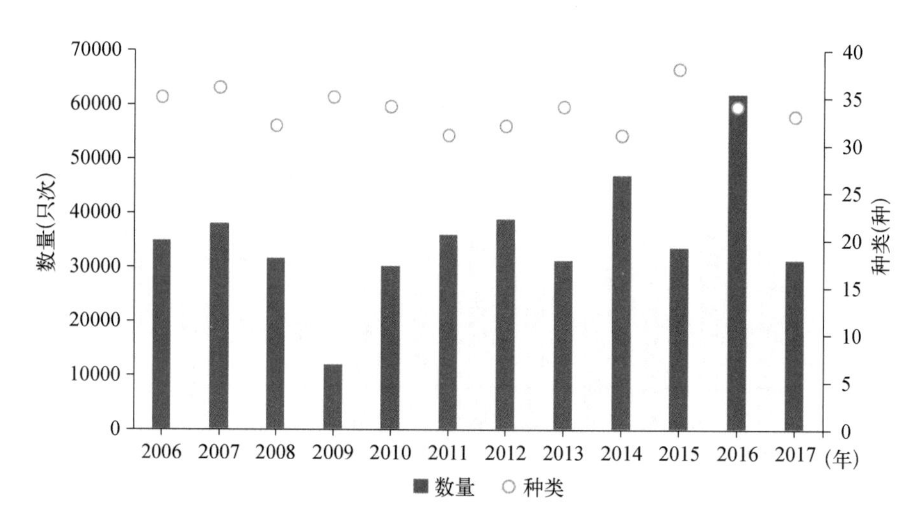

图2.3　2006～2017年崇明东滩鸟类自然保护区鸻鹬类水鸟数量、种类的变化

总体来看，保护区内分布的鸥类水鸟数量呈现较大波动，2006年记录到8 189只次，2017年记录到5 556只次。(图2.4)

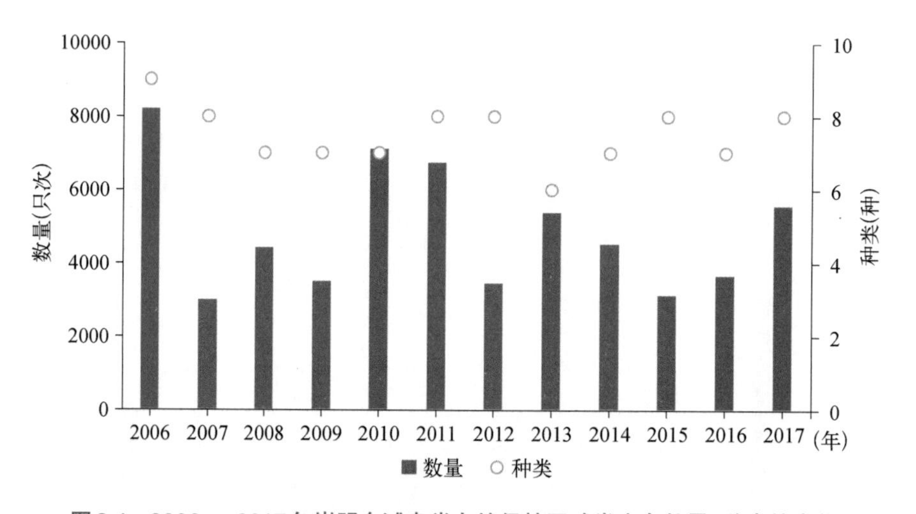

图2.4　2006～2017年崇明东滩鸟类自然保护区鸥类水鸟数量、种类的变化

鹭类水鸟的变化情况趋势与雁鸭类相类似，有一个先下降后上升的情况，鹭类在2017年的数量与2006年的数量相似。(图2.5)

保护区内其他水鸟主要是指鹤形目秧鸡科、鹈鹕目鸬鹚科和鲣鸟目鸬鹚科的鸟类，其中数量较大的种类为黑水鸡、骨顶鸡、小鸊鷉和普通鸬鹚这四种水鸟。其他鸟类是保护区水鸟类群中唯一一个呈现较大幅度增长的类群，其数量从2006年的4 216只次下降到2009年最少的1 131只次，在2017年上升到14 420只次。(图2.6)

综上所述，保护区整体的水鸟变化总体上是有一个先下降后恢复的变化过程，其中雁鸭类水鸟下降数量明显，到2017年虽有一定的恢复，但尚未达到2006年的水平；鸻鹬类

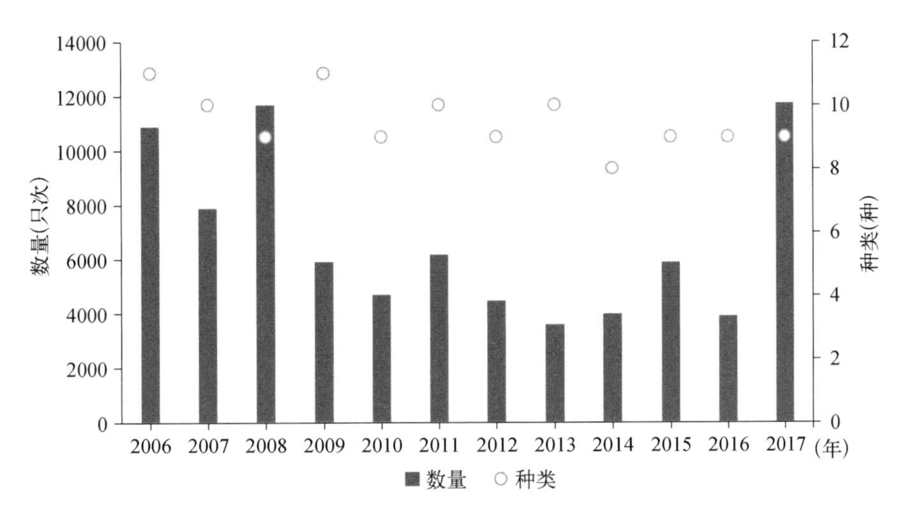

图2.5　2006～2017年崇明东滩鸟类自然保护区鹭类水鸟数量、种类的变化

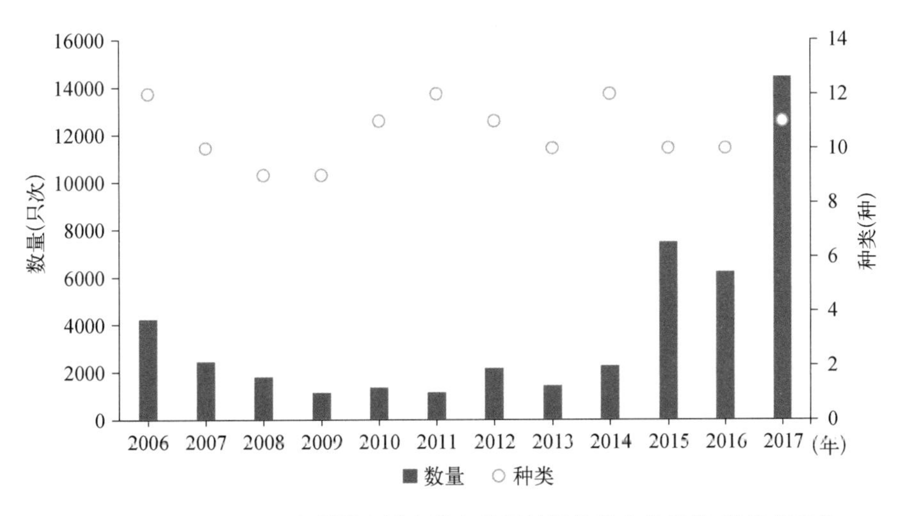

图2.6　2006～2017年崇明东滩鸟类自然保护区其他水鸟数量、种类的变化

水鸟则基本维持了总体数量的稳定；鸥类水鸟则处于缓慢下降的趋势；鹭类水鸟也经历了先下降后恢复的变化，且2017年的数量已经达到了2006年的水平；其他水鸟同样也是先下降后恢复，但它们在2017年的数量已经高于2006年保护区晋升国家级自然保护区时的水平。

3）数量高峰季节的水鸟变化

保护区的迁徙水鸟在时间的分布上是不均匀的，冬季（上一年11月到当年2月）大量聚集的冬候鸟以及春（3～5月）、秋（8～10月）过境的旅鸟构成了保护区内水鸟的主体，因此下面将对三个主要季节的水鸟情况进行分述。

保护区的冬季水鸟数量经历了快速的下降而后逐渐恢复。2006年冬季保护区记录到水鸟66 910只次，2010年仅记录到12 401只次，2017年冬季则恢复到了48 499只次。（见22页图2.7）

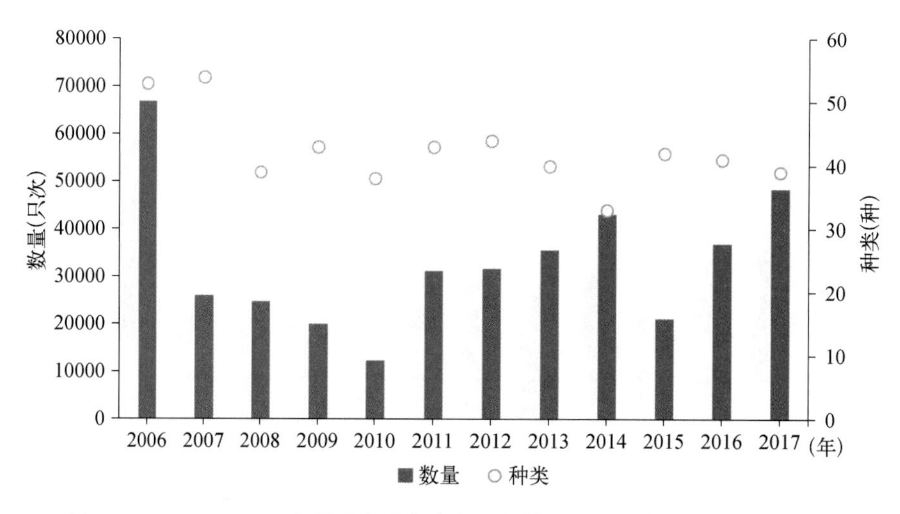

图2.7　2006～2017年崇明东滩鸟类自然保护区冬季水鸟数量、种类的变化

雁鸭类是保护区冬季数量最多的水鸟类群，因此其情况和保护区冬季水鸟的总体变化完全一致，经历了快速下降和逐步恢复的过程；2006年记录到45 140只次，2010年最少为5 147只次，2017年记录到30 722只次。(图2.8)

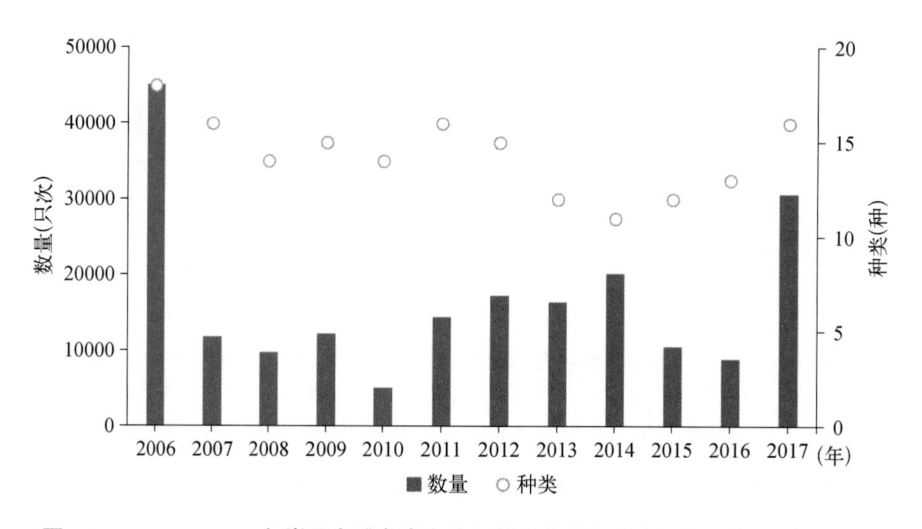

图2.8　2006～2017年崇明东滩鸟类自然保护区冬季雁鸭类水鸟数量、种类的变化

与雁鸭类不同，保护区冬季的鸻鹬类水鸟没有出现明显的下降、恢复过程，其数量波动较大，且波动没有明显规律，其中7个年度的数据比较一致，3个年度的数据明显偏低，2个年度的数据明显高出其余年份。(图2.9)

保护区越冬鸥类水鸟数量则一直呈下降的趋势，除2013年有过一个较高的记录数量外，越冬鸥类的数量下降明显。(图2.10)

保护区越冬鹭类水鸟的变化情况与雁鸭类水鸟相似，也是先有一个明显的下降趋势，

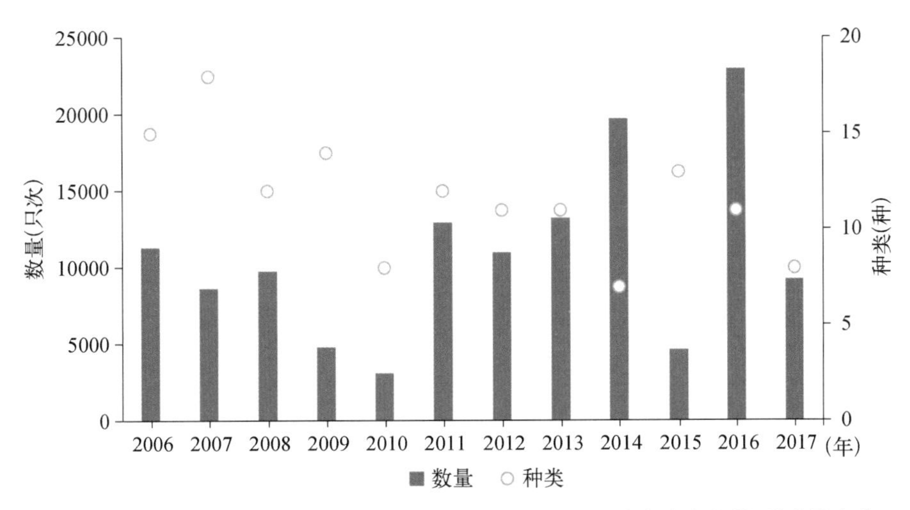

图2.9　2006～2017年崇明东滩鸟类自然保护区冬季鸻鹬类水鸟数量、种类的变化

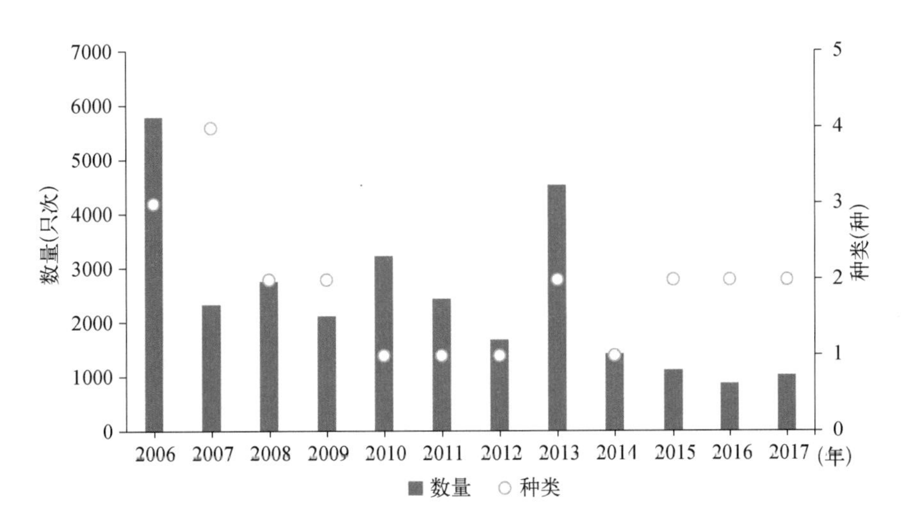

图2.10　2006～2017年崇明东滩鸟类自然保护区冬季鸥类水鸟数量、种类的变化

2009年最少，其后2011年的数量有明显回升，其后仍有较大的波动，相比2009年有所增加但仍远远低于2006年时的数量。(见24页图2.11)

冬季其他水鸟的变化情况与以上4个类群有所不同，这一类群是保护区冬季水鸟中唯一数量在下降后恢复并明显超过了2006年晋升国家级自然保护区时水平的水鸟类群。(见24页图2.12)

因此，冬季保护区水鸟总体上经历了先下降后恢复的过程，其中雁鸭类和鹭类水鸟都是这样的情况，鸥类水鸟则明显下降没有明显恢复，鸻鹬类水鸟数量变化没有明显的规律，其他水鸟则在最初下降之后有明显恢复进而增长，2017年的数量已经超过了2006年晋升国家级自然保护区时的水平。

而保护区春季水鸟总体的变化情况与冬季存在显著不同。春季水鸟的数量基本是稳

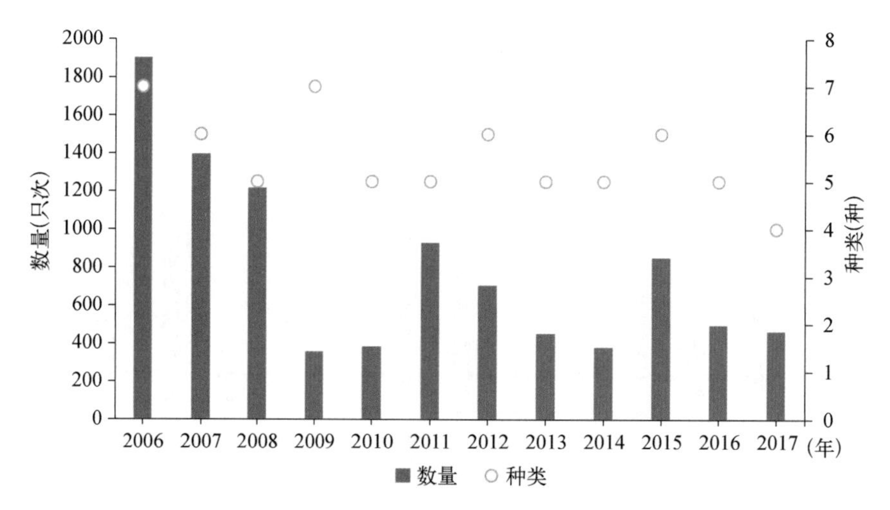

图2.11 2006～2017年崇明东滩鸟类自然保护区冬季鹭类水鸟数量、种类的变化

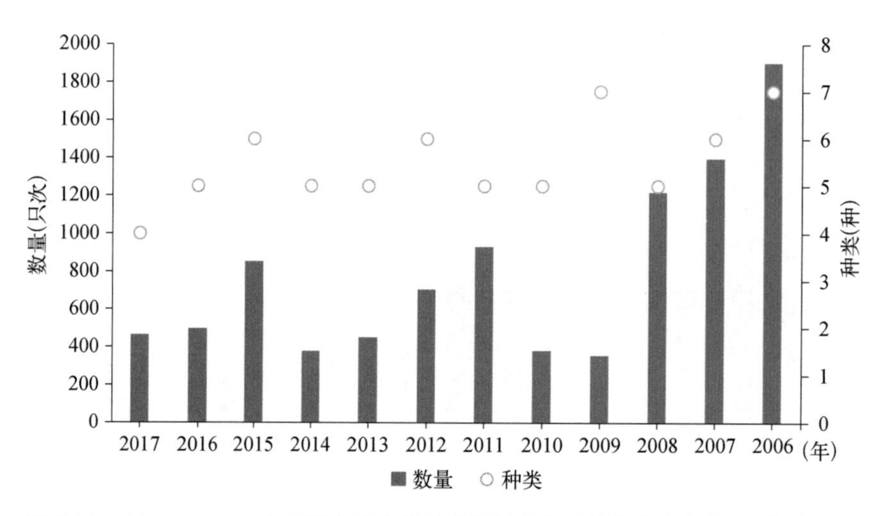

图2.12 2006～2017年崇明东滩鸟类自然保护区冬季其他水鸟数量、种类的变化

定的，其中9个年度的数量较为接近，2012年春季的数量最多，2009年和2013年春季的数量都较低。(图2.13)

春季雁鸭类水鸟的变化情况总体仍是一个先下降后恢复的趋势，但年际变化较为剧烈。(图2.14)

由于鸻鹬类水鸟是保护区春季水鸟的主体，其数量变化趋势也与总体趋势一致；保护区春季鸻鹬类水鸟数量基本稳定，其中9个年度的数量较为接近，2009年、2013年和2017年春季的数量都较低。(图2.15)

保护区春季鸥类水鸟数量的变化情况则是先上升后下降，2010年至2012年的春季鸥类水鸟数量较多，此后春季鸥类水鸟的数量则呈下降趋势。(见26页图2.16)

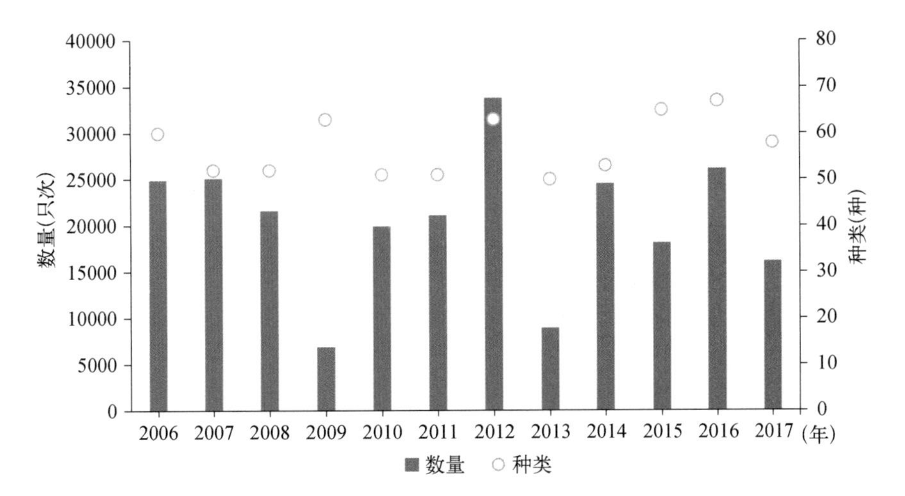

图2.13　2006 ~ 2017年崇明东滩鸟类自然保护区春季水鸟数量、种类的变化

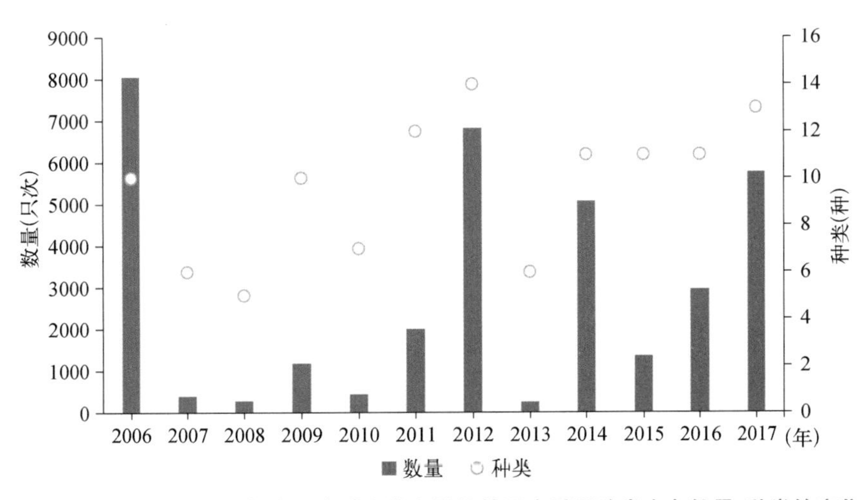

图2.14　2006 ~ 2017年崇明东滩鸟类自然保护区春季雁鸭类水鸟数量、种类的变化

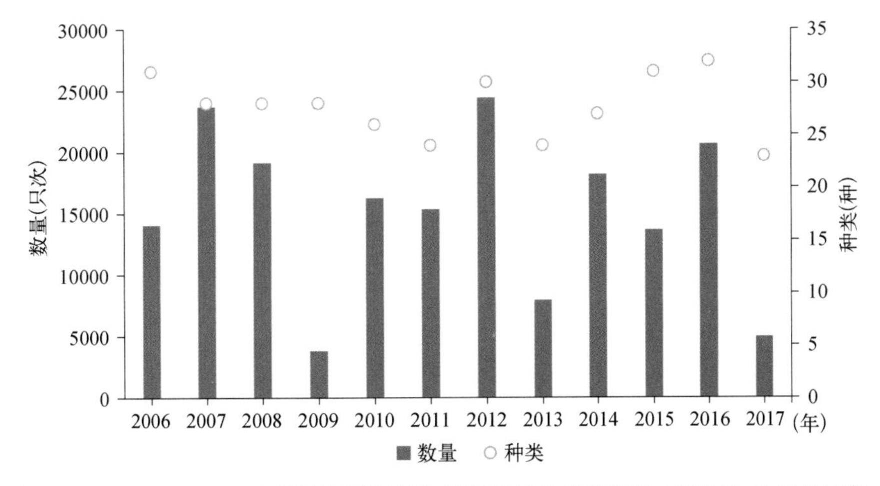

图2.15　2006 ~ 2017年崇明东滩鸟类自然保护区春季鸻鹬类水鸟数量、种类的变化

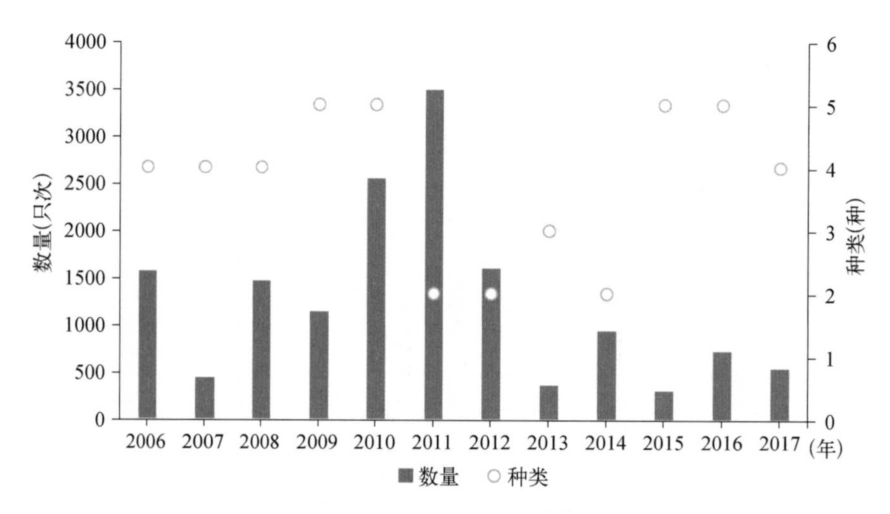

图2.16 2006～2017年崇明东滩鸟类自然保护区春季鸥类水鸟数量、种类的变化

保护区春季鹭类水鸟数量变化情况与雁鸭类数量的变化趋势相近，呈先下降后恢复的趋势。(图2.17)

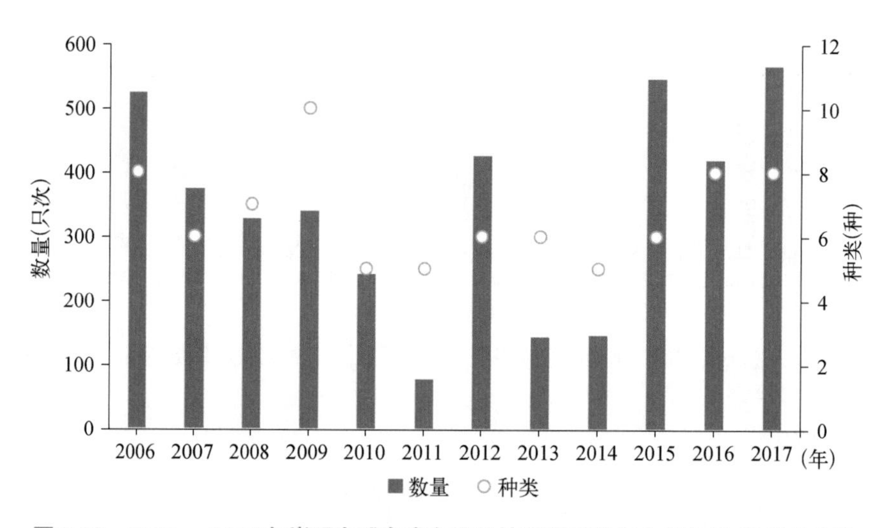

图2.17 2006～2017年崇明东滩鸟类自然保护区春季鹭类水鸟数量、种类的变化

保护区春季其他水鸟的数量自2015年起有一个明显的上升。(图2.18)

因此，保护区春季水鸟由于其构成主体鸻鹬类基本稳定所以总体上也保持相对稳定，雁鸭类和鹭类都有先下降后恢复的趋势，鸥类则在数量上升后又下降，其他水鸟类群自2015年起数量明显上升。

总体看来保护区秋季水鸟的数量也是呈现先下降而后逐步恢复、上升的趋势(图2.19)。但秋季由于是台风季节，天气对于调查有较大影响，2006年9月上旬、2007年9月下旬、2008年8月上旬、2010年8月上旬和9月上旬、2011年8月下旬、2012年8月上旬和9

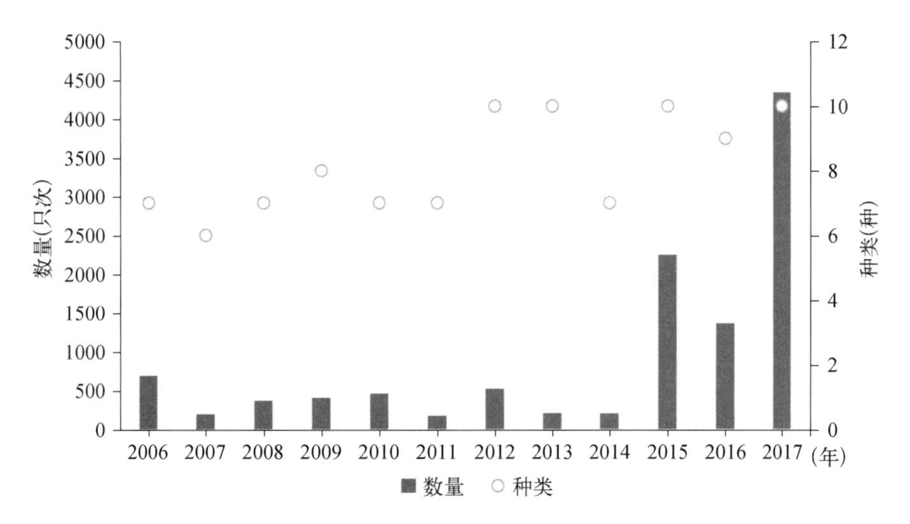

图2.18　2006～2017年崇明东滩鸟类自然保护区春季其他水鸟数量、种类的变化

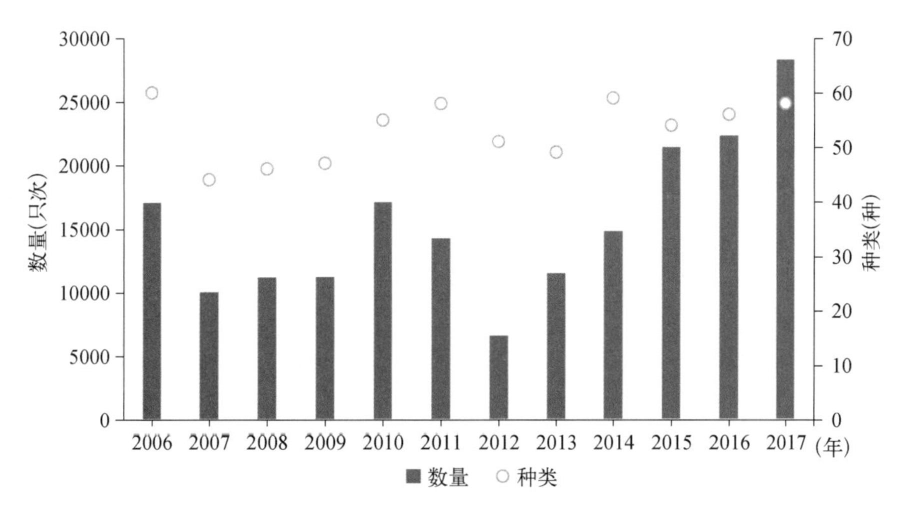

图2.19　2006～2017年崇明东滩鸟类自然保护区秋季水鸟数量、种类的变化

月上旬、2014年8月下旬、2016年9月上旬的调查都由于天气原因未能进行，而调查前的天气变化对于调查所获得的数据也有较大影响。

保护区秋季雁鸭类水鸟数量的变化情况趋势不明显，年际间波动较大。(见28页图2.20)

与春季相似，由于鸻鹬类水鸟是保护区秋季水鸟的主体，其数量变化的趋势也与总体趋势基本一致，呈现先下降后上升的趋势。(见28页图2.21)

秋季鸥类的变化情况与总体变化趋势相似，有一个先降后升的趋势。(见28页图2.22)

保护区秋季鹭类水鸟数量在2007年有明显下降，2008年和2017年的数量都超过了2006年的水平，其他年度的数量则与2007年接近。(见29页图2.23)

保护区秋季其他水鸟的数量呈现了先下降后恢复的过程，在2015年有明显增长，2017年的数量远超过2006年的数量。(见29页图2.24)

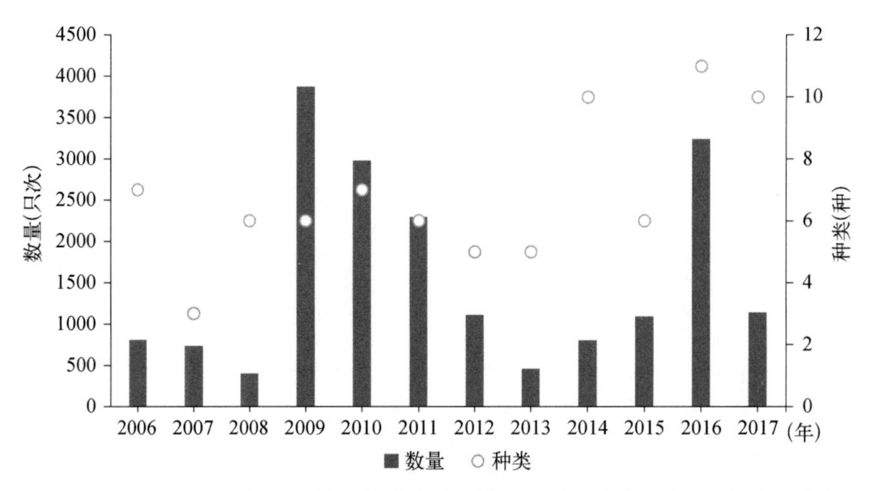

图2.20 2006～2017年崇明东滩鸟类自然保护区秋季雁鸭类水鸟数量、种类的变化

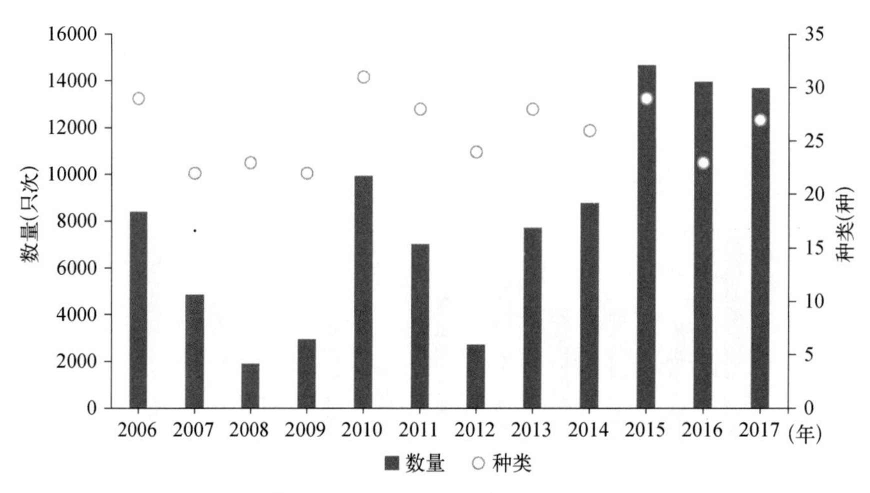

图2.21 2006～2017年崇明东滩鸟类自然保护区秋季鸻鹬类水鸟数量、种类的变化

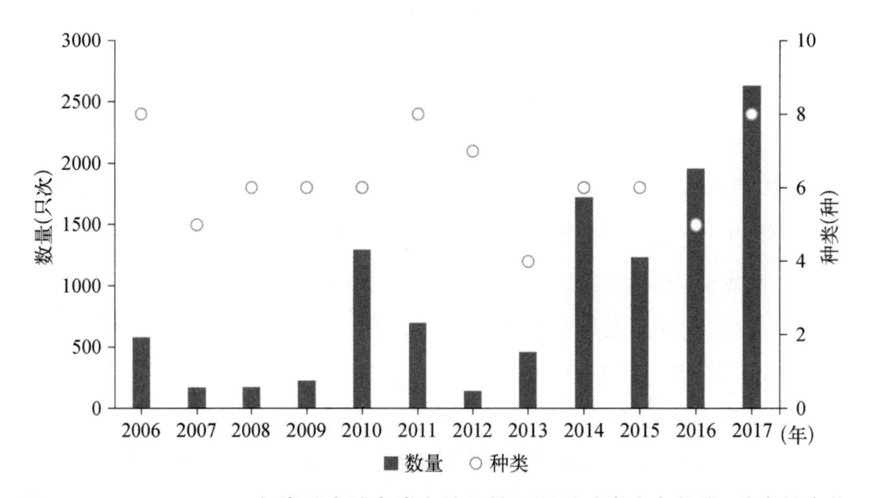

图2.22 2006～2017年崇明东滩鸟类自然保护区秋季鸥类水鸟数量、种类的变化

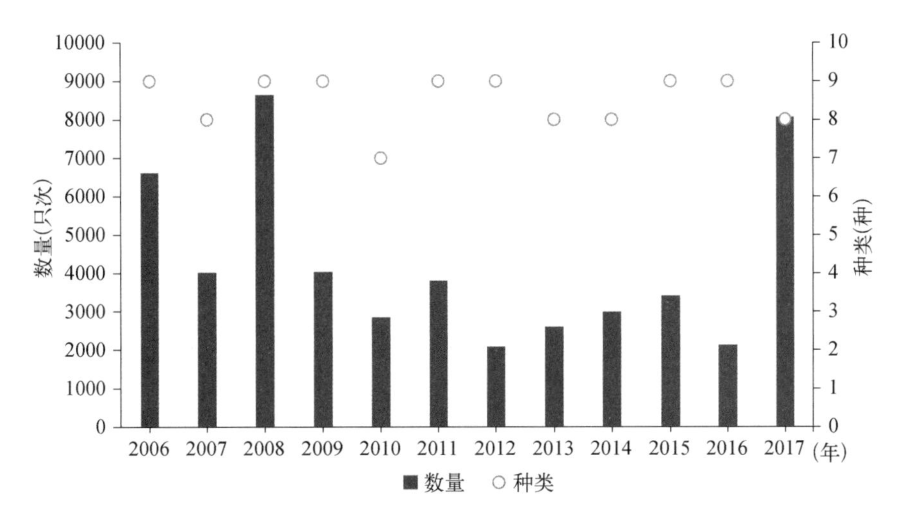

图2.23　2006～2017年崇明东滩鸟类自然保护区秋季鹭类水鸟数量、种类的变化

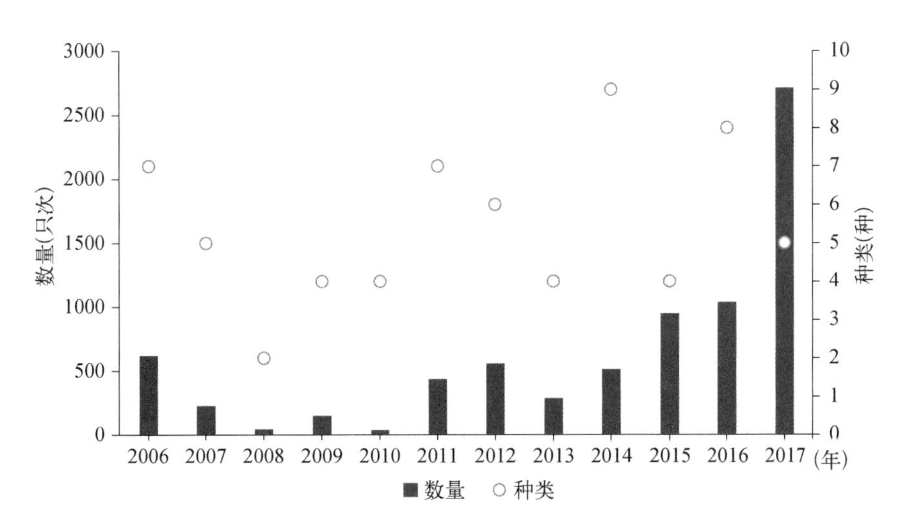

图2.24　2006～2017年崇明东滩鸟类自然保护区秋季其他水鸟数量、种类的变化

因此,保护区秋季水鸟数量总体呈现先下降而后逐步上升的趋势,雁鸭类水鸟变化趋势不明显,年际间波动明显;鸻鹬类、鸥类和其他水鸟的变化趋势与总体相似,都是先降后升,其中其他水鸟数量上升明显;鹭类则除2008年和2017年出现两个数量高峰外,其他年度的数量都接近2007年下降后的数量。

4）两类主要栖息地的水鸟数量变化

两类主要栖息地分别是不受潮汐作用影响的人工和半人工湿地(包括2006～2010年保护区外围缓冲区内的鱼蟹塘,以及2011～2017年保护区内互花米草生态治理后建成的鸟类栖息地优化区,以下统称生态修复湿地)和受潮汐作用影响的潮间带自然滩涂湿地,下面介绍两种不同栖息地的水鸟调查结果。

生态修复湿地中水鸟数量呈现先下降后上升的趋势,2017年有一个明显的上升,水鸟数量达到了2006年的水平。自然滩涂上的水鸟数量变化情况与生态修复湿地的水鸟数量变化情况明显不同，总体呈现相对稳定的情况，2009年数量最少，2014年和2016年的数量最多，2017年的数量也相对偏少。(图2.25)

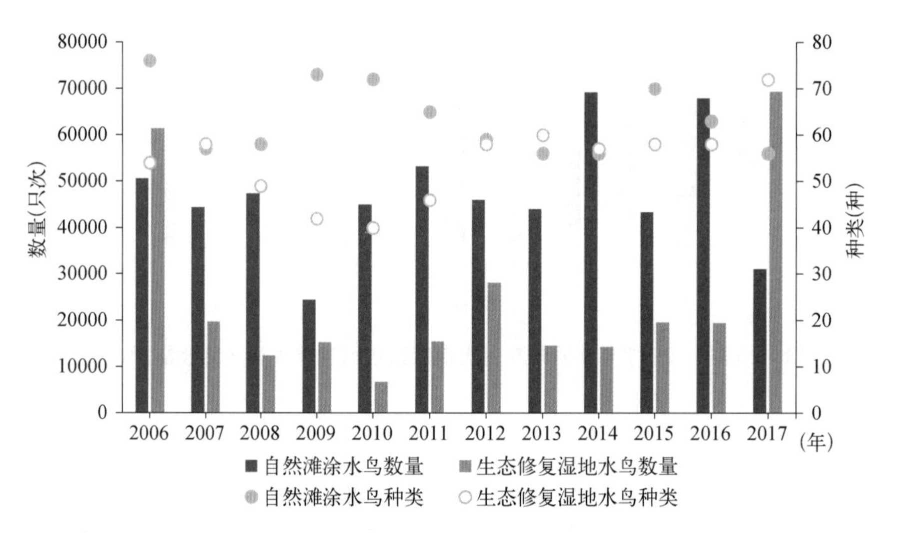

图2.25 2006～2017年崇明东滩鸟类自然保护区自然滩涂及生态修复湿地水鸟数量、种类的变化

生态修复湿地中的雁鸭类水鸟的数量变化呈现先下降后恢复的趋势，但到2017年，尽管雁鸭类水鸟数量恢复明显，但尚未达到2006年水平。自然滩涂的雁鸭类水鸟数量要明显少于生态修复湿地，没有明显的变化趋势，2014年记录的数量最多，2017年记录的数量最少。(图2.26)

生态修复湿地中的鸻鹬类水鸟数量呈现先降后升的趋势，2017年生态修复湿地中记录的鸻鹬类水鸟数量已超过2006年的水平。自然滩涂上的鸻鹬类水鸟数量保持相对稳

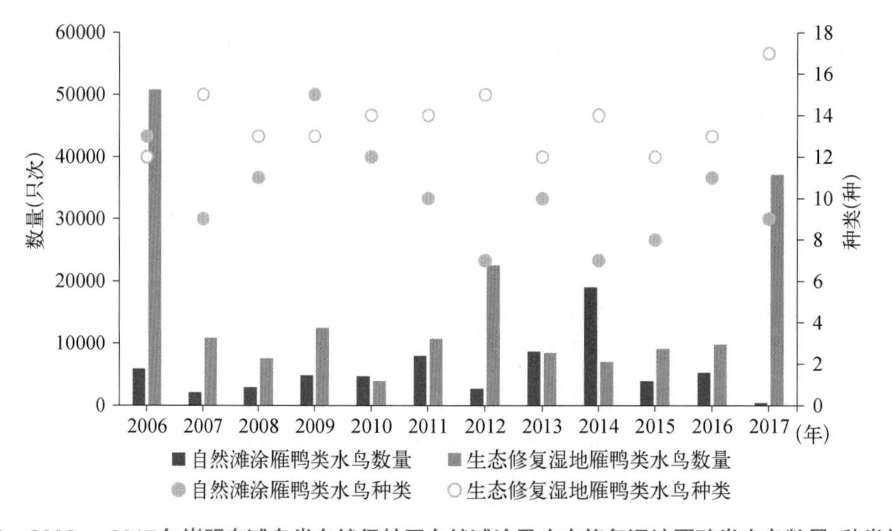

图2.26 2006～2017年崇明东滩鸟类自然保护区自然滩涂及生态修复湿地雁鸭类水鸟数量、种类的变化

定,最少值出现在2009年,最多值则出现在2016年。(图2.27)

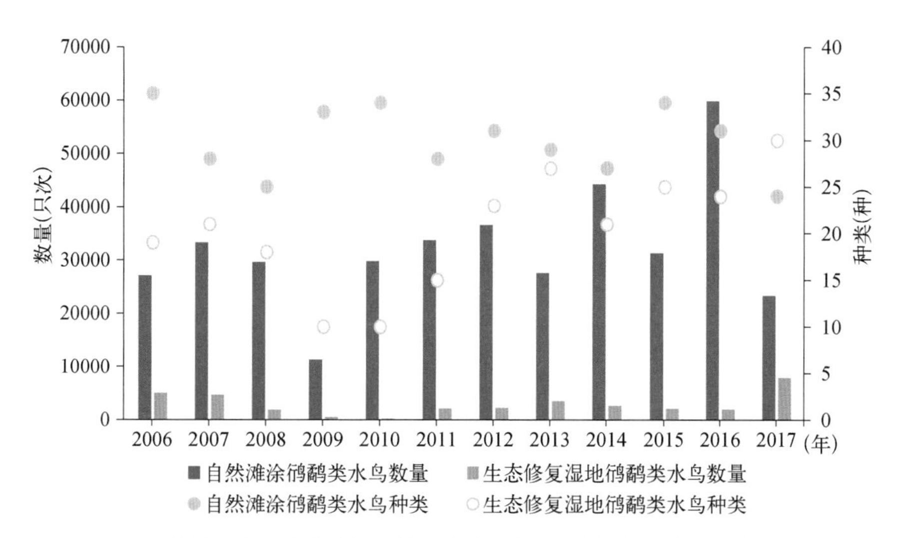

图2.27　2006～2017年崇明东滩鸟类自然保护区自然滩涂及生态修复湿地鸻鹬类水鸟数量、种类的变化

生态修复湿地中的鸥类水鸟数量呈上升趋势,2017年的数量约为2006年数量的6倍。自然滩涂上的鸥类水鸟数量则呈下降趋势,2017年的数量仅有2006年的五分之一。(图2.28)

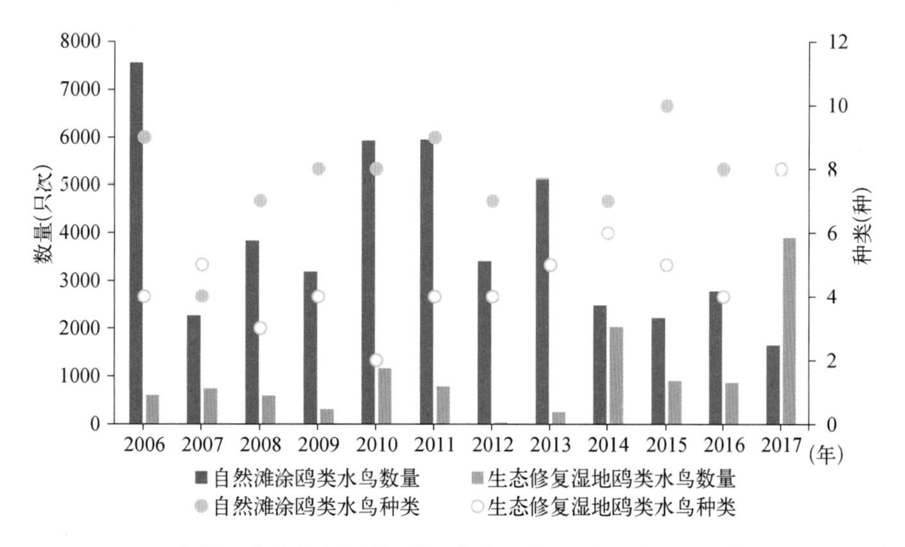

图2.28　2006～2017年崇明东滩鸟类自然保护区自然滩涂及生态修复湿地鸥类水鸟数量、种类的变化

生态修复湿地中的鹭类水鸟数量最初呈下降趋势,至2010年的最低点后逐渐恢复,在2017年的数量明显增长。与生态修复湿地中的情况不同,自然滩涂上的鹭类水鸟数量呈下降趋势,在2013年后有所恢复。(见32页图2.29)

其他水鸟在生态修复湿地中的数量先下降后上升,自2015年起数量上升明显,2017

年的记录数量大大超过了2006年的水平；而在自然滩涂上的数量则是自2006年一直呈下降趋势，在2014年前后数量最少，2015年数量明显增加而后又下降。（图2.30）

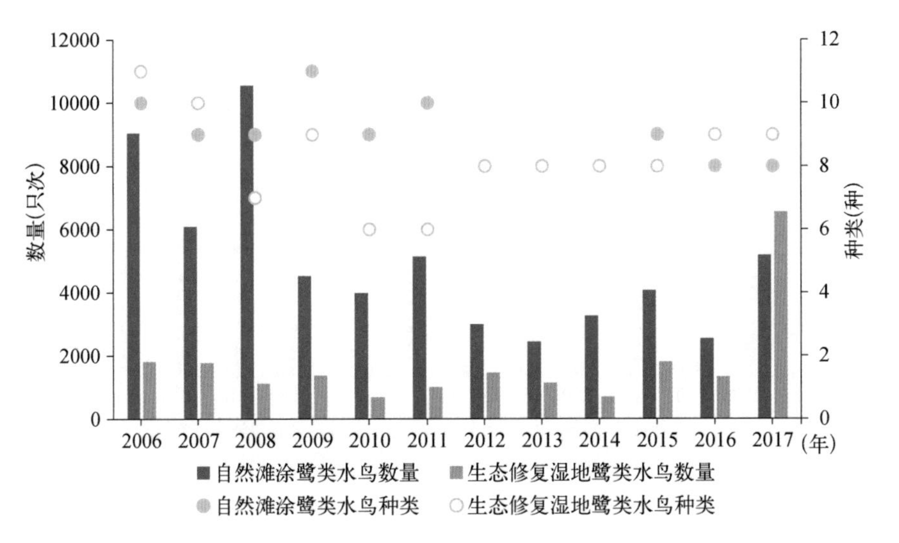

图2.29 2006～2017年崇明东滩鸟类自然保护区自然滩涂及生态修复湿地鹭类水鸟数量、种类的变化

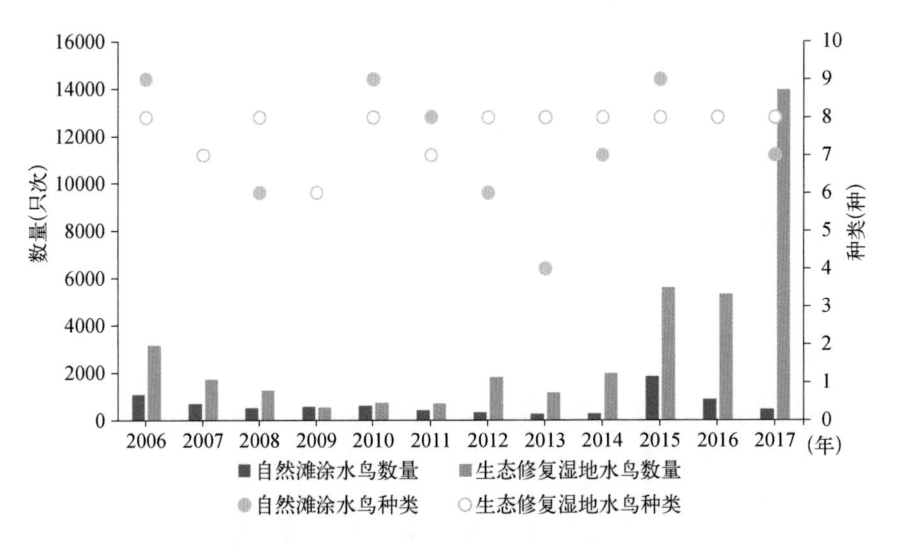

图2.30 2006～2017年崇明东滩鸟类自然保护区自然滩涂及生态修复湿地其他水鸟数量、种类的变化

总体来说，崇明东滩鸟类自然保护区自2006年晋升为国家级自然保护区以来，水鸟数量经历了先下降后上升的过程，2017年水鸟总数量接近于2006年的数量水平。从类群来看，雁鸭类的数量早期下降后有所恢复，但尚未恢复至晋升国家级自然保护区时的水平；鸻鹬类数量则基本保持稳定；鸥类数量整体有所下降；鹭类数量先下降后恢复，近年数据基本与2006年处于同一水平；其他水鸟类群的数量先下降后恢复并明显增长，2017年的数量已经大大超过2006年的数量。从季节分布上来看，冬季水鸟数量先下降后恢复，但2017年冬季尚未达到2006年冬季的水平；春季水鸟数量基本保持稳定；秋季水鸟

数量有一定程度的上升。从空间分布来看，生态修复湿地中分布的水鸟有明显的先下降后上升的趋势，2017年生态修复湿地中分布的水鸟数量与2006年相似，但不同类群的变化趋势不同：生态修复湿地中雁鸭类水鸟2017年的数量低于2006年的水平，而鸻鹬类、鸥类、鹭类和其他水鸟类群在2017年的数量均高于2006年的水平。自然滩涂上的水鸟数量总体保持稳定，各类群情况同样有所差异：雁鸭类数量波动明显，鸻鹬类数量保持稳定，鸥类、鹭类和其他水鸟的数量都少于2006年。

保护区水鸟的数量变化与保护区及其周边环境的变化有密切关系。相对于发生较大环境变化的生态修复湿地，保护区自然滩涂的生境相对稳定，因此主要分布于自然滩涂的鸻鹬类水鸟数量也保持了稳定；而对生态修复湿地（包括2011年之前保护区外围缓冲区内的鱼蟹塘）依赖性较高的雁鸭类、鹭类和其他类群的鸟类数量都表现为先下降后恢复的趋势。保护区原来的外围缓冲区随着土地利用方式的改变基本失去了水鸟的栖息地功能，而新建成的生态治理工程区域则发挥着重要的水鸟栖息地的功能。

2.2.2　重要水鸟物种的数量变化

1）国家重点保护鸟类（水鸟）的数量变化

表2.4和表2.5是2006 ～ 2017年保护区范围内记录到的水鸟中国家重点保护野生动物的情况，表中的数据是该种鸟类在当年多次调查中记录到的最高数量。在保护区有记录的国家一级保护鸟类中，白头鹤是数量最稳定的，每年的越冬期在保护区都被记录到，其数量近年来有下降的趋势。黑鹳和白鹤都是仅记录到1次。东方白鹳共有3个年度被记录到，但2017年记录到的情况与前2次有明显差别，2006年和2012年的记录可能是白鹳经过保护区，记录到1次后就再无发现。2017年则是在10月底记录到之后，这小群东方白鹳一直在保护区内活动，到2018年1月已经在保护区范围内稳定活动了2个多月，这是此前没有的现象。在国家二级保护动物中，灰鹤、黑脸琵鹭和白琵鹭每年均有多次记录，其中灰鹤是在保护区内稳定越冬的，黑脸琵鹭和白琵鹭则是在春秋季节过境时的数量较多，也有部分越冬个体。小天鹅和鸳鸯也是记录较多的物种，大部分年份都有记录，其中鸳鸯是过境时期记录到，在保护区内没有记录到稳定越冬的情况；小天鹅在20世纪80年代有较大的种群数量，但自20世纪90年代开始数量急剧减少，到生态修复工程实施前在越冬期仅有零星的记录。自2016年起，随着生态修复工程的基本完工，2016年有62只小天鹅在保护区内稳定越冬，2017年有118只小天鹅在保护区范围内稳定越冬。其余二级保护鸟类在保护区只有零星记录。

表2.4　2006 ～ 2017年崇明东滩鸟类自然保护区记录的国家一级保护水鸟及当年最大数量

单位：只

	白头鹤	东方白鹳	黑　鹳	白　鹤
2006	129	4	0	0

续 表

	白头鹤	东方白鹳	黑 鹳	白 鹤
2007	110	0	0	0
2008	113	0	0	0
2009	96	0	0	0
2010	97	0	4	0
2011	88	0	0	1
2012	82	4	0	0
2013	80	0	0	0
2014	84	0	0	0
2015	93	0	0	0
2016	74	0	0	0
2017	97	10	0	0

表2.5 2006～2017年崇明东滩鸟类自然保护区记录的国家二级保护水鸟及当年最大数量

单位：只

	灰鹤	黑脸琵鹭	白琵鹭	小天鹅	鸳鸯	小青脚鹬	沙丘鹤	小杓鹬	黄嘴白鹭	卷羽鹈鹕
2006	8	6	16	9	11	7	0	0	0	0
2007	10	41	64	11	16	0	0	0	0	0
2008	10	22	21	0	0	0	0	0	0	0
2009	8	57	49	6	2	0	0	0	0	0
2010	13	19	26	3	28	0	0	0	0	0
2011	12	14	7	55	40	0	1	1	0	0
2012	20	6	11	24	0	0	1	0	1	1
2013	21	34	8	46	4	0	0	1	1	0
2014	22	13	1	2	6	0	0	0	0	0
2015	20	30	26	0	20	0	0	0	0	0

续 表

	灰鹤	黑脸琵鹭	白琵鹭	小天鹅	鸳鸯	小青脚鹬	沙丘鹤	小杓鹬	黄嘴白鹭	卷羽鹈鹕
2016	18	97	19	62	6	0	0	0	0	0
2017	12	47	27	118	12	0	0	0	0	0

2）水鸟优势种的变化情况

保护区的一些水鸟具有较大的种群数量。我们在统计2006～2017年12个年度的水鸟记录总数量的基础上，将数量最多的10种鸟类的数量变化进行了比较。

黑腹滨鹬是保护区内记录到的数量最多的水鸟。在2006～2017年间，黑腹滨鹬的数量明显上升，这与互花米草清除后的栖息地质量改善有关。保护区互花米草治理工程对堤外滩涂上的互花米草实施了大面积清除，为黑腹滨鹬提供了适宜的栖息地，堤内的生态修复区则为黑腹滨鹬提供了高质量且干扰较少的高潮位停歇地。调查期间斑嘴鸭、黑尾塍鹬和骨顶鸡数量的增加则可能得益于优化工程为这三种鸟类提供了适宜的栖息地。调查期间绿头鸭、白鹭、绿翅鸭的数量近年来都有所恢复，但和2006年保护区晋升国家级时的数量相比还有一定差距。银鸥的数量下降明显，可能是由于银鸥的栖息环境在冬季受到保护区附近捕鳗苗作业等人类活动的影响较大，而保护区范围外的区域无法进行有效的管理。大滨鹬数量的下降可能是受到其全球种群数量下降的影响。（图2.31和图2.32）

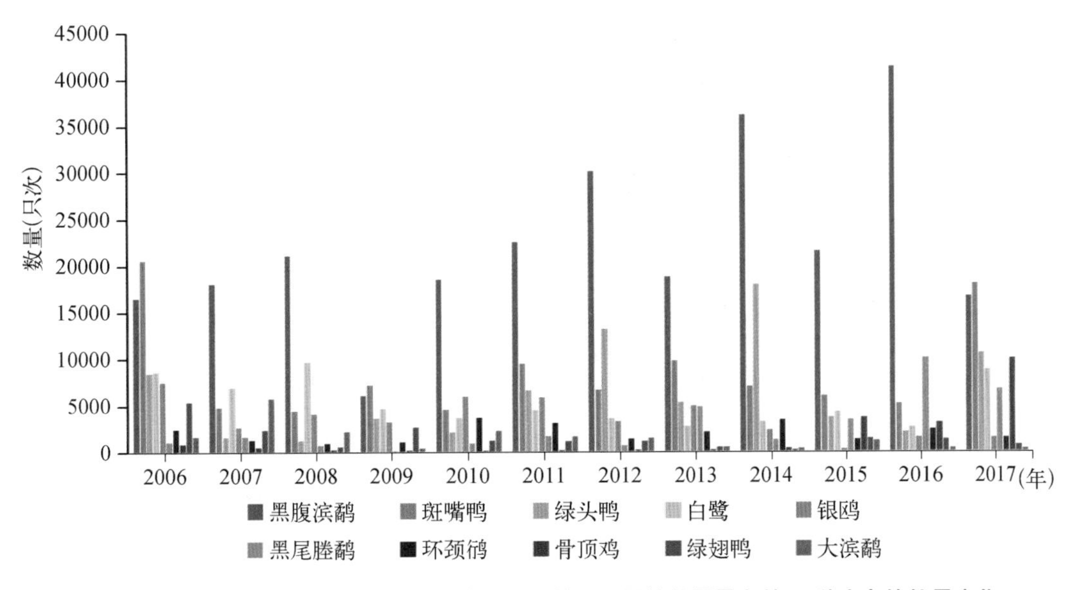

图2.31　2006～2017年崇明东滩鸟类自然保护区记录的数量最多的10种水鸟的数量变化

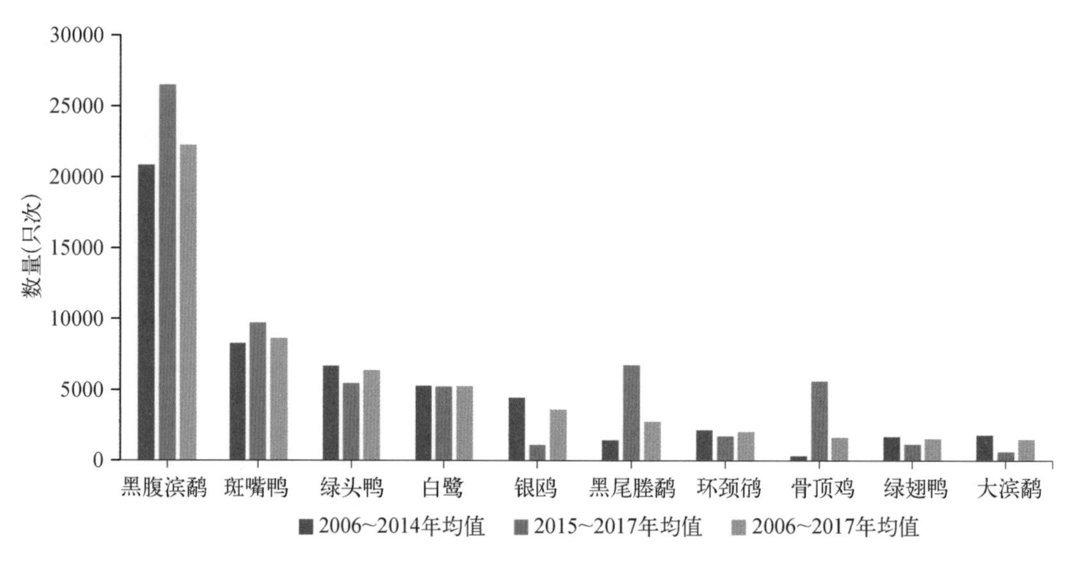

图2.32 崇明东滩鸟类自然保护区数量最多的10种水鸟在不同时期的平均数量

2.2.3 生态修复工程区的水鸟种类和数量

生态修复工程区域在2017年的调查中共记录到水鸟72种68 553只次，其中工程南部区域的一部分（图2.33橙色区域）记录到水鸟57种33 669只次，占工程区域水鸟总记录的

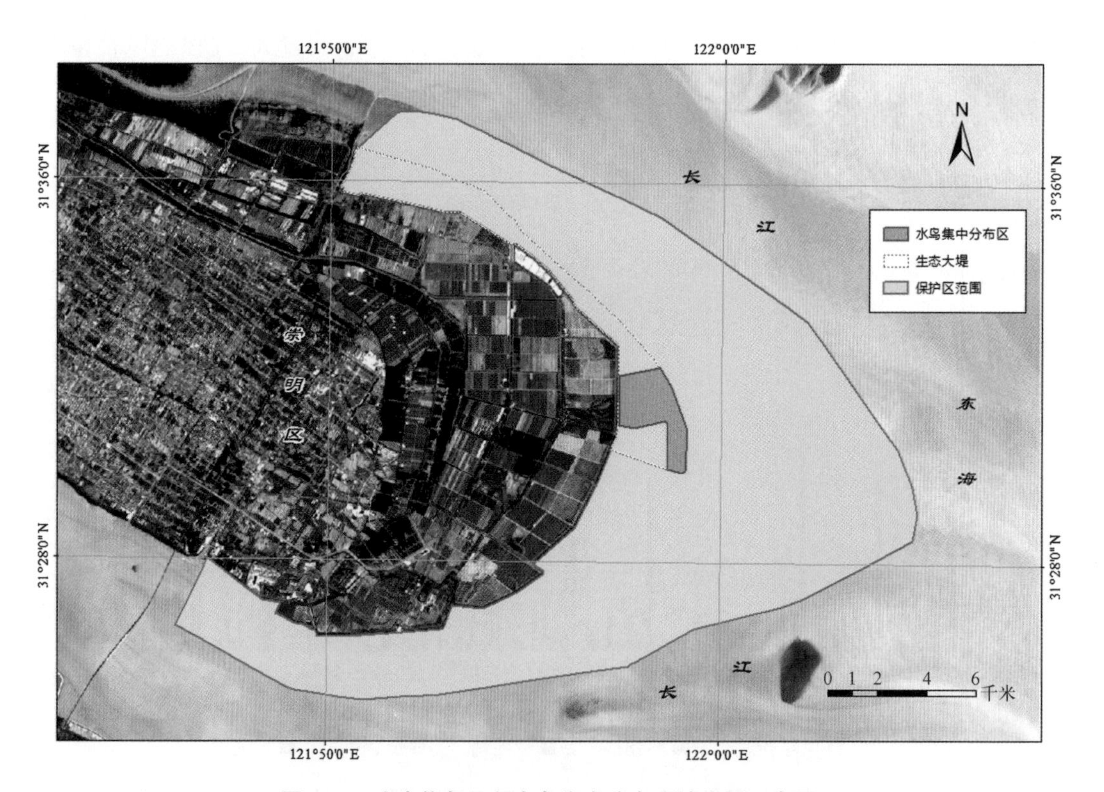

图2.33 生态修复工程水鸟集中分布区域位置示意图

近一半(49.11%),而该区域的面积仅占工程营造栖息地总面积的29.71%,因此该区域是水鸟集中分布区域,需要加强关注和保护。该区域各水鸟类群的数量如表2.6所示。

该区域数量最多的水鸟类群为雁鸭类水鸟,共记录到水鸟26 243只次,占区域水鸟总数的77.94%;其次为其他水鸟类群的3 541只次,占10.52%;鸻鹬类水鸟记录到2 300只次,占6.83%;鹭类水鸟记录到1 264只次,占3.75%;鸥类水鸟数量最少,为321只次,仅占0.95%(表2.6)。

表2.6　2017年生态修复工程水鸟集中分布区域的水鸟类群组成

类　群	数　量	种　类	数量百分比
雁鸭类	26 243	15	77.94%
鸻鹬类	2 300	22	6.83%
鸥　类	321	4	0.95%
鹭　类	1 264	9	3.75%
其　他	3 541	7	10.52%
合　计	33 669	57	100.00%

从该区域水鸟的季节分布来看(图2.34),冬季时数量最多,达24 523只次,春、秋两季的种类多样性则更为丰富,分别为37种和39种,夏季的水鸟数量和种类都是一年中最少的时期。这一季节分布与保护区内不同水鸟类群的迁徙规律一致,雁鸭类、鹭类和其他水鸟类群多为冬候鸟,故冬季的数量最多,春、秋过境季节水鸟种类最为丰富,夏季仅有少量繁殖的燕鸥和鹭类栖息,因此数量和种类都较少。该区域集中分布了大量的雁鸭类水鸟,

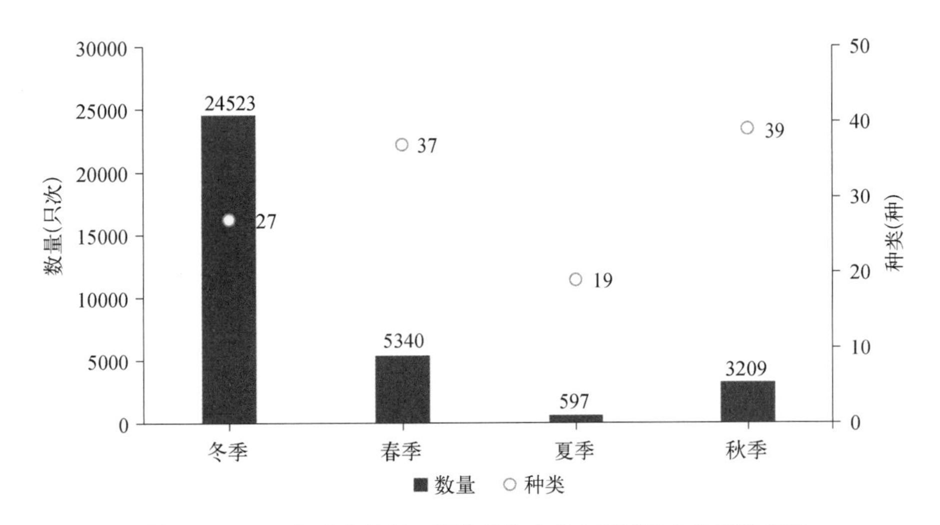

图2.34　2017年生态修复工程水鸟集中分布区域的水鸟季节分布

在冬季时该区域内更是集中分布了保护区水鸟的一半以上数量(50.56%)。因此,需要严格加强此区域的管理。

2.2.4 功能区调整区域(拟增加的核心区)的水鸟情况

由于受到滩涂过于泥泞而难以行走的条件限制,未能对保护区北部区域的自然滩涂开展相关鸟类调查(图2.35中8号区域),但从生态修复工程北部区域的调查结果可以预测滩涂上的鸟类情况。

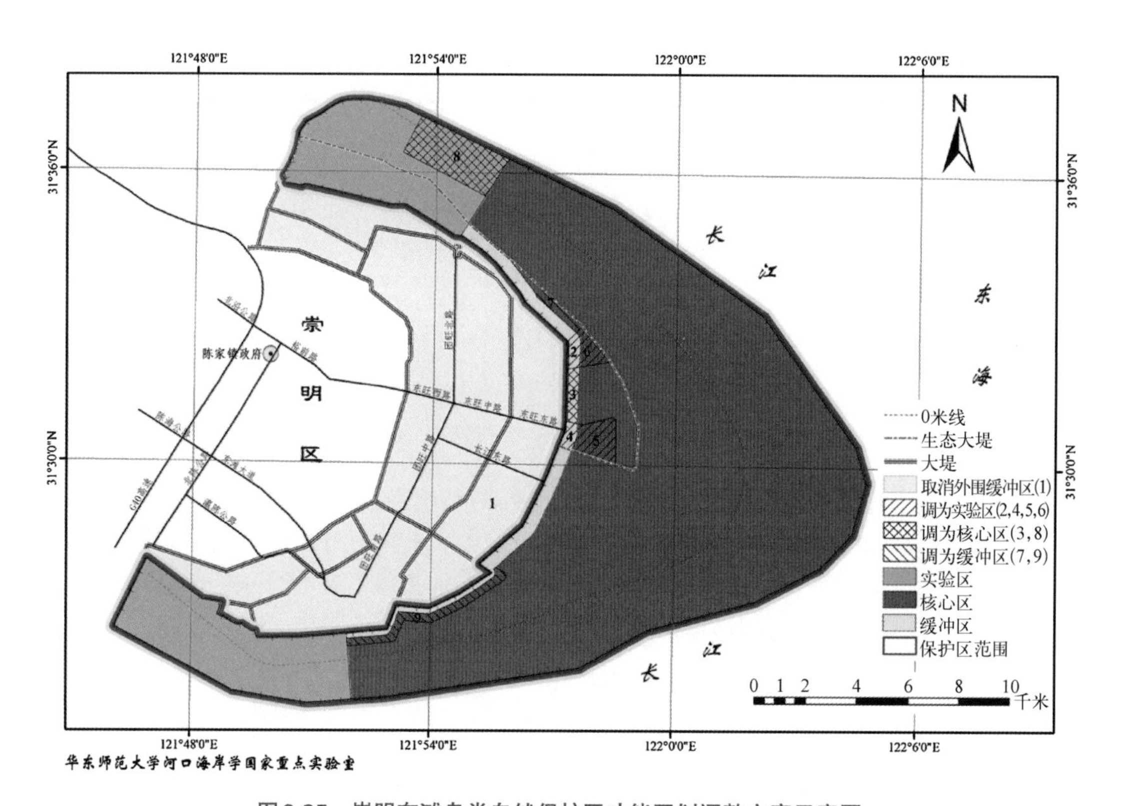

图2.35 崇明东滩鸟类自然保护区功能区划调整方案示意图

2017年,在优化工程北部区域共记录到水鸟49种12 350只次,其类群组成如表2.7所示。工程北部区域数量记录到数量最多的是鸻鹬类4 503只次,占水鸟总数的36.46%;其次为鸥类(主要为繁殖期记录到的燕鸥)2 501只次,占水鸟总数的20.25%;鹭类和雁鸭类的数量接近,分别为1 985只次和1 963只次,各占水鸟总数的16.07%和15.89%;其他水鸟类群的数量最少,为1 398只次,占水鸟总数的11.32%。

由于水鸟类群组成的差异,生态修复工程北部区域水鸟的季节分布也呈现不同的规律:冬季是水鸟数量最少的时间段;秋季的水鸟数量最多,春、秋季的水鸟种类最丰富;而夏季在该区域分布较大数量的繁殖燕鸥,数量仅次于秋季。(图2.36)

生态修复工程北部区域记录到的水鸟中,鸻鹬类、鹭类和鸥类都主要在自然滩涂觅

表2.7　2017年生态修复工程北部区域水鸟类群组成

类　群	数　量	种　类	数量百分比
雁鸭类	1 963	11	15.89%
鸻鹬类	4 503	18	36.46%
鸥　类	2 501	7	20.25%
鹭　类	1 985	5	16.07%
其　他	1 398	8	11.32%
合　计	12 350	49	100.00%

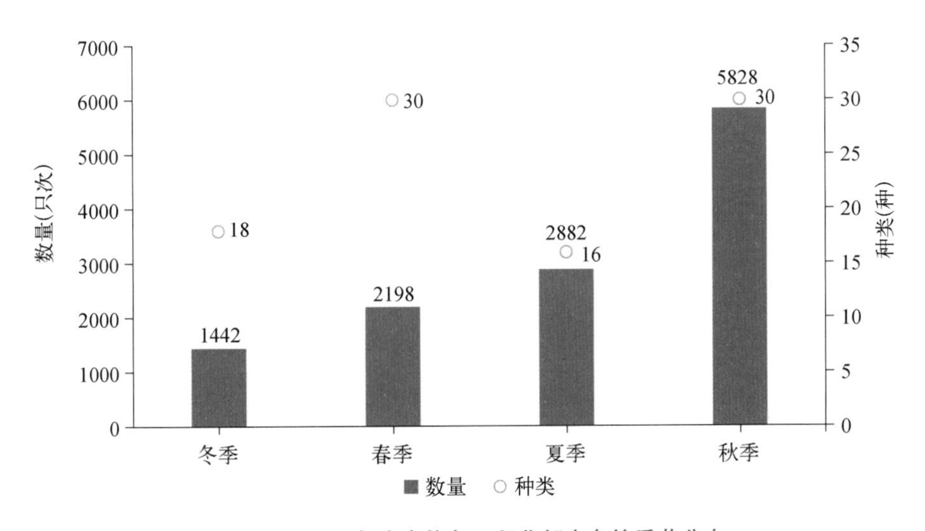

图2.36　2017年生态修复工程北部水鸟的季节分布

食，而这三种鸟类占到了该区域水鸟总数量的72.78%，因此可以认为生态修复工程北部区域外围的自然滩涂至少为这些水鸟提供了重要的觅食场所。另外，由于北部滩涂的高程要高于南部滩涂，在大潮的高潮期该区域的自然滩涂可能会为保护区内一部分的鸻鹬类、鹭类等涉禽提供高潮停歇地。目前保护区北部滩涂处于淤涨的趋势，只要能够对滩涂上的互花米草进行有效控制，该区域滩涂湿地的栖息地面积和质量都会得以提升，故建议将此区域部分滩涂划入核心区。

2.3　趋势预判及管理建议

随着“崇明东滩生态修复项目”的完工，保护区将为水鸟以及其他鸟类提供更多的适宜栖息环境（Fan, et al, 2021），而同时崇明岛北沿滩涂、横沙岛、南汇边滩等传统水鸟重要栖息地区域面临着多方面的环境压力（蔡友铭和周云轩，2014），在未来对水鸟的环境容纳量可能有所下降。因此，崇明东滩鸟类自然保护区作为长江河口区域的重要水鸟栖息地，对于水鸟保护的重要性将进一步上升，未来保护区的水鸟数量和多样性都可能会持续增加。

为此，建议加强水鸟栖息地的保护和管理以提升保护区水鸟的容纳量。对于自然滩涂湿地：① 加强管理，严格防止和控制互花米草再次入侵和扩散；② 加强水域执法能力，进一步减少人为活动的干扰；③ 加强对依赖自然滩涂湿地的鸟类的栖息地保护，恢复海三棱藨草等鸟类重要的食源植物。对于生态修复工程区域：加强栖息地的管理和监测，根据不同鸟类在不同季节对栖息地的动态需求，采取水文调控、植被管理和地形维护等措施，不断改善和提高工程区域的栖息地质量。

（吴巍，马志军）

第三章

植物区系、植被及其植物群落类型、分布与变化

摘　要

调查资料显示，自20世纪90年代以来，崇明东滩鸟类自然保护区共记录到被子植物16科43属51种。对分布区系进行统计，发现该区世界广布属比例最大，占41.86%；主要优势植物群落为芦苇群落、藨草—海三棱藨草群落、互花米草群落等。参照《上海崇明东滩鸟类国家级自然保护区年度资源监测报告》，并结合2017年野外实地调查记录，显示该年芦苇群落面积为900.27 hm^2，主要分布在崇明东滩小北港、团结沙等地区；藨草—海三棱藨草群落面积1 439.10 hm^2，主要分布在盐沼植被前沿，并集中分布于捕鱼港（大石头）前沿及小北港外围的自然滩涂；而互花米草群落的面积已迅速减少，这是由于生态修复工程取得了显著成效，目前仅有较小的斑块岛状零星分布于滩涂前沿区域。

3.1　植物区系

3.1.1　植物区系的基本组成

根据多年调查数据（王卿，2007；闫芊，2008；谭娟，2013；杨洁，2013），自20世纪90年代起，崇明东滩鸟类自然保护区共记录到被子植物16科43属51种，主要优势物种为芦苇、糙叶苔草、互花米草、海三棱藨草、藨草、水烛、白茅等（见42页表3.1和44页图3.1）。

表3.1 崇明东滩鸟类自然保护区被子植物名录

序号	植物门类	种中文名	种拉丁名	科名	属名
1	被子植物	葎草	*Humulus scandens*	桑科	葎草属
2	被子植物	绵毛酸模叶蓼	*Polygonum lapathifolium* var. *salicifolium*	蓼科	蓼属
3	被子植物	羊蹄	*Rumex japonicus*	蓼科	酸模属
4	被子植物	齿果酸模	*Rumex dentatus*	蓼科	酸模属
5	被子植物	藜	*Chenopodium album*	藜科	藜属
6	被子植物	小藜	*Chenopodium serotinum*	藜科	藜属
7	被子植物	灰绿藜	*Chenopodium glaucum*	藜科	藜属
8	被子植物	盐地碱蓬	*Suaeda salsa*	藜科	碱蓬属
9	被子植物	土荆芥	*Chenopodium ambrosioides*	藜科	藜属
10	被子植物	碱蓬	*Suaeda glauca*	藜科	碱蓬属
11	被子植物	反枝苋	*Amaranthus retroflexus*	苋科	苋属
12	被子植物	牛膝	*Achyranthes bidentata*	苋科	牛膝属
13	被子植物	喜旱莲子草	*Alternanthera philoxeroides*	苋科	莲子草属
14	被子植物	蕺菜	*Houttuynia cordata*	三白草科	蕺菜属
15	被子植物	田菁	*Sesbania cannabina*	豆科	田菁属
16	被子植物	泽漆	*Euphorbia helioscopia*	大戟科	大戟属
17	被子植物	乌蔹莓	*Cayratia japonica*	葡萄科	乌蔹莓属
18	被子植物	蛇床	*Cnidium monnieri*	伞形科	蛇床属
19	被子植物	萝藦	*Metaplexis japonica*	萝藦科	萝藦属
20	被子植物	龙葵	*Solanum nigrum*	茄科	茄属
21	被子植物	车前	*Plantago asiatica*	车前科	车前属
22	被子植物	刺儿菜	*Cirsium setosum*	菊科	蓟属
23	被子植物	青蒿	*Artemisia carvifolia*	菊科	蒿属
24	被子植物	野艾蒿	*Artemisia lavandulaefolia*	菊科	蒿属
25	被子植物	钻叶紫菀	*Aster subulatus*	菊科	紫菀属

续 表

序号	植物门类	种中文名	种 拉 丁 名	科 名	属 名
26	被子植物	鳢肠	*Eclipta prostrata*	菊科	醴肠属
27	被子植物	蒲公英	*Taraxacum mongolicum*	菊科	蒲公英属
28	被子植物	加拿大一枝黄花	*Solidago canadensis*	菊科	一枝黄花属
29	被子植物	小蓬草	*Conyza canadensis*	菊科	白酒草属
30	被子植物	一年蓬	*Erigeron annuus*	菊科	飞蓬属
31	被子植物	碱菀	*Tripolium vulgare*	菊科	碱菀属
32	被子植物	线叶旋覆花	*Inula lineariifolia*	菊科	旋覆花属
33	被子植物	芦竹	*Arundo donax*	禾本科	芦竹属
34	被子植物	野燕麦	*Avena fatua*	禾本科	燕麦属
35	被子植物	稗	*Echinochloa crusgalli*	禾本科	稗属
36	被子植物	无芒稗	*Echinochloa crusgalli* var. *mitis*	禾本科	稗属
37	被子植物	牛筋草	*Eleusine indica*	禾本科	穇属
38	被子植物	白茅	*Imperata cylindrica*	禾本科	白茅属
39	被子植物	芦苇	*Phragmites australis*	禾本科	芦苇属
40	被子植物	早熟禾	*Poa annua*	禾本科	早熟禾属
41	被子植物	棒头草	*Polypogon fugax*	禾本科	棒头草属
42	被子植物	狗尾草	*Setaria viridis*	禾本科	狗尾草属
43	被子植物	互花米草	*Spartina alterniflora*	禾本科	米草属
44	被子植物	菰	*Zizania latifolia*	禾本科	菰属
45	被子植物	束尾草	*Phacelurus latifolius*	禾本科	束尾草属
46	被子植物	水烛	*Typha angustifolia*	香蒲科	香蒲属
47	被子植物	高秆莎草	*Cyperus exaltatus*	莎草科	莎草属
48	被子植物	糙叶苔草	*Carex scabrifolia*	莎草科	苔草属
49	被子植物	水莎草	*Juncellus serotinus*	莎草科	水莎草属
50	被子植物	藨草	*Scirpus triqueter*	莎草科	藨草属
51	被子植物	海三棱藨草	*Scirpus mariqueter*	莎草科	藨草属

芦苇 *Phragmites australis*　　海三棱藨草 *Scirpus mariqueter*

互花米草 *Spartina alterniflora*　　糙叶苔草 *Carex scabrifolia*

白茅 *Imperata cylindrica*　　水烛 *Typha angustifolia*

图3.1　崇明东滩鸟类自然保护区滩涂湿地常见湿地植物

3.1.2 植物区系的分区及特点

根据吴征镒(1991)《中国种子植物属的分布区类型》的分类系统,我们对崇明东滩鸟类自然保护区的湿地植物43属被子植物的分布区系进行了统计。分析结果表明,崇明东滩植物分布区系中,世界广布属比例最大,其次为泛热带分布属、北温带分布属,再次为旧世界温带分布属、旧世界热带分布属、东亚和北美洲间断分布属、东亚分布属(表3.2)。

表3.2 崇明东滩鸟类自然保护区被子植物区系特征

分布区类型	属 数	所占比例(%)
1. 世界分布	18	41.86
2. 泛热带分布	8	18.60
3. 热带美洲和热带亚洲分布	0	0.00
4. 旧世界热带分布	3	6.98
5. 热带亚洲至热带大洋洲分布	0	0.00
6. 热带亚洲至热带非洲分布	0	0.00
7. 热带亚洲(印度~马来西亚)分布	0	0.00
8. 北温带分布	7	16.28
9. 东亚和北美洲间断分布	2	4.65
10. 旧世界温带分布	3	6.98
11. 温带亚洲分布	0	0.00
12. 地中海区、西亚至中亚分布	0	0.00
13. 中亚分布	0	0.00
14. 东亚分布	2	4.65
15. 中国特有分布	0	0.00
合计	43	100

3.2 植被

3.2.1 植被概况

根据《中国植被》(中国植被编委会,1980)的植被区划,崇明东滩属于亚热带常绿落叶阔叶林区域,东部(湿润)常绿阔叶林亚区域,北亚热带常绿、落叶阔叶混交林地带,江淮平原栽培植被、水生植被区。考虑上海自然植被的基本特征、地带性与非地带性因素的相互作用，以及农业栽培植被的分布特点，并根据高峻对上海自然植被分区的研究（1997），崇明东滩与九段沙、长兴、横沙等河口岛屿、沙洲一样，属于北亚热带落叶常绿阔叶混交林地带，河口沙洲植被区。

崇明东滩鸟类自然保护区气候温和湿润，雨量充沛，日照充足，四季分明，有利于植物的生长。受长江淡水和东海海水的交互影响，底质盐渍化显著。崇明东滩地势较低，高潮时几乎全被淹没。因此，在崇明东滩鸟类自然保护区滩涂上形成了以海三棱藨草、芦苇等为主的自然植被——盐生草本沼泽，并有互花米草组成的单种群群落的入侵物种盐生草本沼泽。

3.2.2 植被类型

根据野外样方调查和植物群落的种类组成、外貌特征、生态地理特点和演化动态趋势，参照《中国植被》（中国植被编委会，1980）的分类方法，采用植被型组（vegetation type group）、植被组（vegetation type）、群系（formation）、群丛（association）4级分类单位将崇明东滩鸟类自然保护区潮上带和潮间带植被分为1个植被型组（A）、1个植被型（B）、3个群系（C），在主要的群系内划分群丛（D）。

A1 沼泽植被

B1 草本沼泽

C1 藨草—海三棱藨草群落

C2 芦苇群落

C3 互花米草群落

3.3 植物群落类型及其分布

崇明东滩鸟类自然保护区自然滩涂的主要优势植物群落为芦苇群落、藨草—海三棱藨草群落、互花米草群落等。参照《上海崇明东滩鸟类国家级自然保护区年度资源监测报告》，并结合2017年野外实地调查记录显示：该年这里的芦苇群落面积为900.27 hm^2，主要分布在崇明东滩小北港、团结沙等地区；藨草—海三棱藨草群落是崇明东滩潮间带滩涂的先锋物种，面积为1 439.10 hm^2，主要分布在滩涂植被带前沿，并集中于捕鱼港（大石头）前沿及小北港外围自然滩涂；互花米草群落由于生态控制工程取得显著成效，到2017年其面积已迅速减少，目前仅有较小的斑块岛状分布于滩涂前沿区域。

3.3.1 主要植物群落

1）芦苇群落

在崇明东滩鸟类自然保护区，芦苇群落通常为芦苇形成的单物种优势群落，局部区域有互花米草混生。

芦苇为禾本科芦苇属多年生草本植物。根纤维状，须根系庞大；横向和竖立生长的根状茎即地下茎发达，节间较长，节上具不定根和芽，通过根茎每年可以产生大量新的克隆分株（图3.2 a）；地上茎直立，一般高1 ～ 3 m，径2 ～ 10 mm；叶互生，扁平，呈披针形，长15 ～ 45 cm，宽1 ～ 3.5 cm（图3.2 b）；圆锥花序，长10 ～ 40 cm，宽10 ～ 15 cm，微向下垂，下部枝腋间有白柔毛（图3.2 c）；种子为颖果，有3脉，长圆形。芦苇地上植株高大密集，粗壮的地下根茎纵横交错，因此具有很强的促淤保滩、固沙护堤等功能。

图3.2　崇明东滩鸟类自然保护区芦苇的形态学和群落学特征

(a) 因潮水冲刷暴露出地下部分；(b) 克隆分株；(c) 花和花序；(d) 郁闭群落；(e) 较低高程处的群落

2）藨草—海三棱藨草群落

在崇明东滩鸟类自然保护区，藨草—海三棱藨草群落中的优势物种为海三棱藨草与藨草。

藨草与海三棱藨草均为莎草科藨草属多年生草本植物。藨草是世界广布种，而海三棱藨草为我国特有种，目前仅见于我国长江口和杭州湾的东部沿海或沿江滩涂。海三棱藨草的种子与地下球茎是部分雁鸭类与白头鹤等水鸟的主要食物来源，海三棱藨草群落也是长江口迁徙水鸟的重要栖息地和觅食场所。因此，长江口的海三棱藨草具有非常重要的生态价值，亟须得到保护。

海三棱藨草根为须根，具根状茎（见48页图3.3 a），越冬时节上形成椭圆形或卵形的球茎，球茎长1 ～ 1.8 cm（图3.3 a），翌年能萌发新植株（无性植株）；秆高20 ～ 60 cm，最高可达80 cm，散生，三棱形（图3.3 b，c），光滑；穗状花序单个假侧生，头状，卵形或广卵形

(图3.3 c)；小坚果扁平，阔倒卵形，长3 ～ 4 mm，熟时深褐色或黄棕色，有光泽。

藨草—海三棱藨草群落在崇明东滩滩涂有大量分布。在崇明东滩鸟类自然保护区，该群落为海三棱藨草、藨草形成的混生群落，偶见少量的糙叶苔草混生其中。由于海三棱藨草群落在不同高程的滩涂上具有不同的分布格局，又可将其分为外带和内带。海三棱藨草外带(图3.3 d)通常在崇明东滩鸟类自然保护区光滩上呈群聚型或随机型分布，而随着滩涂地势的升高，潮水淹没时间减少，海浪冲刷程度减少，种群密度增加，呈现出大片均匀分布的群落，即为海三棱藨草内带(图3.3 e)。但是，自2001年以来，由于互花米草群落的持续扩张，崇明东滩鸟类自然保护区的海三棱藨草内带已逐步被互花米草通过竞争替代，逐步消失。

图3.3 崇明东滩鸟类自然保护区海三棱藨草的形态学和群落学特征

(a) 因潮水冲刷暴露出地下部分；(b) 无性植株；(c) 叶，花和花序；(d) 群落外带；(e) 群落内带

3）互花米草群落

在崇明东滩鸟类自然保护区，互花米草群落通常是由互花米草形成的单物种优势群落。互花米草为禾本科米草属(又名绳草属)多年生草本植物，原产于大西洋西海岸及墨西哥湾，由于人类有意引入或无意带入，现已成为全球海岸盐沼生态系统中最成功的入侵植物之一。自20世纪70年代末以来，互花米草在我国广大的河口与沿海滩涂迅速引种，

取得了一定的生态和经济效益，但也带来了一系列危害。目前，互花米草已成为我国沿海滩涂最主要的入侵植物。2003年年初，原国家环保总局公布了首批16种中国外来入侵物种名单，互花米草作为唯一的海岸盐沼植物名列其中。

互花米草地下部分通常由短而细的须根和长而粗的地下茎（根状茎）组成（图3.4 a），根系庞大，地下茎发达，节上具不定根和芽，通过根茎每年可以产生大量新的克隆分株；茎秆坚韧、直立粗壮，直径在1 cm以上，高可达1 ～ 3 m（图3.4 a,b）。茎节具叶鞘，叶腋有

图3.4　长江口盐沼中的互花米草的形态学和群落学特征

(a) 因潮水冲刷暴露出地下部分；(b) 茎和叶；(c) 花和花序；(d) 郁闭群落；(e) 海三棱藨草群落中的互花米草斑块；(f) 光滩中的互花米草斑块；(g) 人工移栽的互花米草

腋芽（图3.4 b）；叶互生，呈长披针形，长可达90 cm，宽1.5 ～ 2 cm，具盐腺，根吸收的盐分大都由盐腺排出体外，因而叶表面往往有白色粉状的盐霜出现；圆锥花序长20 ～ 45 cm，具10 ～ 20个穗形总状花序（图3.4 c）。种子通常8 ～ 12月成熟，颖果长0.8 ～ 1.5 cm，胚呈浅绿色或蜡黄色。

在保护区内，该群落基本上是由互花米草形成的单物种群落（图3.4 d），但在局部区域也有少量芦苇混生。在高滩，互花米草通常呈密集郁闭的片状分布，而在低滩，互花米草形成大小不一的斑块，岛状分布于海三棱藨草群落或光滩中（图3.4 e，f），斑块直径1 ～ 15 m，随着滩涂高程的增加，斑块面积逐渐增大。

3.3.2 主要植物群落的面积变化

遥感分析显示，2012年至2017年崇明东滩鸟类自然保护区植物群落总面积逐步减少，由2012年的4 367.7 hm^2减少至2017年的2 520.9 hm^2，降幅达42.28%。（表3.3）其中，芦苇群落面积逐年递降；藨草—海三棱藨草群落面积逐渐增加，并呈现出向东延伸的趋势；互花米草植物群落在生态控制工程的强烈干预下，迅速减少，目前仅有零星斑块分布。（图3.5）

表3.3 2012 ～ 2017年崇明东滩鸟类自然保护区主要植物群落分布面积

面积（hm^2） 群落类型	年份					
	2012年	2013年	2014年	2015年	2016年	2017年
藨草—海三棱藨草群落	965.79	972.90	1 142.01	1 300.50	1 419.75	1 439.10
芦苇群落	1 466.19	1 339.11	1 089.09	1 011.78	957.78	900.27
互花米草群落	1 754.64	1 764.72	1 709.37	1 531.35	966.78	1.21
总面积	4 367.70	4 257.90	4 121.73	4 024.98	3 525.75	2 520.90

3.3.3 植物群落成带分布的一般模式

沿高程梯度，不同的植物群落呈现出明显的带状分布，这是崇明东滩鸟类自然保护区潮间带植物群落空间分布上的基本特征。在崇明东滩滩涂潮间带，沿高程梯度，从低到高，各植物群落依次为光滩、藨草—海三棱藨草植物群落、互花米草群落、芦苇群落。

海三棱藨草种群首先以地下根状茎和球茎定植于露出海面的光滩，成为滩涂的先锋群落，随着植物群落的发育，无性繁殖使之迅速扩大，出现集聚型或随机型分布的斑块，形成海三棱藨草外带（见52页图3.6 d）。随着滩涂高程升高，潮水淹没时间减少，海浪影响减小，种群密度不断增加，形成大片均匀分布的群落，为海三棱藨草内带（图3.6 c）。随着高程进一步升高，盐度降低，而地下水位相对较低，对海三棱藨草的生长逐渐变得不利；同时芦苇（或互花米草）开始扩散至海三棱藨草群落中，海三棱藨草种群受到排斥，最终

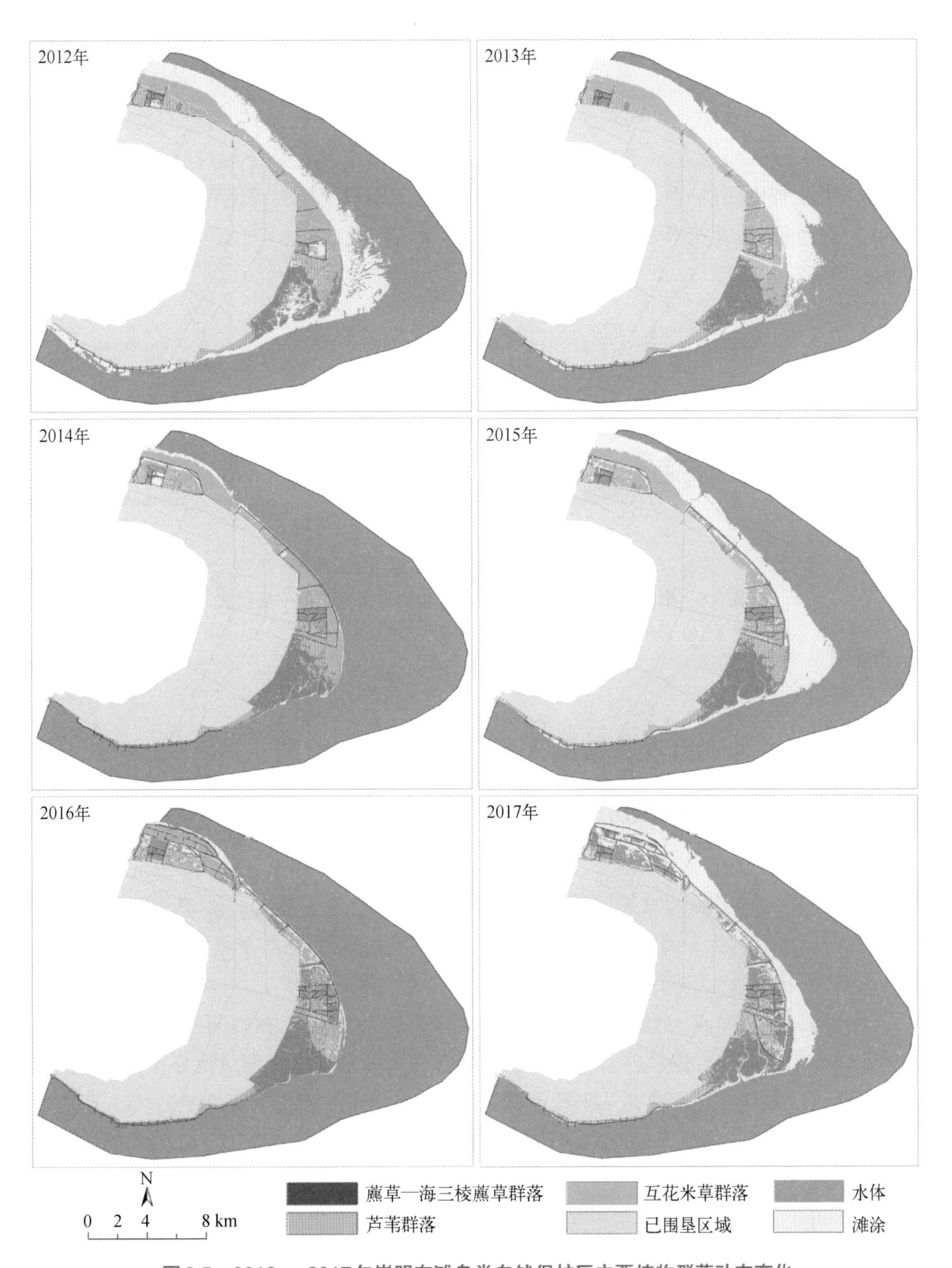

图3.5　2012～2017年崇明东滩鸟类自然保护区主要植物群落动态变化

被芦苇（或互花米草）群落所替代。这样，崇明东滩鸟类自然保护区的植物群落沿高程梯度从低到高形成了明显的带状分布，其分布序列从低到高依次为：光滩、海三棱藨草群落外带、海三棱藨草群落内带、芦苇（或互花米草）—海三棱藨草混生群落、芦苇（或互花米草）群落。（图3.6）这也是崇明东滩保护区植物群落分布的一般模式。其中，海三棱藨草群落外带和芦苇（或互花米草）—海三棱藨草混生群落实际上是一种过渡带，如条件适宜，泥沙淤积较快，往往在一两个生长季内，海三棱藨草群落外带可发育成海三棱藨草群落内带，而芦苇（或互花米草）—海三棱藨草混生群落则发育成芦苇（或互花米草）的单物种优势群落。

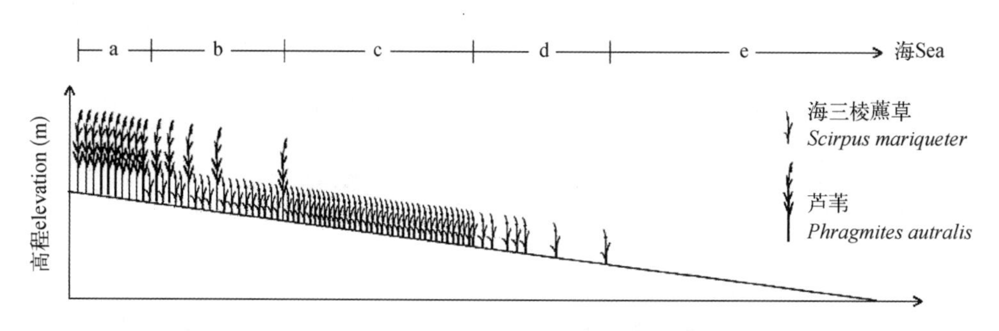

图3.6 崇明东滩鸟类自然保护区的植物群落分布的一般模式

（a）芦苇（或互花米草）群落；（b）芦苇（或互花米草）—海三棱藨草混生群落；（c）海三棱藨草群落（内带）；（d）海三棱藨草群落（外带）；（e）光滩

3.4 外来物种互花米草的入侵、扩张与生态控制

3.4.1 互花米草的入侵历史与扩张

自1995年首次在崇明东滩滩涂发现以来，由于自然扩散和人工移栽，互花米草的分布面积迅速扩大。（王卿，2011）遥感分析表明，其入侵对土著植物海三棱藨草产生严重威胁，并对芦苇也有较为显著的影响。从互花米草在崇明东滩的种群来源、建立方式和扩散过程来看，互花米草对崇明东滩的入侵可分为四个主要阶段。

① 1995～2000年，自然传播种群的定植与建立。1995年，在崇明东滩鸟类自然保护区北部一带的海三棱藨草群落和光滩中发现互花米草呈零星小斑块状分布，这也是在崇明东滩首次发现互花米草。从来源上看，这些零星分布的互花米草可能是从江苏的大丰、启东等地在潮汐作用下通过自然传播而来。至2000年，互花米草已在崇明东滩鸟类自然保护区大面积扩散，形成了大片密集单一的互花米草群落，其面积达到465.75 hm^2。在这一期间，互花米草主要分布在崇明东滩鸟类自然保护区北部并逐渐向东北部扩散，并通过竞争排斥，导致崇明东滩鸟类自然保护区北部的芦苇与海三棱藨草群落面积减小，使海三棱藨草群落呈狭窄的带状分布。由于滩涂的迅速发育，海三棱藨草群落也迅速向东延伸，因此，在这一阶段，海三棱藨草群落面积总体上仍然保持增加。

② 2001～2003年，大规模人工移栽。在这一时期，有关部门为了加快促淤，获取更多的土地资源，在崇明东滩鸟类自然保护区两次大规模人工移栽互花米草。2001年5月，在崇明东滩捕鱼港一带的海三棱藨草群落内带人工种植了337 hm^2的互花米草，成活率达90%以上。2002年11月，由于互花米草快速扩散，逐渐连接成片，形成郁闭的单一物种互花米草群落。2003年5月，互花米草再次被人工种植在崇明东滩鸟类自然保护区的海三棱藨草群落和光滩中。其中在北八滧一带种植互花米草370 hm^2，在东旺沙一带种植60 hm^2，在团结沙一带种植112 hm^2。后来由于保护区管理处极力反对在区内种植互花米草，东旺沙和团结沙两地的互花米草在种植不久后被人工拔除，但是并没有完全拔除干净，互花米草得以进一步扩散。在这一时期，由于互花米草对滩涂环境良好的适应力，人工移栽的互花米草群落存活率极高，并迅速连接成片，在移栽的区域形成单一密集的互花米草群落。而同时，尽管海三棱藨草群落继续向海洋方向延伸，但其面积开始下降，这表明，在这一阶段，互花米草的入侵已经对崇明东滩鸟类自然保护区的土著物种海三棱藨草产生了严重威胁。

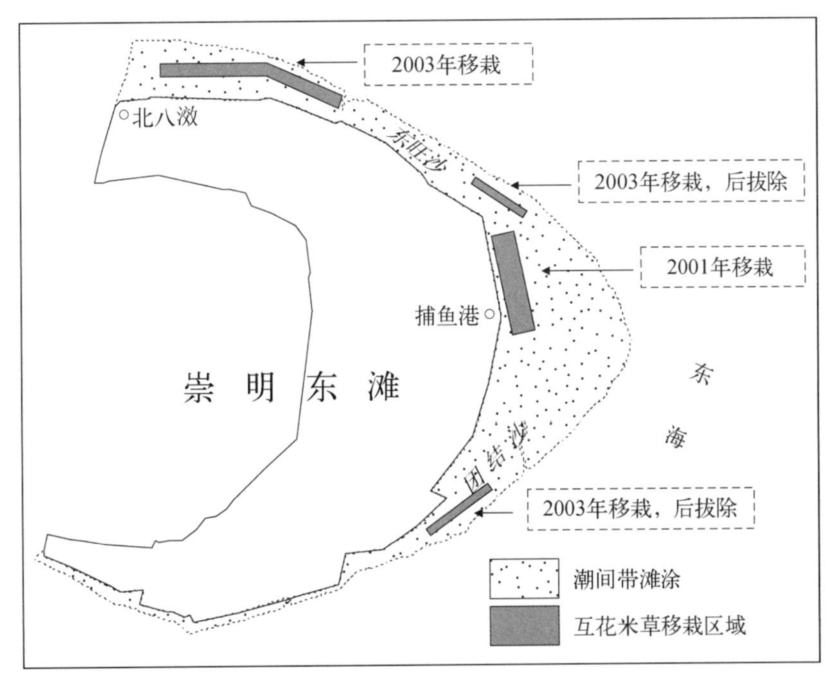

图3.7　崇明东滩鸟类自然保护区内互花米草移栽历史示意图（数据来源：陈中义，2004）

③ 2003～2011年，是互花米草的快速增长期。在这一阶段，互花米草种群迅速扩张，分布面积呈指数增长，部分区域形成稳定的互花米草群落。在2004年前后，互花米草已成为崇明东滩滩涂上分布面积最大的植物群落。至2012年，互花米草分布面积超过1 700 hm^2，占崇明东滩鸟类自然保护区植被总面积的40.17%。值得注意的是，这一阶段互花米草的扩散方向是向东，即向海洋的方向入侵海三棱藨草群落，而几乎没有向南入侵芦苇群落。由于互花米草的入侵，保护区北部的海三棱藨草带极为狭窄，某些区域的

海三棱藨草甚至已经消失，而在保护区东部，海三棱藨草带群落的宽度已经由2002年的1.5 ～ 1.9 km降至2012年的200 ～ 400 m，并且在海三棱藨草群落中还分布有大大小小的互花米草斑块，这就意味着该区域的海三棱藨草很有可能被互花米草迅速取代。因此，互花米草的入侵对崇明东滩鸟类自然保护区的海三棱藨草带来了巨大的威胁，而这种威胁对海三棱藨草几乎是毁灭性的。

④ 2013 ～ 2017年，是互花米草的逐步萎缩阶段。从2012年下半年起，由于"崇明东滩生态修复项目"的逐步实施，互花米草面积也逐渐减少。2013年，互花米草控制工程初期，互花米草尚未得到有效控制，其分布面积达到顶峰，达1 764.72 hm^2。随着工程的快速推进，互花米草分布区被围堤逐步分割后灭除，分布面积迅速减少。截至2017年年末，崇明东滩互花米草已无大面积分布，仅在局部区域与芦苇混生，或者呈小斑块岛状分布于滩涂前沿。

目前，根据遥感分析显示，互花米草面积仅为1.21 hm^2，其分布与扩散已得到有效控制。

3.4.2 互花米草扩张与分布的主要特点

自1995年首次在崇明东滩鸟类自然保护区发现互花米草至今，其扩张与分布呈现以下特点。

① 扩张速度快，从定植到扩张间隔时间短。当一个入侵种到达新的生境后，通常不会迅速建群并扩散，而往往会经过一定的时滞后才爆发。同样，在互花米草的入侵早期和在互花米草群落边缘，其种群的扩张存在阿里效应（Allee dffect），即个体繁殖成功率随着种群的大小或者密度的增加而增加，而在小的或者低密度的种群中灭绝速率会增加，可见互花米草从入侵到扩张也存在时滞。在美国华盛顿州的威拉帕（Willapa）海湾，互花米草从无意引入到扩张的时滞长达50年之久，但在崇明东滩，通过人工定植的方法，互花米草仅在5年内其分布面积就迅速增加，时滞很短。

② 北多南少。互花米草主要分布在捕鱼港以北的区域，而在捕鱼港以南互花米草斑块几乎没有。

③ 其扩散主要发生在海三棱藨草群落中。尽管互花米草对芦苇形成强烈的竞争，但由于芦苇自身也具有较强的竞争力，互花米草入侵芦苇群落的速度相对缓慢。而互花米草一旦入侵海三棱藨草群落，即可在一个生长季内形成直径1 ～ 2 m的斑块，在两到三年内形成较大斑块并与其他互花米草斑块连接成片，形成单一密集的互花米草群落，从而导致海三棱藨草带迅速变窄甚至在某些区域消失。

3.4.3 工程区外互花米草群落情况

"崇明东滩生态修复项目"将崇明东滩划分为生态治理区和自然滩涂两部分。

由表3.4可知，互花米草生态控制与鸟类栖息地优化工程区内植被总面积为655.8 hm^2，

表3.4 2016年崇明东滩互花米草生态控制与鸟类栖息地优化工程区优势植物分布

优势植物	2016年面积（hm^2）	比例（%）
芦 苇	615.6	93.9
海三棱藨草	40.1	6.1
总 计	655.8	100

其中芦苇有615.6 hm^2，海三棱藨草/藨草有40.1 hm^2，分别占植被总面积的93.9%和6.1%。工程区内的主要植被（芦苇和海三棱藨草/藨草）集中分布在东南处的苇塘区、雁鸭类主栖息区和鹤类主栖息区；水域和裸地集中分布在工程区的西北处。

至2016年生长季末，我们对工程区内互花米草得到有效清除或控制的区域进行了现场调查，发现工程区新建大堤外的东旺沙新生滩涂上有零星的互花米草新生斑块，直径为0.1～1.0 m。原因可能是互花米草的种子或无性繁殖体随着潮水漂流至该区域，并在此萌发形成互花米草新生幼苗。总面积77.4 hm^2的互花米草零散分布在自然滩涂上，亟须治理。

（王卿，赵斌）

第四章

2008与2013年水生动物资源分布及生态修复工程施工期水生动物群落演变

本章内容包括多年的水生动物科考结果，为揭示崇明东滩鸟类自然保护区水生动物群落演变，以及“崇明东滩生态修复项目”前后的资源评估提供基础。2008年水生动物调查可代表崇明东滩保护区晋升国家级自然保护区时的资源情况，2013年水生动物调查可代表开始实施“崇明东滩生态修复项目”前的资源情况。在这6年间，浮游动物和鱼类的生物量没有明显变化，但物种数出现下降；大型底栖动物数量只有在干扰较小(没有互花米草入侵和放牧影响)的区域没有出现明显变化，其他区域均呈现下降趋势。2013～2015年在生态修复工程施工期部分区域内开展的调查发现，工程区内底栖生物资源和生态完整性均受到一定的影响，尽管后期有所恢复，但相比自然滩涂的健康程度仍有较大差距。工程区内水域保留了较多的虾蟹类、小型鱼类等水鸟优质饵料动物，但工程区内具有空间异质性较低、与外部海水的盐度差较大、蟹类生活史的完成遇到障碍等问题，是影响未来维持工程区内鸟类饵料水生动物资源的关键因子，应加以重点考虑，并进行技术改善，包括营造多样的异质化生境，保持水生动物种苗的可获得性和环境条件的连贯性，维持工程区内合理的鱼类群落结构等。同时，应特别注重工程区外生境的恢复和对滩涂演变趋势的监测，确保核心区等区域自然滩涂中水生动物的资源量。

河口与滨海湿地具有重要的水鸟生物多样性维持功能，水生动物(包括浮游动物、底栖动物和游泳动物)是水鸟重要的饵料生物，形成植物—水生动物—鸟类食物链(Kneib, 2000)。了解崇明东滩湿地水生动物的资源量及其时空分布规律，对了解崇明东滩鸟类多样性的维持机制和管理具有重要意义(敬凯,2005)。

4.1 湿地水生动物科考调查方法

4.1.1 浮游动物

浮游动物于大潮期间的日潮平潮期进行采集。将64 μm的浮游生物网沉置底部,然后垂直匀速拖出水面,收集网中的生物,洗网3次,样品放入标本瓶中用5%福尔马林溶液固定,每样点重复采样3次。在实验室内进行计数和鉴定,浮游动物密度通过过滤水深乘以网口面积进行计算获得。(秦海明,2011;秦海明等,2014)

4.1.2 底栖动物

大型底栖动物在每条样线上的光滩及海三棱藨草、藨草、互花米草、芦苇等植物群落(每条样线植物情况不同)进行调查,每个植物群落中在不同高程各取1个样点作为2个重复,采集大型底栖动物样品。用直径15 cm的PVC管取样至10 cm深,两个相距1 m以上的土柱样品混合为1个。样品经孔径0.5 mm的网筛进行筛洗,获取大型底栖无脊椎动物标本,然后用10%的福尔马林溶液固定。在实验室内,仔细分拣出大型底栖动物于解剖镜下鉴定种类并计数,最后保存样品于75%的酒精中。(王思凯,2015;储忝江等,2016)

4.1.3 游泳动物

沿潮沟主干在采样潮沟口处设置插网(Fyke Net),网口面对退潮水流。网具设于潮沟底部中央,网高1 m、网口1 m×1 m、网目4 mm,网口后接8 m长网袋。为增加取样面积,网口两侧架设8 m长、1 m高网翼,网翼与网口平面夹角为45°。退潮完全后收取渔获物,并将其用10%的福尔马林溶液固定。在实验室将鱼鉴定至种并计数和测量。每种不足30尾时全部测量其湿重(精确到0.01 g)和体长(精确到0.01 mm);超过30尾时,随机选取30尾测量,其余计数并称量总重(Jin, et al, 2007)。为便于理解鱼类对河口生态系统的利用,将物种划分为不同生态功能群:河口定居种、海洋洄游种、淡水洄游种、溯河产卵洄游种、半溯河产卵洄游种、降河产卵洄游种、河口偶见的海洋种、河口偶见的淡水种。(Minello & Rozas,2002;金斌松,2010)

4.2 2008年崇明东滩鸟类自然保护区水生动物资源状况

2008年考察了崇明东滩鸟类自然保护区成立后保护区内的水生动物资源量状况,调查样点分布较为密集。浮游动物调查在南、东、北部湿地共6条潮沟进行,每条潮沟中还设立两个独立的样点分别代表潮沟的相对上、下游。大型底栖动物由南到北选择10条样线,每条样线上包括光滩、海三棱藨草、藨草、互花米草、芦苇等植物群落进行考察。鱼类等游泳动物监测则选择了7条潮沟开展调查。布局全面的调查设置为后期开展比较研究奠定了基础。

4.2.1 浮游动物

1）样点描述

浮游动物采样在2008年4月和7月进行。由于崇明东滩潮间带潮沟从北到南存在一个盐度梯度，我们分别从北、东和南部各选择了2条潮沟采集浮游动物样品（图4.1）。北部潮沟（以下简称北潮沟）是盐度相对最高的潮沟，包括潮沟A和潮沟B，长度分别为1329 m和964 m，宽度分别为8 m和3 m。东部潮沟（以下简称东潮沟）在6条采样潮沟中盐度中等，包括潮沟C和潮沟D，长度分别为710 m和2 309 m，宽度均为5 m。南部潮沟（以下简称南潮沟）盐度最低，包括潮沟E和潮沟F，长度分别1 332 m和620 m，宽度分别为10 m和5 m。在每条潮沟设立两个独立的样点，两样点间的距离为200 ～ 400 m，分别代表潮沟的相对上、下游。

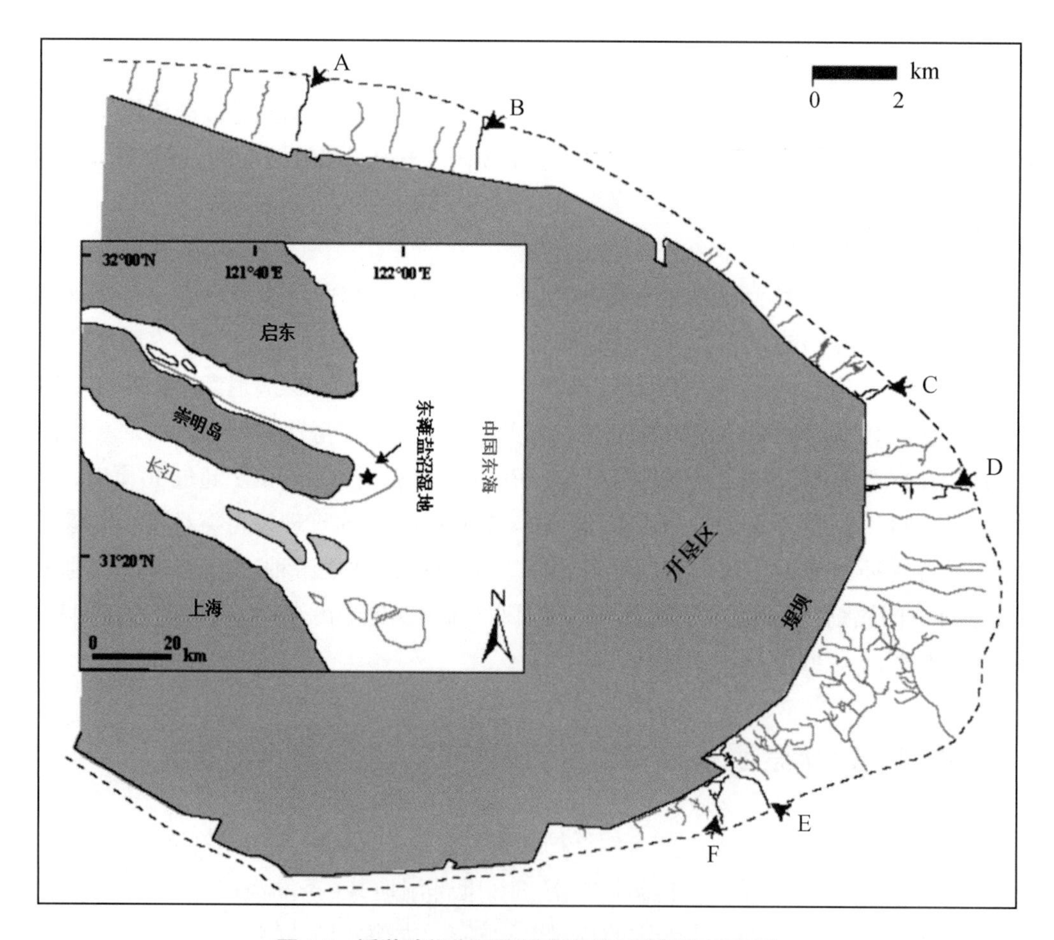

图4.1 浮游动物空间格局调查的采样潮沟示意图

潮沟A和潮沟B为北潮沟，潮沟C和潮沟D为东潮沟，潮沟E和潮沟F为南潮沟

2）浮游动物种类组成

本次调查共发现浮游动物29个分类单元。（见60页表4.1）桡足类是密度最高的类群，占浮游动物总密度的84 %，有24种，隶属于15科20属。优势桡足类物种（>桡足类总密度的20%）有3个，分别是华哲水蚤（*Sinocalanus sinensis*）、火腿许水蚤（*Schmackeria poplesia*）和三角大吉猛水蚤（*Tachidius triangularis*），其平均数量分别高达11 400.21 ± 1 270.36 ind./m^3、11 322.83 ± 2 749.64 ind./m^3、10 254.66 ± 3 059.35 ind./m^3。枝角类和轮虫主要出现在南部淡水潮沟中，有时数量也很大，如在潮沟E中蚤属*Daphnia* sp.密度可高达3 877 ind./m^3，在潮沟F中象鼻蚤*Bosmina* sp.的密度高达5 171 ind./m^3。涟虫和蟹类幼体仅在较高盐度的北潮沟出现。

4月，共发现浮游动物18种/分类单元，其中华哲水蚤，四刺跛足猛水蚤（*Mesochra quadrispinosa*）和三角大吉猛水蚤出现频率高、密度大。

7月，共发现浮游动物26种/分类单元，华哲水蚤、四刺窄腹剑水蚤和火腿许水蚤出现频率高、密度大。

3）不同潮沟间的浮游动物比较

采样月份和潮沟对浮游动物总密度影响显著。（见62页表4.2）4月浮游动物平均总密度小于7月。4月，北潮沟（潮沟A和潮沟B）中浮游动物总密度显著高于其他4条潮沟，其中A潮沟浮游动物总密度最大，为148 297 ind./m^3（见63页图4.2）。7月，南潮沟（潮沟E和潮沟F）中浮游动物总密度显著低于其他4条潮沟，浮游动物密度最高的是东部的潮沟D，为395 737 ind./m^3。这可能反映浮游动物密度与盐度有一定关系：南部的淡水潮沟（潮沟E和潮沟F）中浮游动物数量总是最小的；4月北潮沟盐度最高，浮游动物数量也相应最高；7月东部潮沟盐度与北潮沟相当，其浮游动物数量也相应上升。

采样月份、潮沟和采样点对浮游性桡足类和底栖性桡足类的数量均有显著影响（表4.2）。在北部和东部的4条潮沟，7月的浮游性桡足类数量均显著多于4月，但南潮沟中7月的浮游桡足类数量显著少于4月。（见63页图4.3）4月，潮沟D、潮沟E和潮沟F中的浮游桡足类数量显著少于其他3条潮沟。7月，潮沟E和潮沟F中的浮游桡足类数量仍显著少于其他潮沟，但在潮沟D中数量很大，北潮沟中的浮游桡足类数量仍然相对较多。在每条潮沟中，4月的底栖桡足类数量均显著多于7月（图4.3）。4月，北潮沟中的底栖桡足类数量显著多于东部和南部的其他4条潮沟。7月，底栖桡足类数量在所有潮沟间差异不显著。

采样月份和潮沟对桡足类无节幼体和优势桡足类物种的数量均有显著影响（见62页表4.2）。华哲水蚤和三角大吉猛水蚤主要出现在4月，其数量显著多于7月；而火腿许水蚤则主要出现在7月，其数量显著多于4月。（见64页图4.4）比较不同潮沟，中华哲水蚤的最大数量于4月和7月均出现在北部的潮沟A，分别为28 752 ind./m^{3}和18 391 ind./m^3；最小数量均出现于南部潮沟，在4月为9 847 ind./m^3（潮沟E），7月为136 ind./m^3（潮沟F）。4月，每条潮沟中的火腿许水蚤数量都不是很多。7月，盐度相对较高的潮沟（潮沟A～D）中火腿许水蚤数量显著多于低盐度南部潮沟。三角大吉猛水蚤的数量在各采样月份和潮

表 4.1 崇明东滩潮间带潮沟中浮游动物种类名录，平均密度（mean ± SE）、出现频率（%）、桡足类动物按密度大小的排序及生活类型

物种 Species	缩写 Abbreviation	密度（ind./m^3） Density (mean ± SE)	排序 Rank	出现频率(%) Occurrence	生活类型 Living form
桡足类 Copepods					
角突刺剑水蚤 *Acanthocyclops thomasi*	Atho	318.47 ± 56.18	7	55.56	浮游
太平洋纺锤水蚤 *Acartia pacifica*	Apac	445.05 ± 119.46	6	27.78	浮游
双叶稀毛猛水蚤 *Apolethon bilobatus*	Abil	75.72 ± 22.4	16	27.78	底栖
厚指平头哲水蚤 *Candacia pachydactyla*	Cpac	12.39 ± 5.7	19	6.94	浮游
微刺哲水蚤 *Canthocalanus pauper*	Cpau	28.11 ± 12.28	17	9.72	浮游
强真哲水蚤 *Eucalanus crassus*	Ecra	23.55 ± 12.34	18	6.94	浮游
硫球咸水剑哲水蚤 *Halicyclops ryukyuensis*	Hryu	298.44 ± 81.05	8	40.28	浮游
短角蠕形猛水蚤 *Horsiella brevicornis*	Hbre	91.41 ± 23.18	14	26.39	底栖
鱼饵湖角猛水蚤 *Limnocletodes behningi*	Lbeh	7.01±3.59	21	5.56	底栖
四刺窄腹剑水蚤 *Limnoithona tetraspina*	Ltet	8 310.4 ± 1 334.1	4	94.44	浮游
亚洲跛足猛水蚤 *Mesochra prowazeki*	Mpro	103.55 ± 22.94	12	41.67	底栖
四刺跛足猛水蚤 *Mesochra quadrispinosa*	Mqua	2 170.38 ± 659.97	5	83.33	底栖
秀刺小节猛水蚤 *Microarthridion litospinatus*	Mlit	152.19 ± 47.81	11	27.78	底栖
单节矮胖猛水蚤 *Nannopus unisegmentatus*	Nun	102.21 ± 21.30	13	36.11	底栖
模式有爪猛水蚤 *Onychocamptus mohammed*	Omo	8.28 ± 5.09	20	8.33	底栖

续　表

物种 Species	缩写 Abbreviation	密度（ind./m^3） Density (mean ± SE)	排序 Rank	出现频率（%） Occurrence	生活类型 Living form
强额拟哲水蚤 *Paracalanus crassirostris*	Pcra	288.99 ± 141.82	9	8.33	浮游
海洋伪镖哲水蚤 *Pseudodiaptomus marinus*	Pmar	1.28 ± 1.28	22	1.39	浮游
狭叶剑水蚤 *Sapphirina angusta*	Sang	85.58 ± 25.75	15	18.06	浮游
双齿许水蚤 *Schmackeria dubia*	Sdub	1.22 ± 0.86	23	2.78	浮游
火腿许水蚤 *Schmackeria poplesia*	Spop	11 322.83 ± 2 749.64	2	76.39	浮游
华哲水蚤 *Sinocalanus sinensis*	Ssin	11 400.21 ± 1 270.36	1	97.22	浮游
细巧华哲水蚤 *Sinocalanus tenellus*	Sten	0.57 ± 0.57	24	1.39	浮游
三角大吉猛水蚤 *Tachidius triangularis*	Ttri	10 254.66 ± 3 059.35	3	55.56	底栖
虫肢歪水蚤 *Tortanus vermiculus*	Tver	213.16 ± 76.87	10	15.28	浮游
桡足类无节幼体 Copepod nauplii	Naup	45 930.14 ± 10 559.35	—	93.06	—
枝角类 Cladocerans					
象鼻蚤属 *Bosmina* sp.	Bosm	888.24 ± 211.56	—	33.33	—
蚤属 *Daphnia* sp.	Daph	503.56 ± 161.36	—	23.61	—
蟹类幼体 Crab larvae	Crab	94.28 ± 25.81	—	6.94	—
涟虫 Cumacea	Cuma	7.84 ± 4.09	—	2.78	—
轮虫 Rotifers	Roti	137.36 ± 39.92	—	16.67	—

表4.2 采样月份（4月和7月）、潮沟（潮沟A～F）及采样点（潮沟上游和下游）对浮游动物总密度、底栖性桡足类、浮游性桡足类及桡足类优势种密度的影响（显示三因子方差分析结果的F值和P值）

	浮游动物总密度 All zooplankton		桡足类无节幼体 Copepod nauplii		底栖性桡足类 Benthic copepod		浮游性桡足类 Planktonic copepod		优势桡足类 Dominant copepods					
									火腿许水蚤 *Schmackeria poplesia*		华哲水蚤 *Sinocalanus sinensis*		三角大吉猛水蚤 *Tachidius triangularis*	
	F	*P*	*F*	*P*	*F*	*P*	*F*	*P*	*F*	*P*	*F*	*P*	*F*	*P*
月份	358	0.000	637.9	0.000	736	0.000	661	0.000	573	0.000	260	0.000	864	0.000
潮沟	250	0.000	219.6	0.000	288	0.000	234	0.000	154	0.000	38	0.000	378	0.000
采样点	0	0.759	2.7	0.108	76	0.000	5	0.027	8	0.006	1	0.371	70	0.000
月份 × 潮沟	260	0.000	239.2	0.000	291	0.000	259	0.000	154	0.000	12	0.000	378	0.000
月份 × 采样点	19	0.000	3.2	0.082	75	0.000	6	0.015	8	0.007	0	0.601	70	0.000
潮沟 × 采样点	20	0.000	11.2	0.000	50	0.000	16	0.000	26	0.000	5	0.001	66	0.000
月份 × 潮沟 × 采样点	14	0.000	11.0	0.000	49	0.000	16	0.000	26	0.000	5	0.001	66	0.000

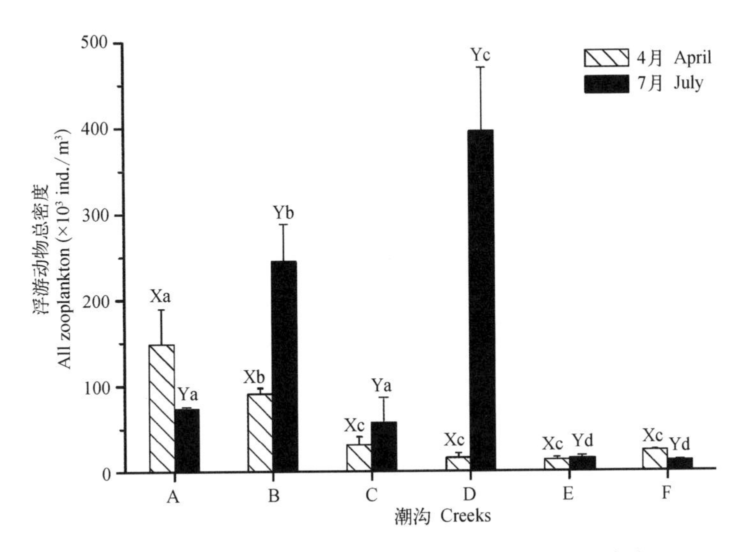

图4.2　崇明东滩潮间带潮沟水体中的浮游动物总密度

不同的大写字母(X和Y)表示该潮沟的4月与7月间差异显著,不同的小写字母(a,b,c,d)表示在同一月份的不同潮沟间差异显著

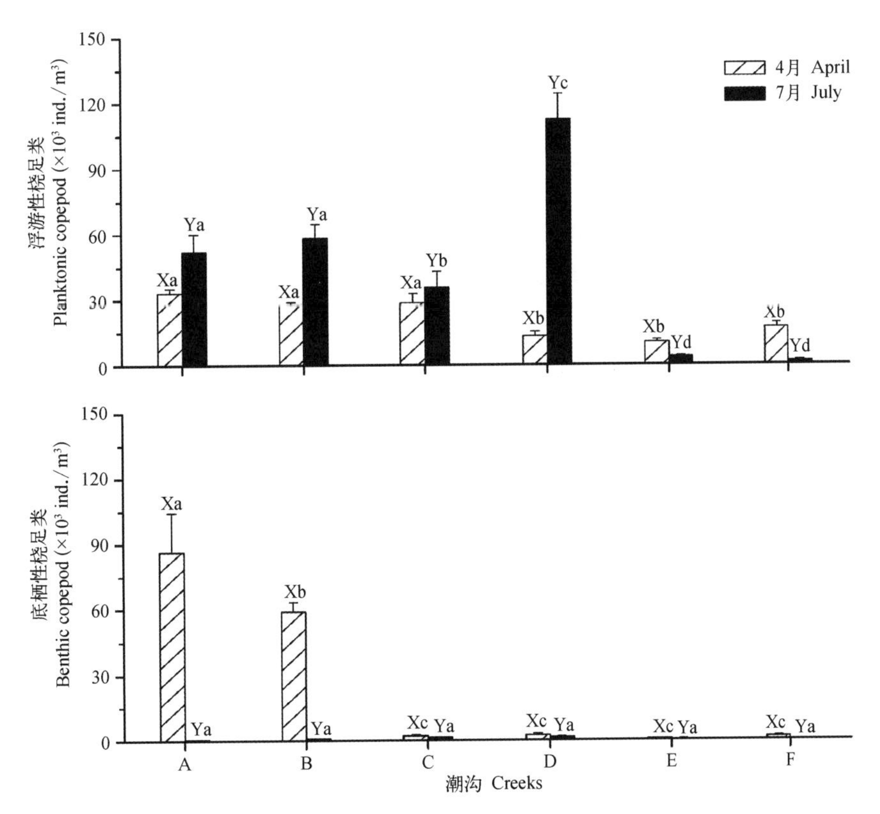

图4.3　崇明东滩潮间带潮沟水体中的浮游性桡足类和底栖性桡足类密度

不同的大写字母(X和Y)表示该潮沟的4月与7月间差异显著,不同的小写字母(a,b,c,d)表示在同一月份的不同潮沟间差异显著

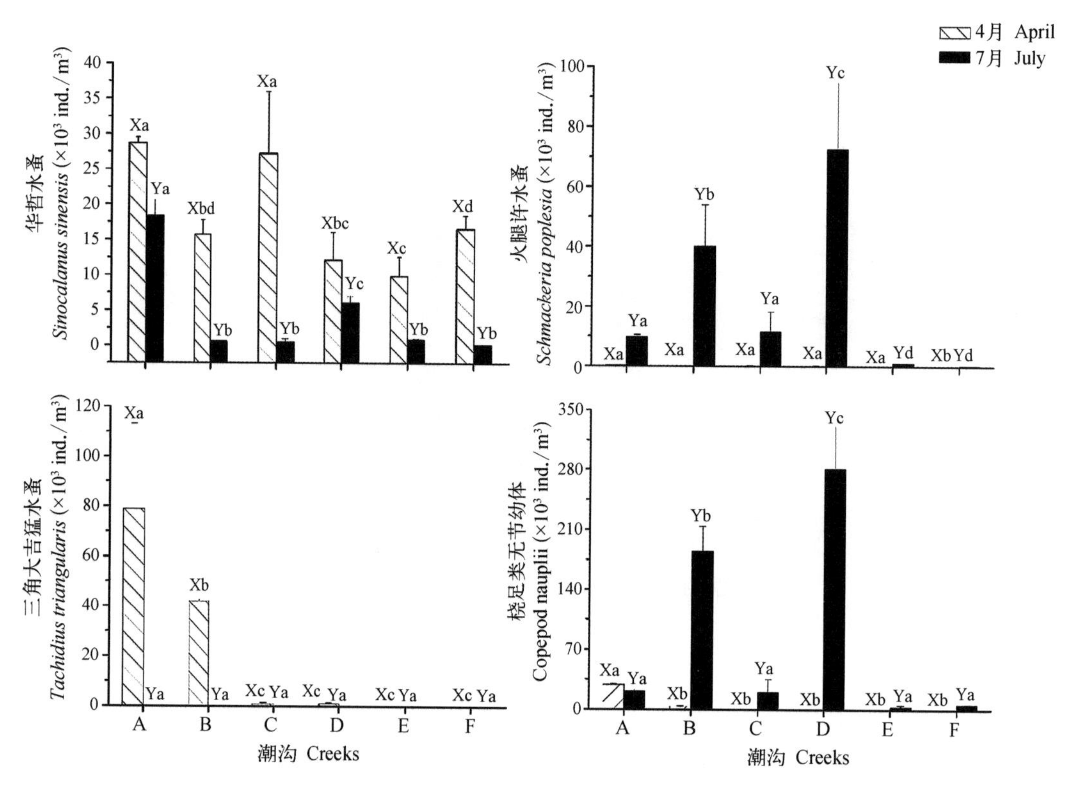

图4.4 崇明东滩潮间带潮沟水体中的桡足类优势种及无节幼体密度

不同的大写字母（X和Y）表示该潮沟的4月与7月间差异显著，不同的小写字母（a，b，c，d）表示在同一月份的不同潮沟间差异显著

沟间的差异与底栖桡足类数量相似，主要出现在4月的高盐度北部潮沟。无节幼体主要出现在7月的潮沟B和潮沟D中。

单因子ANOSIM分析表明，4月和7月北潮沟、东潮沟和南潮沟间的浮游动物群落结构均差异显著（表4.3）。CCA分析结果表明，盐度和浊度是影响浮游动物空间分布的主要环境因子（图4.5）。4月，盐度较高（20.2 ～ 20.6 ppt）的北潮沟（潮沟A和潮沟B）的浮游动物群落与该月其他潮沟间差异较大，而其他潮沟的盐度较低（南潮沟盐度0.5 ～ 0.6 ppt，东潮沟3.9 ～ 4.0 ppt），浮游动物群落结构较为相似。7月，北潮沟和东潮沟（潮沟A、B、C、D）的盐度均比较高（12.2 ～ 14.8 ppt），这些潮沟中的浮游动物群落结构和南部淡水潮沟（潮沟E和潮沟F）间差异较大。4月和7月之间浮游动物群落差异亦非常明显（图4.5）。

表4.3 浮游动物群落结构的单因子ANOSIM分析结果

	Global test R	pairwise test R	P
4月	1	—	0.001
北潮沟 vs 东潮沟	—	1	0.029

续　表

	Global test *R*	pairwise test *R*	*P*
北潮沟 vs 南潮沟	—	1	0.029
东潮沟 vs 南潮沟	—	1	0.029
7月	0.903	—	0.001
北潮沟 vs 东潮沟	—	0.563	0.029
北潮沟 vs 南潮沟	—	1	0.029
东潮沟 vs 南潮沟	—	1	0.029

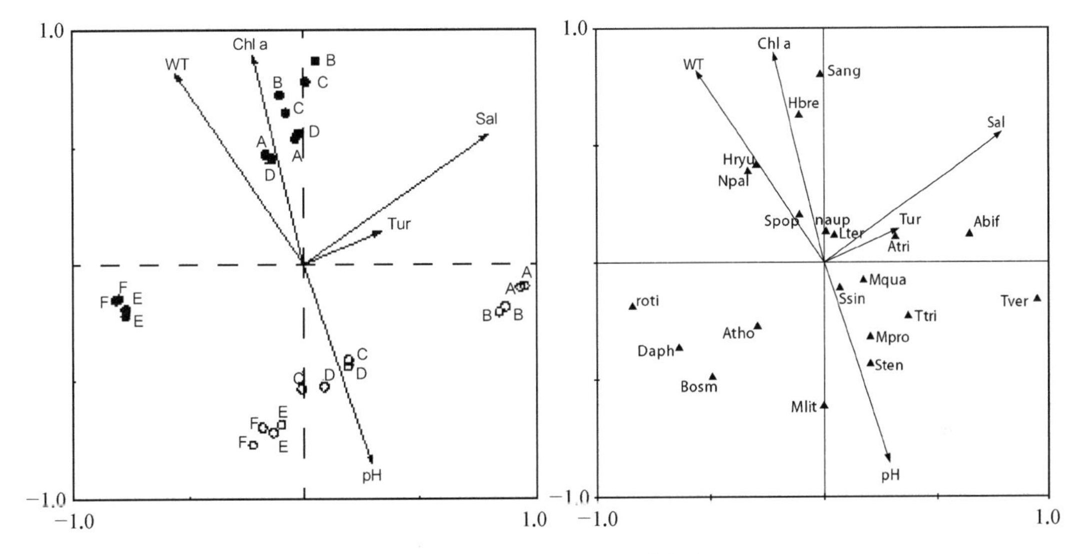

图4.5　典型对应分析CCA排序结果

A：样点与环境因子双相排序图；B：物种与环境因子双相排序图。箭头代表环境因子。空心圆代表4月样点，实心圆代表7月样点，A～F分别为不同潮沟代号。三角形代表物种，各物种缩写见表4.3

4.2.2　底栖动物

1）采样地点

由南到北选择10条样线，每条样线上包括光滩、海三棱藨草、藨草、互花米草、芦苇等植物群落（每条样线植物情况不同），每个植物群落中在不同高程各取1个样点作为2个重复，于2008年4月小潮期间，采集大型底栖动物样品。（见66页图4.6）用直径15 cm的PVC管取样至10 cm深，两个相距1 m以上的土柱样品混合为1个。样品经孔径0.5 mm的网筛进行筛洗，获取大型底栖无脊椎动物标本，然后用10%的福尔马林固定。在实验室内，仔细分拣出大型底栖动物于解剖镜下鉴定种类并计数，最后样品保存于75%的酒精中。

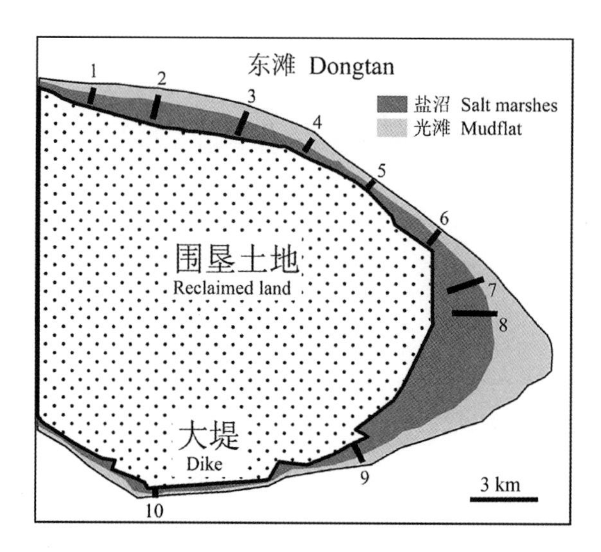

图4.6 盐沼与光滩大型底栖动物空间分布格局研究的样线示意图

2）监测结果

2008年度监测共发现28种大型底栖动物，以腹足类、多毛类和双壳类为主要类群。腹足类中以绯拟沼螺、堇拟沼螺、尖锥拟蟹守螺和光滑狭口螺为优势物种。双壳类在东部样线上以中国绿螂为主，在南部样线上以河蚬居多。多毛类中以疣吻沙蚕、圆锯齿吻沙蚕、背蚓虫、小头虫最为常见。（表4.4）

绯拟沼螺在芦苇植被区数量最多（见70页表4.5），可能显示该物种较偏好高潮区，实际观察亦发现该物种生活于较干燥的环境。除了绯拟沼螺外，其他螺类在互花米草中的数量均不低于其他生境。河蚬偏好于光滩分布，而中国绿螂则偏好于植被区分布。

光滩上的优势螺类物种是光滑狭口螺，在样线7上数量最多，为1 089.9个/m^2（见72页表4.6，78页图4.7）。样线6和样线7上的底栖动物总物种数和多毛类动物多样性最高。双壳类的河蚬和中国绿螂则主要出现在南部7～9号样线，且这2个物种很少共存。

在互花米草植被区，螺类的数量在6～8号样线明显地多于东面的1～5号样线（见74页表4.7）。样线7上的光滑狭口螺密度为3 297个/m^2。在6～7号样线上，中国绿螂密度可高达9 653个/m^2（见78页图4.8），显著高于其他样线，可能这里的盐度以及底泥性质较适合这个物种的生存。在9～10号样线上，没有互花米草入侵。

在芦苇植被区，东部样线5～8上的大型底栖动物密度明显地高于其他样线（见79页图4.9）。绯拟沼螺和尖锥拟蟹守螺在盐度较高的样线上数量较大。样线6上的多毛类物种最多，密度亦最高，主要是小头虫和背蚓虫。7号和8号样线上的中国绿螂数量很大，分别为1 840个/m^{2}和1 429个/m^2（见76页表4.8）。

由上可知，在东部样线上任一生境中的大型底栖动物数量均多于北部较高盐度滩涂和南部较低盐度滩涂中的大型底栖动物数量，显示东部滩涂是东滩大型底栖动物数量最多的核心区域，这可能是由于东部滩涂的盐度以及底泥性质适合大型底栖动物生存。

表4.4　崇明东滩底栖动物物种名录及不同样线平均密度(平均值 ± 标准误,单位: 个/m^2)

物种 Species	样线 1 Line 1	样线 2 Line 2	样线 3 Line 3	样线 4 Line 4	样线 5 Line 5	样线 6 Line 6	样线 7 Line 7	样线 8 Line 8	样线 9 Line 9	样线 10 Line 10
纽虫 Nemertini sp.	0.0 ± 0.0	0.0 ± 0.0	4.7 ± 4.7	0.0 ± 0.0	4.7 ± 4.7	0.0 ± 0.0	0.0 ± 0.0	3.5 ± 3.5	0.0 ± 0.0	0.0 ± 0.0
腹足纲 Gastropoda										
绯拟沼螺 *Assiminea latericera*	89.6 ± 56.8	18.0 ± 14.0	28.3 ± 23 1	42.5 ± 27.1	94.4 ± 94.4	66.0 ± 44.3	61.3 ± 33.0	14.2 ± 10.7	18.9 ± 11.9	0.0 ± 0.0
堇拟沼螺 *Assiminea violacea*	0.0 ± 0.0	9.4 ± 6.0	4.7 ± 4.7	4.7 ± 4.7	80.2 ± 60.5	4.7 ± 4.7	415.2 ± 381.6	923.6 ± 635.7	226.5 ± 101.5	0.0 ± 0.0
尖锥拟蟹守螺 *Cerithidea largillierli*	42.5 ± 22.8	56.6 ± 35.8	0.0 ± 0.0	9.4 ± 9.4	9.4 ± 6.0	14.1 ± 9.7	28.3 ± 17.9	95.5 ± 63.7	0.0 ± 0.0	0.0 ± 0.0
中华拟蟹守螺 *Cerithidea sinensis*	4.7 ± 4.7	18.9 ± 14.0	0.0 ± 0.0	0.0 ± 0.0	0.0 ± 0.0	4.7 ± 4.7	4.7 ± 4.7	7.1 ± 4.6	0.0 ± 0.0	0.0 ± 0.0
微黄镰玉螺 *Lunatia gilva*	0.0 ± 0.0	0.0 ± 0.0	0.0 ± 0.0	4.7 ± 4.7	0.0 ± 0.0	0.0 ± 0.0	0.0 ± 0.0	0.0 ± 0.0	0.0 ± 0.0	0.0 ± 0.0
锦蜒螺 *Nerita polita*	0.0 ± 0.0	0.0 ± 0.0	0.0 ± 0.0	0.0 ± 0.0	0.0 ± 0.0	0.0 ± 0.0	0.0 ± 0.0	3.5 ± 3.5	0.0 ± 0.0	0.0 ± 0.0
光滑狭口螺 *Stenothyra glabra*	33.0 ± 33.0	14.2 ± 14.2	94.4 ± 83.6	99.1 ± 99.1	0.0 ± 0.0	174.6 ± 82.8	1 462.6 ± 1 086.6	70.8 ± 47.6	14.2 ± 9.7	0.0 ± 0.0
方格短沟蜷 *Semisulcospira cancelata*	0.0 ± 0.0	0.0 ± 0.0	0.0 ± 0.0	0.0 ± 0.0	4.7 ± 4.7	0.0 ± 0.0	0.0 ± 0.0	0.0 ± 0.0	0.0 ± 0.0	0.0 ± 0.0
多毛纲 Polychaeta										
小头虫 *Capitella capitata*	0.0 ± 0.0	37.7 ± 27.0	9.4 ± 6.0	0.0 ± 0.0	56.6 ± 26.4	155.7 ± 144.7	0.0 ± 0.0	3.5 ± 3.5	4.7 ± 4.7	4.7 ± 4.7

续 表

物种 Species	样线 1 Line 1	样线 2 Line 2	样线 3 Line 3	样线 4 Line 4	样线 5 Line 5	样线 6 Line 6	样线 7 Line 7	样线 8 Line 8	样线 9 Line 9	样线 10 Line 10
圆锯齿吻沙蚕 *Dentinephtys glabra*	4.7 ± 4.7	61.3 ± 39.6	18.9 ± 11.9	4.7 ± 4.7	4.7 ± 4.7	33.0 ± 18.5	28.3 ± 28.3	28.3 ± 18.5	0.0 ± 0.0	4.7 ± 4.7
覆瓦哈鳞虫 *Harmotho imbricata*	0.0 ± 0.0	0.0 ± 0.0	0.0 ± 0.0	0.0 ± 0.0	0.0 ± 0.0	9.4 ± 9.4	0.0 ± 0.0	0.0 ± 0.0	0.0 ± 0.0	0.0 ± 0.0
双齿围沙蚕 *Perinereis aibuhitensis*	4.7 ± 4.7	9.4 ± 9.4	0.0 ± 0.0	0.0 ± 0.0	0.0 ± 0.0	0.0 ± 0.0	0.0 ± 0.0	0.0 ± 0.0	0.0 ± 0.0	0.0 ± 0.0
结节刺缨虫 *Potamilla torelli*	4.7 ± 4.7	0.0 ± 0.0	0.0 ± 0.0	0.0 ± 0.0	0.0 ± 0.0	471.8 ± 471.8	4.7 ± 4.7	0.0 ± 0.0	0.0 ± 0.0	0.0 ± 0.0
背蚓虫 *Notomastus latericeus*	0.0 ± 0.0	51.9 ± 51.9	4.7 ± 4.7	23.6 ± 15.4	99.1 ± 99.1	207.6 ± 164.5	84.9 ± 24.2	254.8 ± 119.6	0.0 ± 0.0	4.7 ± 4.7
疣吻沙蚕 *Tylorrhynchus heterochaetus*	23.6 ± 8.7	4.7 ± 4.7	14.2 ± 9.7	4.7 ± 4.7	56.6 ± 40.7	66.1 ± 37.0	23.6 ± 13.5	28.3 ± 14.1	14.2 ± 9.7	23.6 ± 18.5
双壳类 Bivalvia										
河蚬 *Corbicula fluminea*	0.0 ± 0.0	0.0 ± 0.0	0.0 ± 0.0	0.0 ± 0.0	0.0 ± 0.0	0.0 ± 0.0	4.7 ± 4.7	0.0 ± 0.0	108.5 ± 97.4	33.0 ± 15.4
中国绿螂 *Glaucomya chinensis*	0.0 ± 0.0	14.2 ± 6.3	0.0 ± 0.0	0.0 ± 0.0	816.2 ± 684.5	3 222.5 ± 2 035.2	2 911.0 ± 1 335.9	750.2 ± 351.8	0.0 ± 0.0	0.0 ± 0.0
彩虹明樱蛤 *Moerella iridescens*	0.0 ± 0.0	0.0 ± 0.0	0.0 ± 0.0	0.0 ± 0.0	0.0 ± 0.0	0.0 ± 0.0	4.7 ± 4.7	3.5 ± 3.5	0.0 ± 0.0	0.0 ± 0.0

续 表

物种 Species	样线 1 Line 1	样线 2 Line 2	样线 3 Line 3	样线 4 Line 4	样线 5 Line 5	样线 6 Line 6	样线 7 Line 7	样线 8 Line 8	样线 9 Line 9	样线 10 Line 10
缢蛏 *Sinonovacula constricta*	0.0 ± 0.0	0.0 ± 0.0	0.0 ± 0.0	0.0 ± 0.0	0.0 ± 0.0	0.0 ± 0.0	0.0 ± 0.0	0.0 ± 0.0	4.7 ± 4.7	0.0 ± 0.0
甲壳纲 Crustacea										
刺螯鼓虾 *Alpheus hoplocheles*	4.7 ± 4.7	0.0 ± 0.0	0.0 ± 0.0	0.0 ± 0.0	0.0 ± 0.0	0.0 ± 0.0	0.0 ± 0.0	0.0 ± 0.0	0.0 ± 0.0	0.0 ± 0.0
中华蜾蠃蜚 *Corophium sinensis*	0.0 ± 0.0	0.0 ± 0.0	0.0 ± 0.0	0.0 ± 0.0	0.0 ± 0.0	4.7 ± 4.7	0.0 ± 0.0	0.0 ± 0.0	0.0 ± 0.0	0.0 ± 0.0
钩虾 Gammarid	0.0 ± 0.0	0.0 ± 0.0	0.0 ± 0.0	0.0 ± 0.0	0.0 ± 0.0	0.0 ± 0.0	4.7 ± 4.7	0.0 ± 0.0	0.0 ± 0.0	0.0 ± 0.0
雷伊著名团水虱 *Gnorimosphaeroma rayi*	0.0 ± 0.0	0.0 ± 0.0	0.0 ± 0.0	0.0 ± 0.0	0.0 ± 0.0	4.7 ± 4.7	0.0 ± 0.0	10.6 ± 7.4	0.0 ± 0.0	0.0 ± 0.0
谭氏泥蟹 *Ilyoplax deschampsi*	0.0 ± 0.0	0.0 ± 0.0	0.0 ± 0.0	0.0 ± 0.0	0.0 ± 0.0	23.6 ± 13.5	0.0 ± 0.0	0.0 ± 0.0	9.4 ± 9.4	4.7 ± 4.7
其他 Others										
阿部鲻虾虎 *Mugilogobius abei*	0.0 ± 0.0	0.0 ± 0.0	0.0 ± 0.0	4.7 ± 4.7	4.7 ± 4.7	0.0 ± 0.0	0.0 ± 0.0	0.0 ± 0.0	0.0 ± 0.0	0.0 ± 0.0
大鳍弹涂鱼 *Periophthalmus magnuspinnatus*	0.0 ± 0.0	0.0 ± 0.0	0.0 ± 0.0	0.0 ± 0.0	4.7 ± 4.7	0.0 ± 0.0	0.0 ± 0.0	0.0 ± 0.0	0.0 ± 0.0	0.0 ± 0.0
昆虫幼虫 Insect larva	0.0 ± 0.0	0.0 ± 0.0	0.0 ± 0.0	0.0 ± 0.0	0.0 ± 0.0	18.9 ± 11.9	0.0 ± 0.0	17.7 ± 10.6	47.2 ± 37.0	4.7 ± 4.7

表4.5 崇明东滩底栖动物物种名录及不同生境平均密度（平均值 ± 标准误，单位：个/m^2）

物种 Species	光滩 Tidal flat	互花米草 *Spartina*	芦苇 *Phragmites*	藨草 *Scirpus*
纽虫 Nemertini sp.	0.0 ± 0.0	3.5 ± 2.4	0.0 ± 0.0	4.7 ± 4.7
腹足纲 Gastropoda				
绯拟沼螺 *Assiminea latericera*	2.8 ± 1.9	26.5 ± 17.0	104.7 ± 31.5	9.4 ± 9.4
堇拟沼螺 *Assiminea violacea*	19.8 ± 11.8	559.1 ± 349.8	42.5 ± 23.6	278.4 ± 126.3
尖锥拟蟹守螺 *Cerithidea largillierli*	1.4 ± 1.4	54.8 ± 33.0	38.2 ± 13.2	9.4 ± 6.0
中华拟蟹守螺 *Cerithidea sinensis*	0.0 ± 0.0	3.5 ± 2.4	9.9 ± 4.7	0.0 ± 0.0
微黄镰玉螺 *Lunatia gilva*	1.4 ± 1.4	0.0 ± 0.0	0.0 ± 0.0	0.0 ± 0.0
锦蜒螺 *Nerita polita*	1.4 ± 1.4	0.0 ± 0.0	0.0 ± 0.0	0.0 ± 0.0
光滑狭口螺 *Stenothyra glabra*	233.5 ± 111.4	426.4 ± 411.5	0.0 ± 0.0	70.8 ± 54.6
方格短沟蜷 *Semisulcospira cancelata*	0.0 ± 0.0	0.0 ± 0.0	1.4 ± 1.4	0.0 ± 0.0
多毛纲 Polychaeta				
小头虫 *Capitella capitata*	7.0 ± 3.5	7.0 ± 4.0	67.9 ± 44.3	4.7 ± 4.7
圆锯齿吻沙蚕 *Dentinephtys glabra*	31.1 ± 15.4	23.0 ± 8.2	4.2 ± 3.1	18.9 ± 18.9
覆瓦哈鳞虫 *Harmotho imbricata*	2.8 ± 2.8	0.0 ± 0.0	0.0 ± 0.0	0.0 ± 0.0
双齿围沙蚕 *Perinereis aibuhitensis*	0.0 ± 0.0	5.3 ± 3.8	0.0 ± 0.0	0.0 ± 0.0
结节刺缨虫 *Potamilla torelli*	2.8 ± 1.9	1.8 ± 1.8	0.0 ± 0.0	0.0 ± 0.0
背蚓虫 *Notomastus latericeus*	15.6 ± 6.6	72.5 ± 50.2	127.4 ± 57.3	146.3 ± 129.6

续　表

物种 Species	光滩 Tidal flat	互花米草 *Spartina*	芦苇 *Phragmites*	藨草 *Scirpus*
疣吻沙蚕 *Tylorrhynchus heterochaetus*	2.8 ± 1.9	51.3 ± 20.1	34.0 ± 8.4	9.4 ± 6.0
双壳类 Bivalvia				
河蚬 *Corbicula fluminea*	36.8 ± 29.8	0.0 ± 0.0	1.4 ± 1.4	18.9 ± 9.4
中国绿螂 *Glaucomya chinensis*	34.0 ± 28.2	2 386.8 ± 937.7	328.4 ± 184.0	391.6 ± 257.2
彩虹明樱蛤 *Moerella iridescens*	1.4 ± 1.4	0.0 ± 0.0	0.0 ± 0.0	4.7 ± 4.7
缢蛏 *Sinonovacula constricta*	1.4 ± 1.4	0.0 ± 0.0	0.0 ± 0.0	0.0 ± 0.0
甲壳纲 Crustacea				
刺螯鼓虾 *Alpheus hoplocheles*	0.0 ± 0.0	1.8 ± 1.8	0.0 ± 0.0	0.0 ± 0.0
中华蜾蠃蜚 *Corophium sinensis*	0.0 ± 0.0	0.0 ± 0.0	1.4 ± 1.4	0.0 ± 0.0
钩虾 Gammarid	0.0 ± 0.0	1.7 ± 1.7	0.0 ± 0.0	0.0 ± 0.0
雷伊著名团水虱 *Gnorimosphaeroma rayi*	0.0 ± 0.0	5.3 ± 3.8	0.0 ± 0.0	4.7 ± 4.7
谭氏泥蟹 *Ilyoplax deschampsi*	5.7 ± 4.4	0.0 ± 0.0	5.7 ± 3.3	0.0 ± 0.0
其他 Others				
阿部鲻虾虎 *Mugilogobius abei*	0.0 ± 0.0	0.0 ± 0.0	2.8 ± 1.9	0.0 ± 0.0
大鳍弹涂鱼 *Periophthalmus magnuspinnatus*	0.0 ± 0.0	0.0 ± 0.0	1.4 ± 1.4	0.0 ± 0.0
昆虫幼虫 Insect larva	0.0 ± 0.0	3.5 ± 2.4	5.7 ± 3.9	66.1 ± 34.8

表4.6 崇明东滩光滩生境底栖动物物种名录及不同样线平均密度（平均值 ± 标准误，单位：个/m^2）

物种 Species	样线 1 Line 1	样线 2 Line 2	样线 3 Line 3	样线 4 Line 4	样线 5 Line 5	样线 6 Line 6	样线 7 Line 7	样线 8 Line 8	样线 9 Line 9	样线 10 Line 10
腹足纲 Gastropoda										
绯拟沼螺 *Assiminea latericera*	0.0 ± 0.0	14.2 ± 14.2	14.2 ± 14.2	0.0 ± 0.0	0.0 ± 0.0	0.0 ± 0.0	0.0 ± 0.0	0.0 ± 0.0	0.0 ± 0.0	0.0 ± 0.0
堇拟沼螺 *Assiminea violacea*	0.0 ± 0.0	0.0 ± 0.0	14.2 ± 14.2	0.0 ± 0.0	0.0 ± 0.0	0.0 ± 0.0	42.5 ± 42.5	127.4 ± 99.1	14.2 ± 14.2	0.0 ± 0.0
尖锥拟蟹守螺 *Cerithidea largillierli*	14.1 ± 14.1	0.0 ± 0.0	0.0 ± 0.0	0.0 ± 0.0	0.0 ± 0.0	0.0 ± 0.0	0.0 ± 0.0	0.0 ± 0.0	0.0 ± 0.0	0.0 ± 0.0
微黄镰玉螺 *Lunatia gilva*	0.0 ± 0.0	0.0 ± 0.0	0.0 ± 0.0	14.2 ± 14.2	0.0 ± 0.0	0.0 ± 0.0	0.0 ± 0.0	0.0 ± 0.0	0.0 ± 0.0	0.0 ± 0.0
锦蜒螺 *Nerita polita*	0.0 ± 0.0	0.0 ± 0.0	0.0 ± 0.0	0.0 ± 0.0	0.0 ± 0.0	0.0 ± 0.0	0.0 ± 0.0	14.2 ± 14.2	0.0 ± 0.0	0.0 ± 0.0
光滑狭口螺 *Stenothyra glabra*	99.1 ± 99.1	42.5 ± 42.5	283.1 ± 226.5	297.2 ± 297.2	0.0 ± 0.0	410.5 ± 14.2	1 089.9 ± 1 089.9	113.2 ± 113.2	0.0 ± 0.0	0.0 ± 0.0
多毛纲 Polychaeta										
小头虫 *Capitella capitata*	0.0 ± 0.0	14.2 ± 14.2	0.0 ± 0.0	0.0 ± 0.0	0.0 ± 0.0	28.3 ± 28.3	0.0 ± 0.0	0.0 ± 0.0	14.2 ± 14.2	14.2 ± 14.2
圆锯齿吻沙蚕 *Dentinephtys glabra*	0.0 ± 0.0	127.4 ± 127.4	0.0 ± 0.0	14.2 ± 14.2	0.0 ± 0.0	70.8 ± 42.5	84.9 ± 84.9	0.0 ± 0.0	0.0 ± 0.0	14.2 ± 14.2
覆瓦哈鳞虫 *Harmotho imbricata*	0.0 ± 0.0	0.0 ± 0.0	0.0 ± 0.0	0.0 ± 0.0	0.0 ± 0.0	28.3 ± 28.3	0.0 ± 0.0	0.0 ± 0.0	0.0 ± 0.0	0.0 ± 0.0
结节刺缨虫 *Potamilla torelli*	0.0 ± 0.0	0.0 ± 0.0	0.0 ± 0.0	0.0 ± 0.0	0.0 ± 0.0	14.2 ± 14.2	14.2 ± 14.2	0.0 ± 0.0	0.0 ± 0.0	0.0 ± 0.0

续　表

物种 Species	样线 1 Line 1	样线 2 Line 2	样线 3 Line 3	样线 4 Line 4	样线 5 Line 5	样线 6 Line 6	样线 7 Line 7	样线 8 Line 8	样线 9 Line 9	样线 10 Line 10
背蚓虫 *Notomastus latericeus*	0.0 ± 0.0	0.0 ± 0.0	0.0 ± 0.0	0.0 ± 0.0	0.0 ± 0.0	28.3 ± 28.3	70.8 ± 14.2	56.6 ± 28.3	0.0 ± 0.0	0.0 ± 0.0
疣吻沙蚕 *Tylorrhynchus heterochaetus*	14.2 ± 14.2	0.0 ± 0.0	0.0 ± 0.0	0.0 ± 0.0	0.0 ± 0.0	0.0 ± 0.0	0.0 ± 0.0	14.2 ± 14.2	0.0 ± 0.0	0.0 ± 0.0
双壳类 Bivalvia										
河蚬 *Corbicula fluminea*	0.0 ± 0.0	0.0 ± 0.0	0.0 ± 0.0	0.0 ± 0.0	0.0 ± 0.0	0.0 ± 0.0	0.0 ± 0.0	0.0 ± 0.0	297.2 ± 297.2	70.8 ± 14.2
中国绿螂 *Glaucomya chinensis*	0.0 ± 0.0	14.2 ± 14.2	0.0 ± 0.0	0.0 ± 0.0	0.0 ± 0.0	14.2 ± 14.2	0.0 ± 0.0	311.4 ± 254.8	0.0 ± 0.0	0.0 ± 0.0
彩虹明樱蛤 *Moerella iridescens*	0.0 ± 0.0	0.0 ± 0.0	0.0 ± 0.0	0.0 ± 0.0	0.0 ± 0.0	0.0 ± 0.0	14.2 ± 14.2	0.0 ± 0.0	0.0 ± 0.0	0.0 ± 0.0
缢蛏 *Sinonovacula constricta*	0.0 ± 0.0	0.0 ± 0.0	0.0 ± 0.0	0.0 ± 0.0	0.0 ± 0.0	0.0 ± 0.0	0.0 ± 0.0	0.0 ± 0.0	14.2 ± 14.2	0.0 ± 0.0
甲壳纲 Crustacea										
谭氏泥蟹 *Ilyoplax deschampsi*	0.0 ± 0.0	0.0 ± 0.0	0.0 ± 0.0	0.0 ± 0.0	0.0 ± 0.0	56.6 ± 28.3	0.0 ± 0.0	0.0 ± 0.0	0.0 ± 0.0	0.0 ± 0.0

表 4.7 崇明东滩互花米草生境底栖动物物种名录及不同样线平均密度（平均值 ± 标准误，单位：个 /m^2）

物种 Species	样线 1 Line 1	样线 2 Line 2	样线 3 Line 3	样线 4 Line 4	样线 5 Line 5	样线 6 Line 6	样线 7 Line 7	样线 8 Line 8
纽虫 Nemertini sp.	0.0 ± 0.0	0.0 ± 0.0	14.2 ± 14.2	0.0 ± 0.0	14.2 ± 14.2	0.0 ± 0.0	0.0 ± 0.0	0.0 ± 0.0
腹足纲 Gastropoda								
绯拟沼螺 *Assiminea latericera*	0.0 ± 0.0	0.0 ± 0.0	0.0 ± 0.0	0.0 ± 0.0	0.0 ± 0.0	127.4 ± 127.4	84.9 ± 28.3	0.0 ± 0.0
堇拟沼螺 *Assiminea violacea*	0.0 ± 0.0	14.2 ± 14.2	0.0 ± 0.0	14.2 ± 14.2	0.0 ± 0.0	0.0 ± 0.0	1 203.1 ± 1 118.2	3 241.3 ± 1 995.8
尖锥拟蟹守螺 *Cerithidea largillierli*	0.0 ± 0.0	0.0 ± 0.0	0.0 ± 0.0	0.0 ± 0.0	14.2 ± 14.2	28.3 ± 28.3	42.5 ± 42.5	353.9 ± 155.7
中华拟蟹守 *Cerithidea sinensis*	0.0 ± 0.0	0.0 ± 0.0	0.0 ± 0.0	0.0 ± 0.0	0.0 ± 0.0	0.0 ± 0.0	14.2 ± 14.2	14.2 ± 14.2
光滑狭口螺 *Stenothyra glabra*	0.0 ± 0.0	0.0 ± 0.0	0.0 ± 0.0	0.0 ± 0.0	0.0 ± 0.0	113.2 ± 113.2	3 297.9 ± 3 297.9	0.0 ± 0.0
多毛纲 Polychaeta								
小头虫 *Capitella capitata*	0.0 ± 0.0	0.0 ± 0.0	14.2 ± 14.2	0.0 ± 0.0	42.5 ± 14.2	0.0 ± 0.0	0.0 ± 0.0	0.0 ± 0.0
圆锯齿吻沙蚕 *Dentinephtys glabra*	14.2 ± 14.2	42.5 ± 14.2	56.6 ± 0.0	0.0 ± 0.0	14.2 ± 14.2	0.0 ± 0.0	0.0 ± 0.0	56.6 ± 56.6
双齿围沙蚕 *Perinereis aibuhitensis*	14.2 ± 14.2	28.3 ± 28.3	0.0 ± 0.0	0.0 ± 0.0	0.0 ± 0.0	0.0 ± 0.0	0.0 ± 0.0	0.0 ± 0.0
结节刺缨虫 *Potamilla torelli*	14.2 ± 14.2	0.0 ± 0.0	0.0 ± 0.0	0.0 ± 0.0	0.0 ± 0.0	0.0 ± 0.0	0.0 ± 0.0	0.0 ± 0.0
背蚓虫 *Notomastus latericeus*	0.0 ± 0.0	0.0 ± 0.0	0.0 ± 0.0	0.0 ± 0.0	0.0 ± 0.0	0.0 ± 0.0	70.8 ± 14.2	509.6 ± 283.1
疣吻沙蚕 *Tylorrhynchus heterochaetus*	28.3 ± 28.3	0.0 ± 0.0	14.2 ± 14.2	14.2 ± 14.2	141.5 ± 113.2	169.9 ± 56.6	14.2 ± 14.2	28.3 ± 28.3

续 表

物种 Species	样线 1 Line 1	样线 2 Line 2	样线 3 Line 3	样线 4 Line 4	样线 5 Line 5	样线 6 Line 6	样线 7 Line 7	样线 8 Line 8
双壳类 Bivalvia								
中国绿螂 *Glaucomya chinensis*	0.0 ± 0.0	14.2 ± 14.2	0.0 ± 0.0	0.0 ± 0.0	2 448.7 ± 1 741.0	9 653.2 ± 311.4	6 893.1 ± 1 118.2	84.9 ± 84.9
甲壳纲 Crustacea								
刺螯鼓虾 *Alpheus hoplocheles*	14.2 ± 14.2	0.0 ± 0.0	0.0 ± 0.0	0.0 ± 0.0	0.0 ± 0.0	0.0 ± 0.0	0.0 ± 0.0	0.0 ± 0.0
钩虾 Gammarid	0.0 ± 0.0	0.0 ± 0.0	0.0 ± 0.0	0.0 ± 0.0	0.0 ± 0.0	0.0 ± 0.0	14.2 ± 14.2	0.0 ± 0.0
雷伊著名团水虱 *Gnorimosphaeroma rayi*	0.0 ± 0.0	0.0 ± 0.0	0.0 ± 0.0	0.0 ± 0.0	0.0 ± 0.0	14.2 ± 14.2	0.0 ± 0.0	28.3 ± 28.3
其他 Others								
昆虫幼虫 Insect larva	0.0 ± 0.0	0.0 ± 0.0	0.0 ± 0.0	0.0 ± 0.0	0.0 ± 0.0	0.0 ± 0.0	0.0 ± 0.0	28.3 ± 0.0

表 4.8 崇明东滩芦苇生境底栖动物物种名录及不同样线平均密度（平均值 ± 标准误，单位：个/m^2）

物种 Species	样线 1 Line 1	样线 2 Line 2	样线 3 Line 3	样线 4 Line 4	样线 5 Line 5	样线 6 Line 6	样线 7 Line 7	样线 8 Line 8	样线 9 Line 9	样线 10 Line 10
腹足纲 Gastropoda										
绯拟沼螺 *Assiminea latericera*	268.9 ± 14.2	42.5 ± 42.5	70.8 ± 70.8	127.4 ± 14.2	283.1 ± 283.1	70.8 ± 70.8	99.1 ± 99.1	56.6 ± 28.3	28.3 ± 28.3	0.0 ± 0.0
堇拟沼螺 *Assiminea violacea*	0.0 ± 0.0	14.2 ± 14.2	0.0 ± 0.0	0.0 ± 0.0	240.6 ± 127.4	14.2 ± 14.2	0.0 ± 0.0	0.0 ± 0.0	155.7 ± 155.7	0.0 ± 0.0
尖锥拟蟹守螺 *Cerithidea largillierli*	113.2 ± 0.0	169.9 ± 0.0	0.0 ± 0.0	28.3 ± 28.3	14.2 ± 14.2	14.2 ± 14.2	42.5 ± 42.5	0.0 ± 0.0	0.0 ± 0.0	0.0 ± 0.0
中华拟蟹守螺 *Cerithidea sinensis*	14.2 ± 14.2	56.6 ± 28.3	0.0 ± 0.0	0.0 ± 0.0	0.0 ± 0.0	14.2 ± 14.2	0.0 ± 0.0	14.2 ± 14.2	0.0 ± 0.0	0.0 ± 0.0
方格短沟蜷 *Semisulcospira cancelata*	0.0 ± 0.0	0.0 ± 0.0	0.0 ± 0.0	0.0 ± 0.0	14.2 ± 14.2	0.0 ± 0.0	0.0 ± 0.0	0.0 ± 0.0	0.0 ± 0.0	0.0 ± 0.0
多毛纲 Polychaeta										
小头虫 *Capitella capitata*	0.0 ± 0.0	99.1 ± 70.8	14.2 ± 14.2	0.0 ± 0.0	127.4 ± 42.5	438.8 ± 438.8	0.0 ± 0.0	0.0 ± 0.0	0.0 ± 0.0	0.0 ± 0.0
圆锯齿吻沙蚕 *Dentinephtys glabra*	0.0 ± 0.0	14.2 ± 14.2	0.0 ± 0.0	0.0 ± 0.0	0.0 ± 0.0	28.3 ± 28.3	0.0 ± 0.0	0.0 ± 0.0	0.0 ± 0.0	0.0 ± 0.0
背蚓虫 *Notomastus latericeus*	0.0 ± 0.0	155.7 ± 155.7	14.2 ± 14.2	70.8 ± 14.2	297.2 ± 297.2	594.5 ± 424.6	113.2 ± 84.9	28.3 ± 0.0	0.0 ± 0.0	0.0 ± 0.0
疣吻沙蚕 *Tylorrhynchus heterochaetus*	28.3 ± 0.0	14.2 ± 14.2	28.3 ± 28.3	0.0 ± 0.0	28.3 ± 28.3	28.3 ± 28.3	56.6 ± 28.3	56.6 ± 56.6	28.3 ± 28.3	70.8 ± 42.5

续 表

物种 Species	样线 1 Line 1	样线 2 Line 2	样线 3 Line 3	样线 4 Line 4	样线 5 Line 5	样线 6 Line 6	样线 7 Line 7	样线 8 Line 8	样线 9 Line 9	样线 10 Line 10
双壳类 Bivalvia										
河蚬 *Corbicula fluminea*	0.0 ± 0.0	0.0 ± 0.0	0.0 ± 0.0	0.0 ± 0.0	0.0 ± 0.0	0.0 ± 0.0	14.2 ± 14.2	0.0 ± 0.0	0.0 ± 0.0	0.0 ± 0.0
中国绿螂 *Glaucomya chinensis*	0.0 ± 0.0	14.2 ± 14.2	0.0 ± 0.0	0.0 ± 0.0	0.0 ± 0.0	0.0 ± 0.0	1 840.1 ± 198.2	1 429.6 ± 1 429.6	0.0 ± 0.0	0.0 ± 0.0
甲壳纲 Crustacea										
中华蜾蠃蜚 *Corophium sinensis*	0.0 ± 0.0	0.0 ± 0.0	0.0 ± 0.0	0.0 ± 0.0	0.0 ± 0.0	14.2 ± 14.2	0.0 ± 0.0	0.0 ± 0.0	0.0 ± 0.0	0.0 ± 0.0
谭氏泥蟹 *Ilyoplax deschampsi*	0.0 ± 0.0	0.0 ± 0.0	0.0 ± 0.0	0.0 ± 0.0	0.0 ± 0.0	14.2 ± 14.2	0.0 ± 0.0	0.0 ± 0.0	28.3 ± 28.3	14.2 ± 14.2
其他 Others										
阿部鲻虾虎 *Mugilogobius abei*	0.0 ± 0.0	0.0 ± 0.0	0.0 ± 0.0	14.2 ± 14.2	14.2 ± 14.2	0.0 ± 0.0	0.0 ± 0.0	0.0 ± 0.0	0.0 ± 0.0	0.0 ± 0.0
大鳍弹涂鱼 *Periophthalmus magnuspinnatus*	0.0 ± 0.0	0.0 ± 0.0	0.0 ± 0.0	0.0 ± 0.0	14.2 ± 14.2	0.0 ± 0.0	0.0 ± 0.0	0.0 ± 0.0	0.0 ± 0.0	0.0 ± 0.0
昆虫幼虫 Insect larva	0.0 ± 0.0	0.0 ± 0.0	0.0 ± 0.0	0.0 ± 0.0	0.0 ± 0.0	56.6 ± 0.0	0.0 ± 0.0	0.0 ± 0.0	0.0 ± 0.0	0.0 ± 0.0

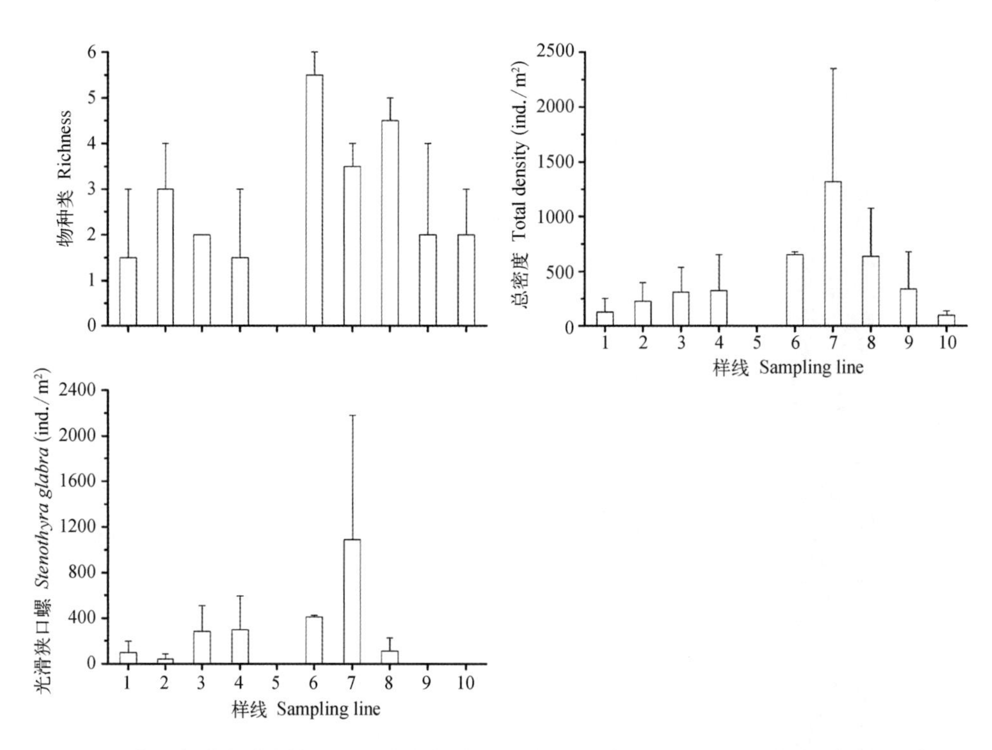

图4.7　崇明东滩光滩生境不同样线底栖动物物种数、总密度及优势种光滑狭口螺分布情况

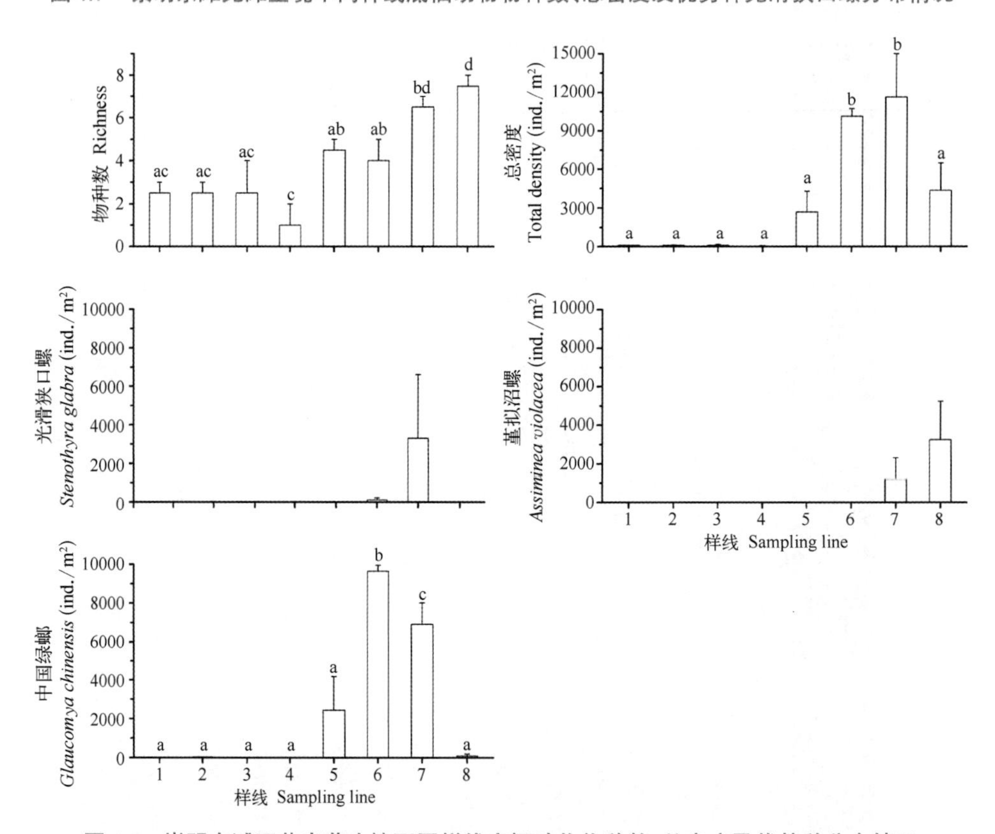

图4.8　崇明东滩互花米草生境不同样线底栖动物物种数、总密度及优势种分布情况

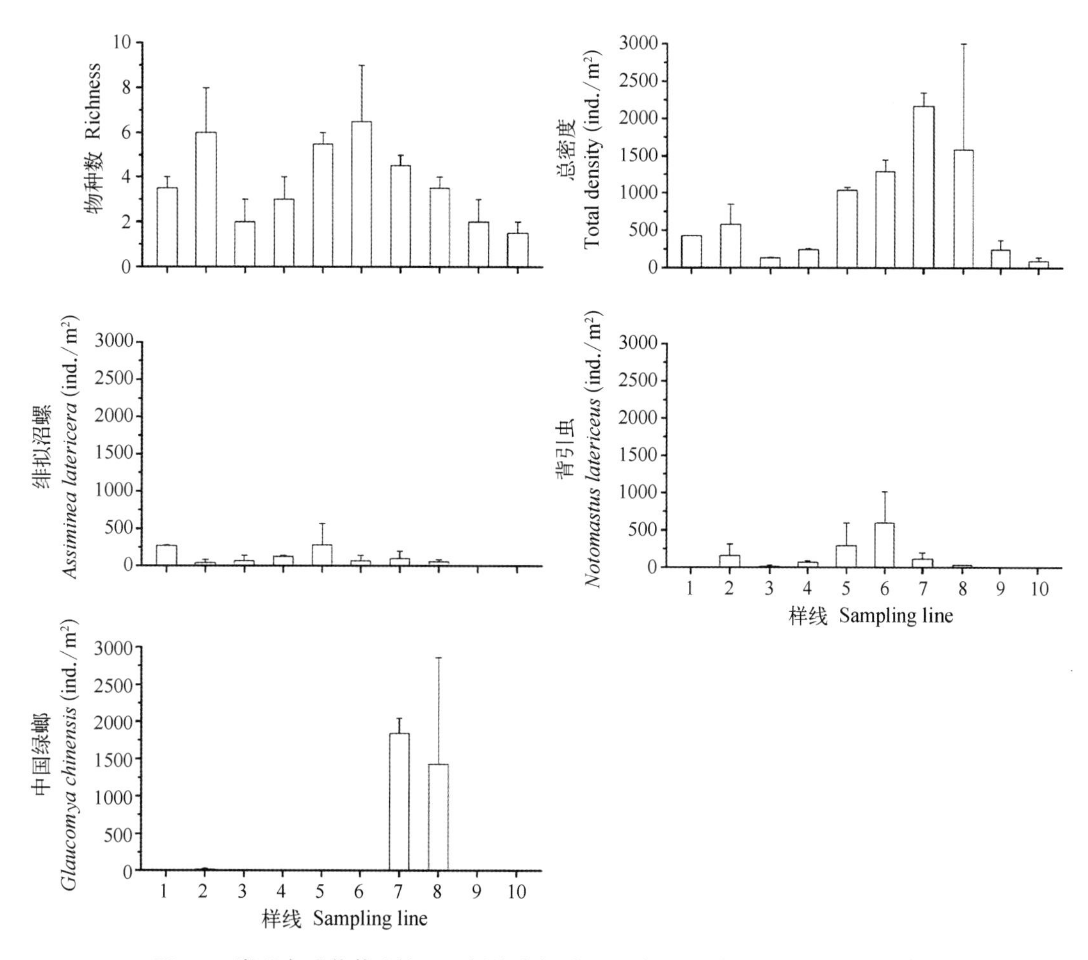

图4.9 崇明东滩芦苇生境不同样线底栖动物物种数、总密度及优势种分布情况

4.2.3 游泳动物

1）监测地点

鱼类监测于2008年5月和12月，在崇明东滩鸟类自然保护区（东经121°50′ ～ 122°05′，北纬31°25′ ～ 31°38′）7条潮沟（见80页图4.10）进行。本区潮汐为非正规半日浅海潮，一昼夜有两次高潮、两次低潮的变化，平均高潮位为3.29 m，平均低潮位为0.6 m。实验地点属于中等强度潮汐海区，平均潮差为2.7 m左右，潮差范围为2.45 ～ 4.96 m。

2）鱼类群落组成

2008年5月和12月调查共发现鱼类34种，均属于硬骨鱼类，隶属12科（见81页表4.9）。其中，虾虎鱼科鱼类个体数最多，鲤科鱼类次之，其他科较少。从多度来看，优势种（个体数百分比大于1%）是阿部鲻虾虎鱼、棕刺虾虎鱼、斑尾刺虾虎鱼、拉氏狼牙虾虎鱼、纹缟虾虎鱼、前鳞鲮、花鲈、鲮、弹涂鱼、大鳍弹涂鱼和食蚊鱼。从生态功能群来看，河口定居种（13种）、海洋洄游种（9种）、河口偶见淡水种（7种）的物种数最多，而河口偶见海洋种、溯河产卵洄游种、降河产卵洄游种、淡水洄游种均只有1种，且主要出现于5月。就

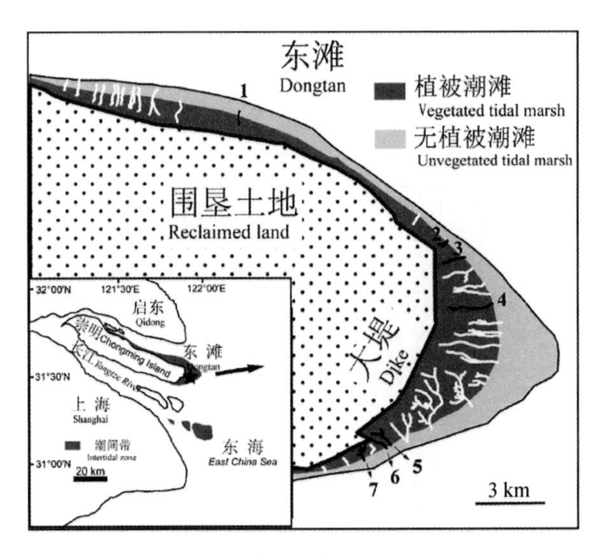

图4.10 崇明东滩采样潮沟(1～7)示意图

个体数而言，海洋洄游种个体数最多，占总捕获鱼类个体数68.08%，河口定居种次之，占27.33%。就生物量而言，捕获的河口定居种生物量最大，总计9 893.00 g，海洋洄游种次之，为6 993.21 g。

5月的鱼类种类、个体数、生物量及各优势种的个体数和生物量均显著大于12月(见84页表4.10)。5月有29种和5 061个个体，生物量为10 225.8 g；而12月仅有19种和1 104个个体，生物量为7 307.3 g。无度量多维定量排序(Non-metric multidimensional scaling，MDS)多变量分析和ANOSIM结果均表明5月和12月之间的鱼类群落结构存在显著差异(见图4.11，88页表4.11)。取样日夜差异对总的物种数、个体数与生物量没有显著影响，但对部分优势鱼类物种(阿部鲻虾虎鱼、大鳍弹涂鱼、纹缟虾虎鱼和弹涂鱼)的个体数与生物量有显著影响。MDS和ANOSIM结果显示12月所有鱼类种以及优势种群落结构在日夜间的变化大于5月的日夜差异(见89页图4.12)。

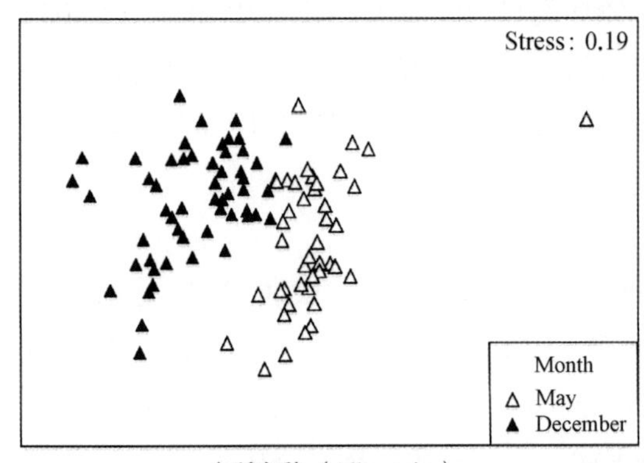

a) 所有种 (All species)

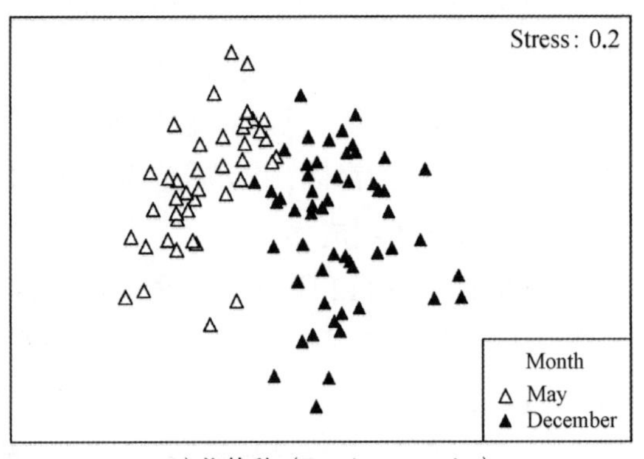

b) 优势种 (Dominant species)

图4.11 基于个体数的2008年5月与12月鱼类群落所有种和优势种的无度量多维定量(Non-metric multidimensional scaling，MDS) 排序图(因子：月份)

表4.9　2008年5月、12月崇明东滩潮沟鱼类组成、个体数、排序、百分比、生物量(g),以及所属生态功能群和出现月份

(MS：河口偶见的海洋种；MM：海洋洄游种；ES：河口定居种；AN：溯河产卵洄游种；CA：降河产卵洄游种；FM：淡水洄游种；FS：河口偶见的淡水种)

种　类 Species	排序 Rank	个体数 Abundance	百分比(%) Proportion	生物量(g) Biomass	生态功能群 Ecological guilds	出现月份 Occurrence
鳗鲡科 Anguillidae						
日本鳗鲡 *Anguilla japonica*	17	9	0.15	0.95	CA	May
鲿科 Bagridae						
黄颡鱼 *Pelteobagrus fulvidraco*	20	6	0.10	89.11	FS	May
舌鳎科 Cynoglossidae						
窄体舌鳎 *Cynoglossus gracilis*	13	35	0.57	484.91	MM	May
鲤科 Cyprinidae						
鲫 *Carassius auratus*	21	4	0.06	240.73	FM	May, Dec
贝氏䱗 *Hemiculter bleekeri*	15	15	0.24	31.77	FS	May, Dec
长蛇鮈 *Saurogobio dumerili*	16	11	0.18	157.17	FS	May
飘鱼 *Pseudolaubuca sinensis*	28	1	0.02	0.08	FM	May
华鳈 *Sarcocheilichthys sinensis*	21	4	0.06	5.84	FS	May
革条鱊 *Acheilognathus himantegus*	28	1	0.02	6.91	FS	May
中华鳑鲏 *Rhodeus sinensis*	28	1	0.02	1.41	FS	Dec
鳀科 Engraulidae						
刀鲚 *Coilia nasus*	24	3	0.05	22.74	AN	May

续 表

种 类 Species	排序 Rank	个体数 Abundance	百分比（%） Proportion	生物量(g) Biomass	生态功能群 Ecological guilds	出现月份 Occurrence
塘鳢科 Eleotridae						
乌塘鳢 *Bostrychus sinensis*	26	2	0.03	4.7	ES	Dec
虾虎鱼科 Gobiidae						
棕刺虾虎鱼 *Acanthogobius luridus*	10	133	2.16	211.54	ES	May, Dec
长体刺虾虎 *Acanthogobiue elongata*	14	26	0.42	94.51	ES	May
斑尾刺虾虎鱼 *Acanthogobius ommaturus*	12	98	1.59	1 715.22	ES	May, Dec
大弹涂鱼 *Boleophthalmus pectinirostris*	5	520	8.44	4 381.6	ES	May, Dec
睛尾蝌蚪虾虎鱼 *Lophiogobius ocellicauda*	21	4	0.06	20.12	MM	May
阿部鲻虾虎鱼 *Mugilogobius abei*	3	972	15.77	483.45	MM	May, Dec
拉氏狼牙虾虎鱼 *Odontamblyopus lacepedii*	8	168	2.73	1 451.32	ES	May, Dec
犬齿背眼虾虎鱼 *Oxuderces dentatus*	28	1	0.02	0.84	MM	Dec
大鳍弹涂鱼 *Periophthalmus magnuspinnatus*	6	439	7.12	1 438.82	ES	May, Dec
弹涂鱼 *Periophthalmus modestus*	11	130	2.11	68.78	ES	May, Dec
爪哇拟虾虎鱼 *Pseudogobius javanicus*	17	9	0.15	1.99	ES	May
青弹涂鱼 *Scartelaos histophorus*	24	3	0.05	17.01	ES	Dec
多鳞鲻虾虎鱼 *Calamiana polylepis*	19	7	0.11	2.39	ES	May
矛尾虾虎鱼 *Chaeturichthys stigmatias*	28	1	0.02	0.79	ES	Dec

续　表

种　类 Species	排序 Rank	个体数 Abundance	百分比（%）Proportion	生物量（g）Biomass	生态功能群 Ecological guilds	出现月份 Occurrence
纹缟虾虎鱼 *Tridentiger trigonocephalus*	9	148	2.40	504.33	ES	May, Dec
花鲈科 Lateolabracidae						
花鲈 *Lateolabrax maculatus*	2	1 141	18.51	604.35	MM	May, Dec
鲻科 Mugilidae						
鲻 *Mugil cephalus*	26	2	0.03	2.47	MM	May
鮻 *Chelon haematocheilus*	4	806	13.08	3 467.07	MM	May, Dec
前鳞鮻 *Liza affinis*	1	1 234	20.02	1 929.97	MM	May, Dec
蛇鳗科 Ophichthyidae						
暗体蛇鳗 *Ophichthus aphotistos*	28	1	0.02	48.11	MS	May
胎鳉科 Poeciliidae						
食蚊鱼 *Gambusia affinis*	7	229	3.72	42.09	FS	May, Dec
石首鱼科 Sciaenidae						
棘头梅童鱼 *Collichthys lucidus*	28	1	0.02	0.03	MM	May
食蚊鱼 *Gambusia affinis*	7	229	3.72	42.09	FS	May, Dec

表4.10 月份、日夜和潮沟对物种数、总个体数和总生物量以及12个数量优势物种（个体数百分比大于1%）个体数和生物量影响的三因子方差分析结果

注：显示了F值，括号中为p值（$p < 0.05$以黑体表示）

变量 Variables		误差自由度 Error df	月份 Month (df = 1)	日夜 Diel (df = 1)	潮沟 Creek (df = 6)	月份 × 日夜 Month × Diel (df = 1)	日夜 × 潮沟 Diel × Creek (df = 6)	月份 × 潮沟 Month × Creek (df = 6)	月份 × 日夜 × 潮沟 Month × Diel × Creek (df = 6)
物种数 Species richness		69	**61.83 (< 0.01)**	0.08 (0.77)	1.26 (0.29)	**7.01 (0.01)**	0.19 (0.98)	1.16 (0.34)	**2.63 (0.02)**
总个体数 Total abundance		69	**74.06 (< 0.01)**	0.57 (0.45)	1.98 (0.08)	**9.93 (< 0.01)**	0.70 (0.65)	0.88 (0.51)	**5.11 (< 0.01)**
总生物量 Total biomass		69	**6.43 (0.01)**	0.37 (0.54)	**3.15 (0.01)**	**13.59 (< 0.01)**	1.48 (0.20)	0.50 (0.80)	1.92 (0.09)
优势种 Dominant species									
阿部鲻虾虎鱼 *Mugilogobius abei*	Abundance	69	**89.16 (< 0.01)**	**4.59 (0.04)**	**9.45 (< 0.01)**	**4.91 (0.03)**	**4.81 (< 0.01)**	**5.88 (< 0.01)**	**2.36 (0.04)**
	Biomass	69	**106.68 (< 0.01)**	**6.11 (0.02)**	**9.9 (< 0.01)**	**5.47 (0.02)**	**7.41 (< 0.01)**	**5.88 (< 0.01)**	**3.93 (< 0.01)**
前鳞鲅 *Liza affinis*	Abundance	69	**28.34 (< 0.01)**	0.42 (0.52)	1.72 (0.13)	2.01 (0.16)	**5.76 (< 0.01)**	1.11 (0.36)	**2.45 (0.03)**
	Biomass	69	**8.41 (< 0.01)**	1.73 (0.19)	0.88 (0.52)	1.77 (0.19)	**2.48 (0.03)**	0.47 (0.83)	1.38 (0.23)
花鲈 *Lateolabrax maculatus*	Abundance	69	**97.79 (< 0.01)**	1.91 (0.17)	**13.71 (< 0.01)**	1.50 (0.22)	**13.22 (< 0.01)**	1.87 (0.10)	1.58 (0.16)
	Biomass	69	**35.45 (< 0.01)**	1.57 (0.21)	**8.76 (< 0.01)**	0.03 (0.87)	**6.65 (< 0.01)**	1.53 (0.18)	0.23 (0.97)

续　表

变　量 Variables		误差自由度 Error df	月份 Month (df = 1)	日夜 Diel (df = 1)	潮沟 Creek (df = 6)	月份 × 日夜 Month × Diel (df = 1)	日夜 × 潮沟 Diel × Creek (df = 6)	月份 × 潮沟 Month × Creek (df = 6)	月份 × 日夜 × 潮沟 Month × Diel × Creek (df = 6)
鲮 *Chelon haematocheilus*	Abundance	69	4.44 (0.04)	1.95 (0.17)	0.35 (0.91)	12.21 (< 0.01)	6.05 (< 0.01)	0.92 (0.49)	2.03 (0.07)
	Biomass	69	60.91 (< 0.01)	0.34 (0.59)	1.92 (0.09)	18.12 (< 0.01)	2.71 (0.02)	3.13 (0.01)	2.20 (0.05)
大弹涂鱼 *Boleophthalmus pectinirostris*	Abundance	69	240.05 (< 0.01)	0.46 (0.50)	11.31 (< 0.01)	9.36 (< 0.01)	6.38 (< 0.01)	3.69 (< 0.01)	6.77 (< 0.01)
	Biomass	69	331.39 (< 0.01)	0.13 (0.72)	13.42 (< 0.01)	10.30 (< 0.01)	5.56 (< 0.01)	3.68 (< 0.01)	6.70 (< 0.01)
大鳍弹涂鱼 *Periophthalmus magnuspinnatus*	Abundance	69	76.90 (< 0.01)	19.30 (< 0.01)	6.65 (< 0.01)	17.41 (< 0.01)	6.17 (< 0.01)	2.30 (0.04)	1.86 (0.10)
	Biomass	69	112.30 (< 0.01)	19.06 (< 0.01)	8.46 (< 0.01)	18.64 (< 0.01)	8.36 (< 0.01)	2.38 (0.04)	2.30 (0.04)
食蚊鱼 *Gambusia affinis*	Abundance	69	0.45 (0.50)	0.30 (0.59)	6.56 (< 0.01)	0.17 (0.68)	0.61 (0.72)	0.28 (0.94)	0.39 (0.89)
	Biomass	69	0.48 (0.49)	1.00 (0.32)	4.36 (< 0.01)	< 0.01 (0.95)	0.72 (0.64)	0.58 (0.75)	0.53 (0.78)
拉氏狼牙虾虎鱼 *Odontamblyopus lacepedii*	Abundance	69	28.01 (< 0.01)	1.87 (0.18)	4.45 (< 0.01)	1.69 (0.20)	6.23 (< 0.01)	1.02 (0.42)	1.33 (0.25)
	Biomass	69	38.81 (< 0.01)	1.32 (0.26)	5.59 (< 0.01)	1.60 (0.21)	7.25 (< 0.01)	1.77 (0.12)	2.17 (0.06)

续 表

变 量 Variables		误差自由度 Error df	月份 Month (df = 1)	日夜 Diel (df = 1)	潮沟 Creek (df = 6)	月份 × 日夜 Month × Diel (df = 1)	日夜 × 潮沟 Diel × Creek (df = 6)	月份 × 潮沟 Month × Creek (df = 6)	月份 × 日夜 × 潮沟 Month × Diel × Creek (df = 6)
纹缟虾虎鱼 *Tridentiger trigonocephalus*	Abundance	69	71.57 (< 0.01)	7.71 (0.01)	10.56 (< 0.01)	13.15 (< 0.01)	4.83 (< 0.01)	1.29 (0.28)	0.73 (0.63)
	Biomass	69	91.91 (< 0.01)	9.58 (< 0.01)	10.75 (< 0.01)	14.61 (< 0.01)	5.28 (< 0.01)	1.25 (0.29)	0.73 (0.62)
棕刺虾虎鱼 *Acanthogobius luridus*	Abundance	69	12.41 (< 0.01)	1.60 (0.21)	1.76 (0.12)	3.97 (0.05)	1.60 (0.16)	1.04 (0.41)	0.70 (0.65)
	Biomass	69	6.95 (0.01)	0.68 (0.41)	1.57 (0.17)	3.35 (0.07)	1.71 (0.13)	0.80 (0.57)	0.47 (0.83)
弹涂鱼 *Periophthalmus modestus*	Abundance	69	16.37 (< 0.01)	11.99 (< 0.01)	2.60 (0.02)	11.78 (< 0.01)	1.57 (0.17)	0.98 (0.44)	1.41 (0.22)
	Biomass	69	19.29 (< 0.01)	13.97 (< 0.01)	2.26 (0.05)	14.06 (< 0.01)	1.48 (0.20)	0.97 (0.45)	1.24 (0.30)
斑尾刺虾虎鱼 *Acanthogobius ommaturus*	Abundance	69	17.94 (< 0.01)	1.16 (0.28)	2.54 (0.03)	1.49 (0.23)	1.56 (0.17)	0.97 (0.45)	1.63 (0.15)
	Biomass	69	25.97 (< 0.01)	0.52 (0.47)	1.07 (0.39)	1.06 (0.31)	0.43 (0.86)	0.87 (0.52)	2.56 (0.03)
	Biomass	69	6.95 (0.01)	0.68 (0.41)	1.57 (0.17)	3.35 (0.07)	1.71 (0.13)	0.80 (0.57)	0.47 (0.83)

续　表

变　量 Variables		误差自由度 Error df	月份 Month（df = 1）	日夜 Diel（df = 1）	潮沟 Creek（df = 6）	月份 × 日夜 Month × Diel（df = 1）	日夜 × 潮沟 Diel × Creek（df = 6）	月份 × 潮沟 Month × Creek（df = 6）	月份 × 日夜 × 潮沟 Month × Diel × Creek（df = 6）
弹涂鱼 *Periophthalmus modestus*	Abundance	69	**16.37（< 0.01）**	**11.99（< 0.01）**	**2.60（0.02）**	**11.78（< 0.01）**	1.57（0.17）	0.98（0.44）	1.41（0.22）
	Biomass	69	**19.29（< 0.01）**	**13.97（< 0.01）**	2.26（0.05）	**14.06（< 0.01）**	1.48（0.20）	0.97（0.45）	1.24（0.30）
斑尾刺虾虎鱼 *Acanthogobius ommaturus*	Abundance	69	**17.94（< 0.01）**	1.16（0.28）	**2.54（0.03）**	1.49（0.23）	1.56（0.17）	0.97（0.45）	1.63（0.15）
	Biomass	69	**25.97（< 0.01）**	0.52（0.47）	1.07（0.39）	1.06（0.31）	0.43（0.86）	0.87（0.52）	**2.56（0.03）**

表4.11 鱼类群落在不同月份（5月和12月）间的单因子相似性分析，以及不同月份的鱼类群落在昼夜之间和潮沟之间的单因子相似性分析

$p < 0.05$ 用黑体表示

a）所有物种 All species

对比项 Comparison	R统计值 Global R value	*P*值 *P* value
两个月数据 Combined dataset		
月份 month	0.501	**0.001**
5月数据 May data		
日夜 diel	0.026	0.154
潮沟 creek	0.415	**0.001**
12月数据 December data		
日夜 diel	0.107	**0.008**
潮沟 creek	0.125	**0.003**

b）优势物种 Dominant species

对比象 Comparison	R统计值 Global R value	*P*值 *P* value
两个月数据 Combined dataset		
月份 month	0.505	**0.001**
5月数据 May data		
日夜 diel	0.039	0.123
潮沟 creek	0.417	**0.001**
12月数据 December data		
日夜 diel	0.104	**0.009**
潮沟 creek	0.127	**0.003**

3）鱼类群落空间变化

结果表明，鱼类总生物量在采样潮沟间有显著差异，但物种数与总个体数在不同潮沟间无显著差异。在1～5号潮沟，5月的鱼类总生物量均大于12月，但在6号、7号潮沟并不存在这种现象。5月，1～5号潮沟中的鱼类总生物量一般显著大于6号和7号潮沟。12月，鱼类的总生物量在7条潮沟间无显著差异（图4.13）。取样地点亦显著地影响优势种阿部鲻虾虎鱼、花鲈、大弹涂鱼、大鳍弹涂鱼、食蚊鱼、拉氏狼牙虾虎鱼、纹缟虾虎鱼、弹

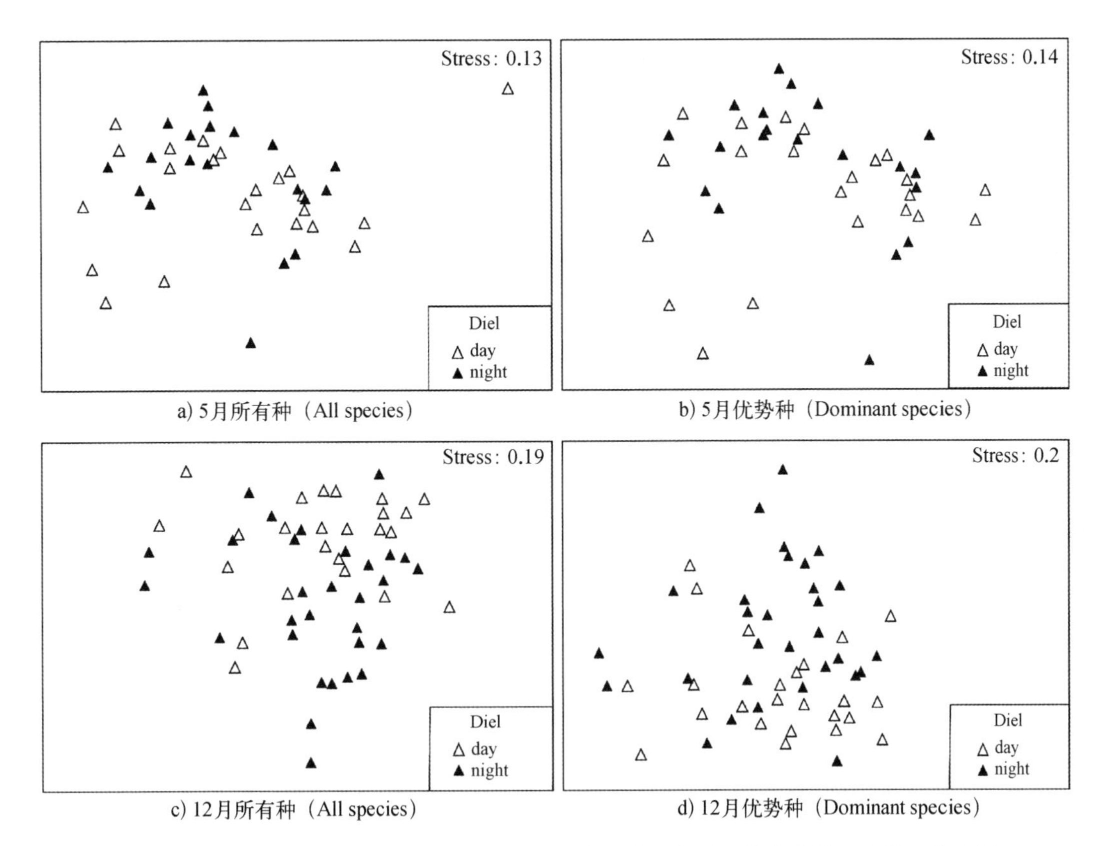

图4.12　基于个体数的2008年5月与12月鱼类群落所有种和优势种的无度量多维定量（Non-metric multidimensional scaling, MDS）排序图（因子：日夜）

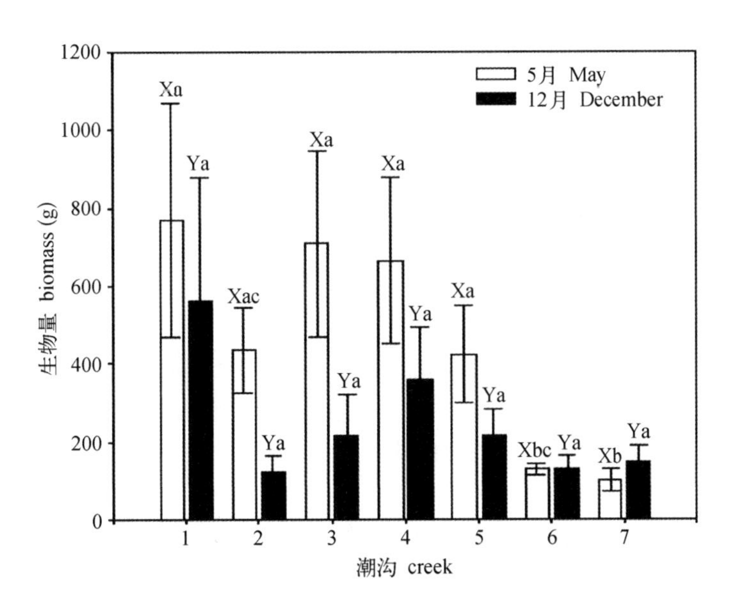

图4.13　5月和12月的7条潮沟中的鱼类总生物量

不同的大写字母(X和Y)表示该潮沟的5月与12月间差异显著，不同的小写字母(a, b, c)表示在同一月份的不同潮沟间差异显著

涂鱼、斑尾刺虾虎鱼的分布(见84页表4.10)。5月每条潮沟中的花鲈个体数均显著多于12月；5月,5～7号这三条潮沟中捕获的花鲈个体数显著多于其他潮沟；12月,花鲈个体数在7条潮沟间无显著差异(图4.14)。食蚊鱼在东滩北部的1号潮沟中个体数较多(图4.14)。就7种虾虎鱼科鱼类而言,每条潮沟中斑尾刺虾虎鱼的丰度均表现为12月显著多于5月,而其他6种虾虎鱼一般都是在5月丰度显著多于12月,可见这些虾虎鱼的生活史存在明显差异(图4.15)。5月,斑尾刺虾虎鱼的丰度在7条不同潮沟间无显著差异,在12月则主要分布在南部的5号和6号潮沟。其他6种虾虎鱼(阿部鲻虾虎鱼、大弹涂鱼、大鳍弹涂鱼、拉氏狼牙虾虎鱼、纹缟虾虎鱼、弹涂鱼)于12月时在不同潮沟间差异较小,但于5月表现出较明显的空间差异,其丰度在盐度较高的北部和东部潮沟中一般明显高于盐度较低的南部潮沟(图4.15)。

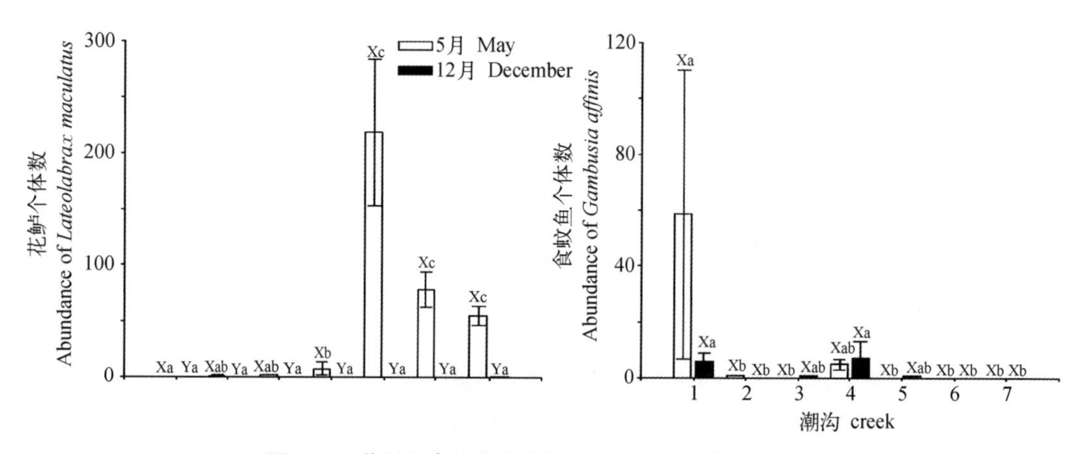

图4.14 花鲈和食蚊鱼个体数在7条潮沟中的分布情况

不同的大写字母(X和Y)表示该潮沟的5月与12月间差异显著,不同的小写字母(a,b,c,d)表示在同一月份的不同潮沟间差异显著

MDS多变量分析表明5月鱼类群落分布在不同取样潮沟间差异很明显,其中1～4号潮沟可以聚为一类,而5～7号可以聚为另一类,这与不同潮沟间盐度的差异趋势比较接近,但12月上述现象不是很明显(见92页图4.16)。ANOSIM结果表明鱼类群落结构以及鱼类优势种的群落结构在潮沟间均差异显著。

在2008年5月和12月采样中,崇明东滩的潮沟水体中共发现鱼类34种,其中属于虾虎鱼科的有14种,占绝对优势。斑尾刺虾虎鱼、鲮和花鲈是优势种,但斑尾刺虾虎鱼的多度远小于其他优势种。在5月渔获物中,前鳞鲮、鲮等均为幼鱼,表明潮沟可以被这些鱼类所利用,可能是这些鱼的重要育幼场所,也证明了河口盐沼生境对于洄游鱼类的重要意义。

5月与12月鱼的物种数、个体数和生物量均存在差异,且群落结构也有显著变化。大量海洋种和河口定居种的幼鱼在春夏季进入河口索饵育幼,因此春夏通常是幼鱼的高峰期,而冬季则是鱼类个体数和物种数相对贫乏的季节。我们的采样时间是5月和12月,恰好分属两个季节,因此两个月份间鱼类的物种数和个体数出现较大波动。5月前鳞鲮

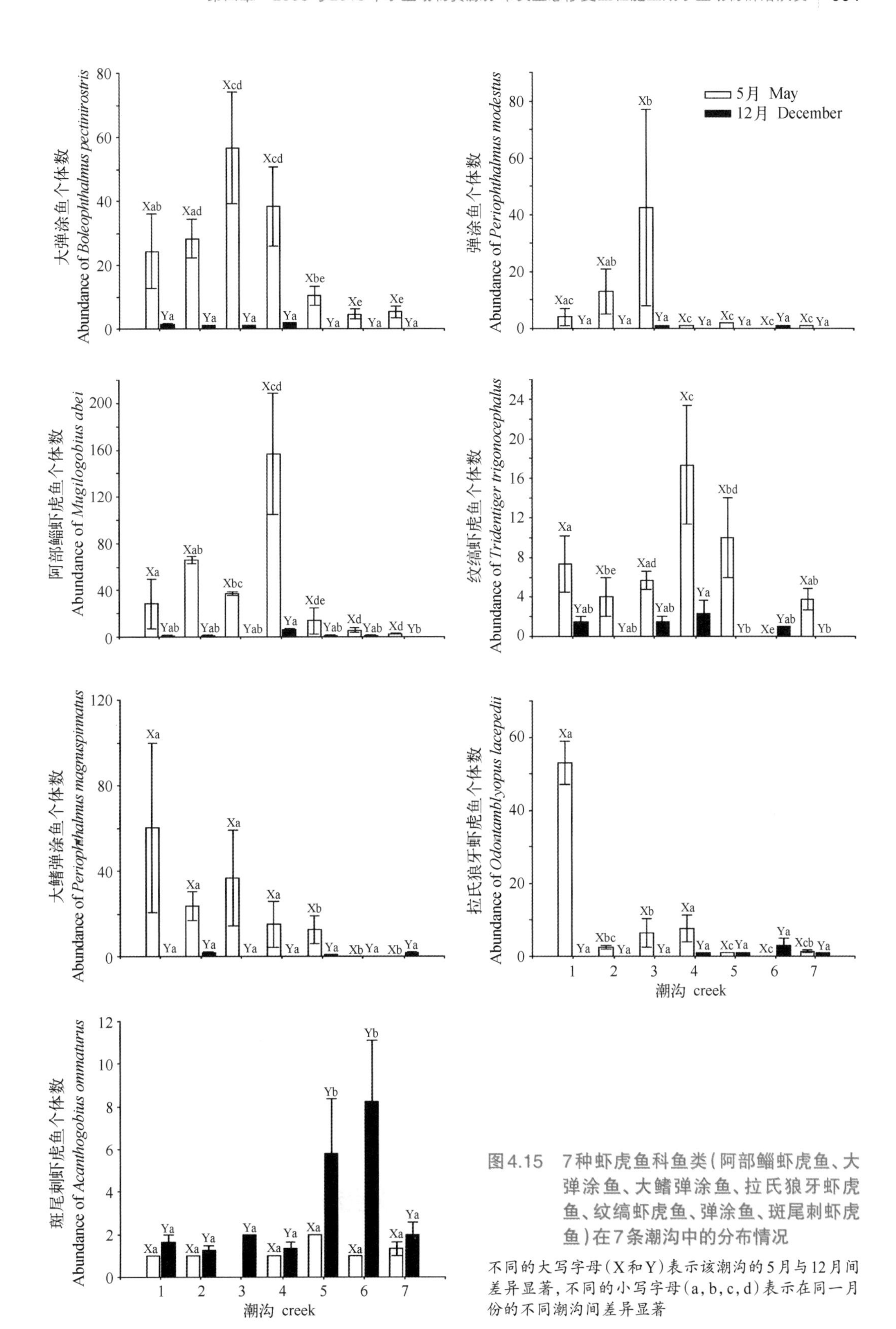

图4.15　7种虾虎鱼科鱼类(阿部鲻虾虎鱼、大弹涂鱼、大鳍弹涂鱼、拉氏狼牙虾虎鱼、纹缟虾虎鱼、弹涂鱼、斑尾刺虾虎鱼)在7条潮沟中的分布情况

不同的大写字母(X和Y)表示该潮沟的5月与12月间差异显著,不同的小写字母(a,b,c,d)表示在同一月份的不同潮沟间差异显著

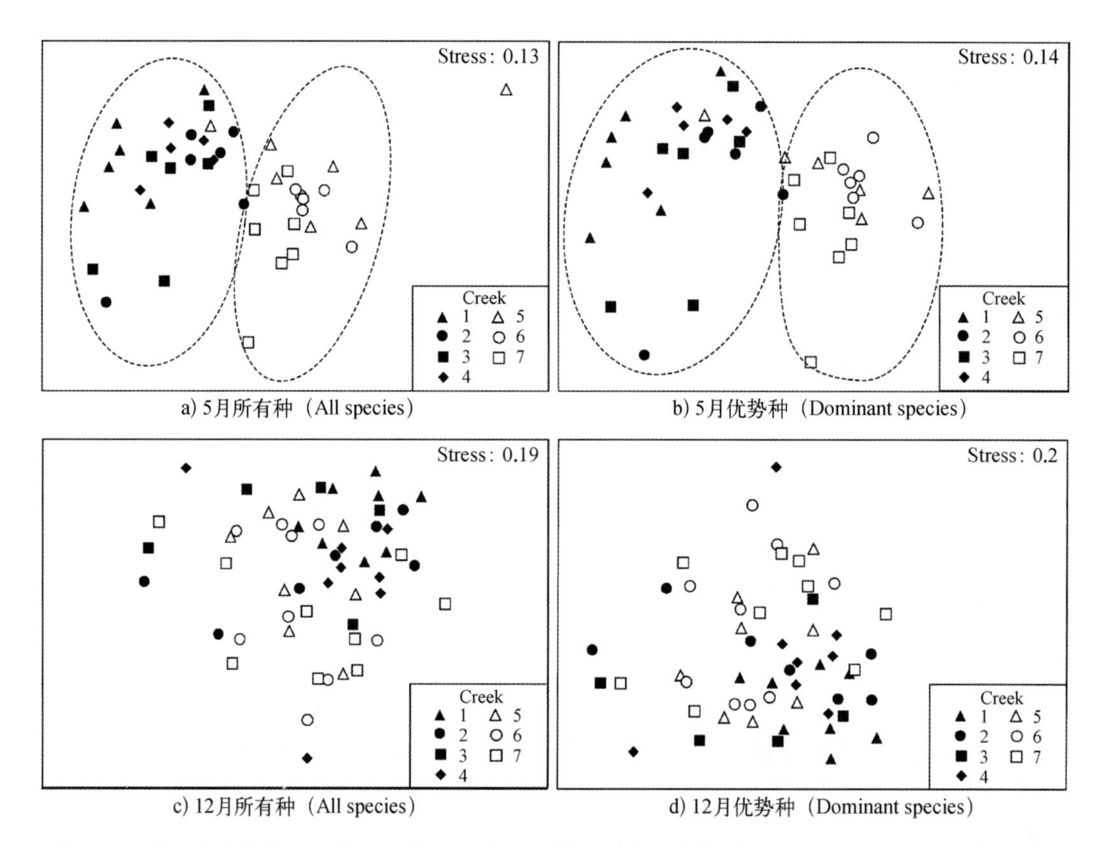

图4.16 基于个体数的2008年5月与12月鱼类群落所有种和优势种的无度量多维定量（Non-metric multidimensional scaling，MDS）排序图（因子：潮沟）

和鲅等个体比较小，而12月则都为较大成体。而大鳍弹涂鱼则是5月个体较大。这反映了物种利用潮间带潮沟的时间变化，在鱼类不同生活史阶段对盐沼潮沟的利用方式存在差异。

在盐沼湿地生态系统中，潮沟是其重要的组成单元。主潮沟由潮下带向陆延伸，进入潮间带不断分汊，形成复杂的潮沟系统。潮沟是盐沼湿地与外海能量和物质交换的主要通道，也是鱼类利用的生境和进入盐沼湿地的廊道。本次研究中推测主要是盐度对鱼类在盐沼潮沟空间分布产生重大的影响。5月鱼类群落空间变化非常明显，1～4号潮沟可以归为一类，属于盐度较高区域，而5～7号则属于盐度较低区域。12月鱼类群落空间变化不明显的原因可能是12月属于枯水期，盐度比较高且差异不明显。另外在调查中发现，幼鱼一般在盐度比较低的潮沟出现，而成鱼则出现在盐度比较高的潮沟中。

4.3 2013年崇明东滩鸟类自然保护区水生动物资源状况及年际比较

自2010年开始，对水生动物资源的考察更加注重其年际间的变化。因此，在空间上，浮游动物和游泳动物的调查主要在小南港和团结沙的2条潮沟进行，大型底栖动物调查则聚焦在5条样线上开展。每年的调查均在5月和10月进行，以实现年际间更好的可对比性。本节主要呈现了崇明东滩鸟类自然保护区2013年的考察结果，代表东滩湿地互花米草生态治理工程正式施工之前的状况，同时也反映2010～2013年这几年间崇明东滩鸟类自然保护区范围内浮游动物、底栖动物和游泳动物的群落演变。

4.3.1　浮游动物

1）2013年大型浮游动物群落

自2010年开始，每年的5月和10月在崇明东滩鸟类自然保护区小南港和团结沙潮间带各选择一条潮沟开展大型浮游动物资源调查。调查潮沟同鱼类调查样点（见104页图4.26）。

2013年5月和10月，在崇明东滩两条盐沼潮沟采集到9类大型浮游动物，除桡足类、枝角类、鱼类幼体、蟹类幼体、昆虫幼虫和纽虫以外的大型浮游动物17种（表4.12）。9类大型浮游动物分别是桡足类、枝角类、端足类、等足类、糠虾类、蟹类幼体、虾类、沙蚕和其他大型浮游动物（包括鱼类幼体、涟虫类、昆虫幼虫和纽虫等）。端足类采集到5种。10月记录到大型浮游动物15个种类少于5月18个种类；小南港潮沟捕获的大型浮游动物总种类数19种略少于团结沙潮沟20种。哲水蚤（Calanoida）、日本旋卷蜾蠃蜚（*Corophium volutator*）、中华蜾蠃蜚（*Corophium sinen*sis）、雷伊著名团水虱（*Gnorimosphaeroma rayi*）、日本沼虾（*Macrobrachium nipponense*）、圆锯齿吻沙蚕（*Dentinephtys galbra*）、日本刺沙蚕（*Neanthes japonica*）和仔稚鱼（Fish larvae）在两个月份均有发现。在两条潮沟均发现的大型浮游动物有13种（表4.12）。

表4.12　2013年崇明东滩鸟类自然保护区盐沼潮沟大型浮游动物名录

种　　类	时　间		采　样　潮　沟	
	5月	10月	团结沙潮沟	小南港潮沟
桡足类 Copepod				
哲水蚤 Calanoida	√	√	√	√
枝角类 Cladocera				
溞 sp. *Daphnia* sp.	√			√
端足类 Amphipoda				
日本旋卷蜾蠃蜚 *Corophium volutator*	√	√	√	√
中华蜾蠃蜚 *Corophium sinensis*	√	√	√	√
中华拟亮钩虾 *Paraphotis sinensis*	√			
仿美钩虾科 sp. Paracalliopiidae sp.	√			√

续 表

种　　类	时　　间		采样潮沟	
	5月	10月	团结沙潮沟	小南港潮沟
中国周眼钩虾 *Perioculodes meridichinensis*	√		√	
等足类 Isopoda				
崇西水虱 *Chongxidotea annandalei*		√		√
类闭尾水虱 sp. *Cleantioides* sp.		√		√
巨颚水虱科 sp. Gnathiidae sp.	√		√	√
雷伊著名团水虱 *Gnorimosphaeroma rayi*	√	√	√	√
糠虾类 Mysid				
短额刺糠虾 *Acanthomysis brevirostris*		√	√	√
日本新糠虾 *Neomysis japonica*	√		√	√
蟹类幼体 Crab larvae				
幼蟹 Juvenile of crabs		√		√
大眼幼体 Megalopae		√	√	
蚤状幼体 Zoea larvae of Crabs	√		√	
虾类 Shrimps				
脊尾白虾 *Exopalamon carincauda*		√	√	√
日本沼虾 *Macrobrachium nipponense*		√	√	√
沙蚕 Nereididae				
圆锯齿吻沙蚕 *Dentinephtys galbra*	√	√	√	√
日本刺沙蚕 *Neanthes japonica*	√	√	√	√
其他 Others				
仔稚鱼 Fish larvae	√	√	√	√
多齿半尖额涟虫 *Hemileucon hinumensis*	√		√	√
昆虫幼虫 Insect larvae	√	√	√	
纽虫 Nemertean	√		√	
结节刺缨虫 *Potamilla torelli*	√		√	
种类数 Species numbers	18	16	20	20

与2010年、2011年和2012年调查结果不同，2013年团结沙潮沟5月采集的大型浮游动物总个体数显著少于10月（图4.17和图4.18）。除10月小南港潮沟外，在夜潮采集的大型浮游动物总个体数显著多于日潮（$P < 0.05$）。5月小南港潮沟夜潮大型浮游动物总个体数最多，为5 483.94 × 10^3只/网，5月日潮最低，为3 855只/网；单网次捕获大型浮游动物最多是在小南港潮沟5月夜潮，为5 660.05 × 10^3只/网，单网次捕获大型浮游动物最少是在团结沙潮沟5月日潮，为3 593只/网。

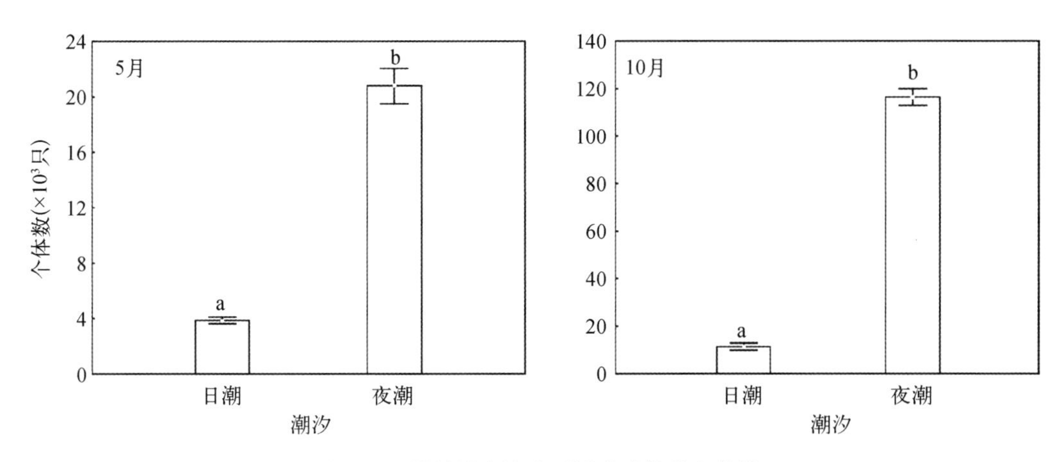

图4.17　团结沙潮沟大型浮游动物总个体数

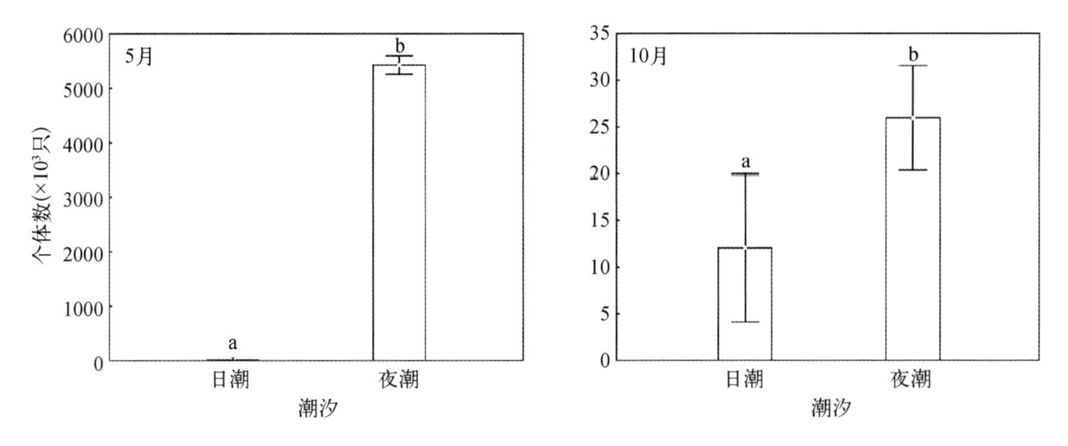

图4.18　小南港潮沟大型浮游动物总个体数

2）2010 ～ 2013年四年浮游动物总个体数与种类数比较

比较2010年至2013年单个潮汐捕获大型浮游动物总个体数，结果表明4年间，大型浮游动物总个体数呈现先下降后上升的趋势（见96页图4.19）。2011年单个潮汐平均采样数量最少，为20.22 ± 5.56 × 10^3只/网，且显著低于其余3个年份。2013年单个潮汐平均采样数量最多，为710.93 ± 466.16 × 10^3只/网，但是由于个别网次的蟹类蚤状幼体和糠虾数量爆发，使得平均值差异很大。

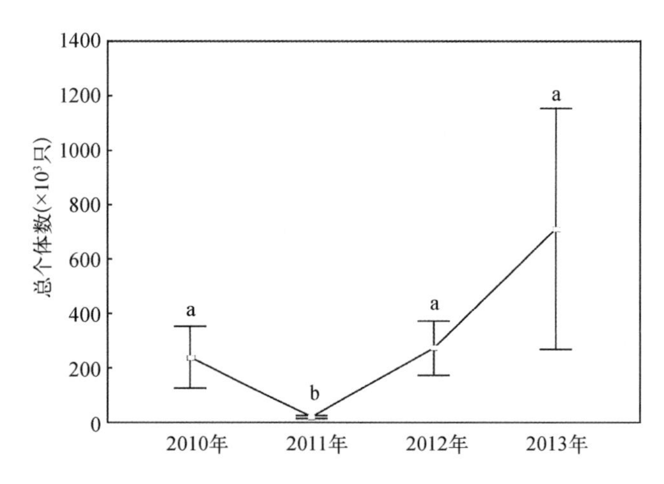

图4.19 单个潮汐大型浮游动物总个体数平均值年际变化

比较2010年至2013年单个潮汐捕获大型浮游动物种类数，结果表明4年间，大型浮游动物种类数呈现明显下降趋势，2013年略有回升（图4.20）。2012年单个潮汐平均种类数最少，为8 ± 0.7种/网，且显著低于2010年和2011年。2010年单个潮汐平均种类数最多，为12.8 ± 0.7种。

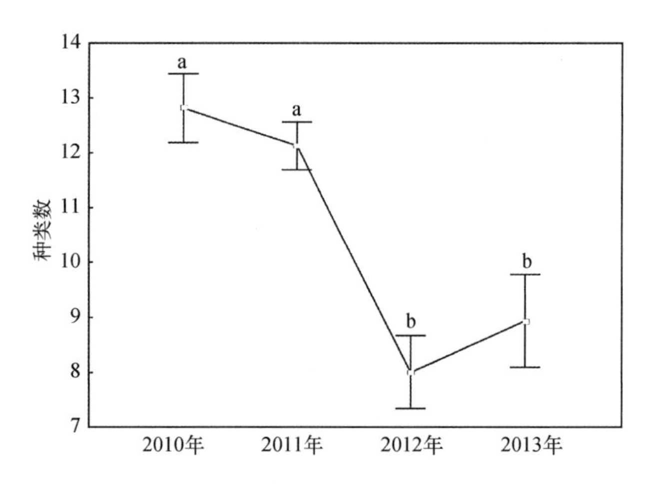

图4.20 单个潮汐大型浮游动物种类数平均年际变化

4.3.2 底栖动物

1）采样地点

从2010年开始，每年的5月和10月在崇明东滩由南向北设置5条样线，每条样线上选取6～9个采样点，具体数量如下：样线1设置6个采样点；样线2设置9个采样点；样线3设置9个采样点；样线4设置6个采样点；样线5设置9个采样点，共计39个采样点（图4.21）。

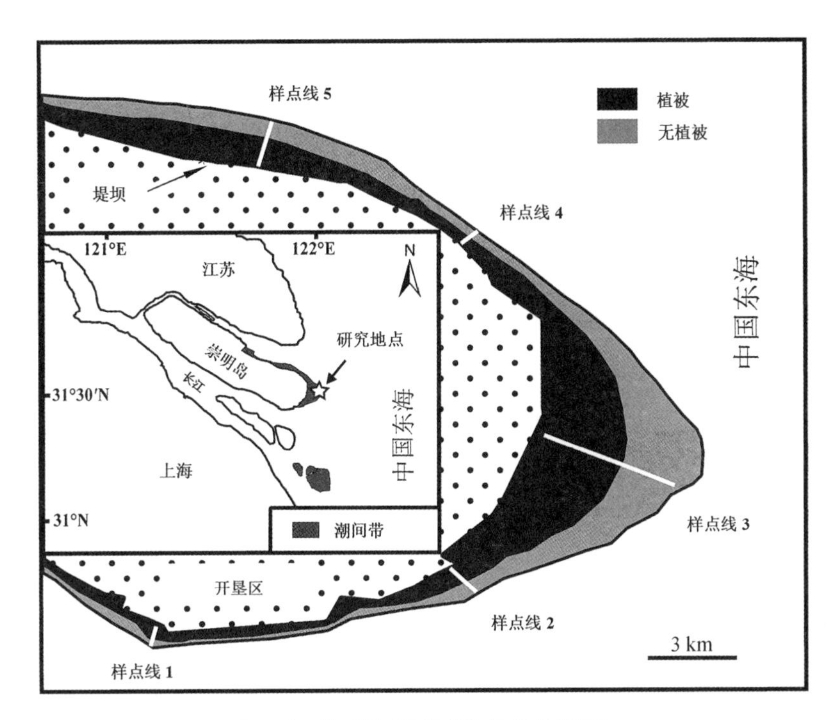

图4.21　潮间带底栖动物采样点示意图

2）大型底栖动物季节和空间分布格局

2013年5月和10月共采集到大型底栖动物7纲25种，分别是无刺纲、双壳纲、甲壳纲、腹足纲、昆虫纲、多毛纲和鱼纲。（见99页表4.13）腹足纲和多毛纲动物主要集中在东部和北部，而双壳纲和甲壳纲则主要集中在南部。南部1号和2号样线物种较少，1号样线春秋两季一共采集到大型底栖动物6种，2号样线共采集到8种。中部和北部的三条样线物种分布较多，其中3号和5号样线共采集到16种，4号样线共采集到18种。春季双壳纲密度最高，秋季腹足纲密度最高。（见98页图4.22）堇拟沼螺、丝异须虫、谭氏泥蟹、天津厚蟹分布范围较广，至少能够在4条样线上采集到样品。

在1号样线上，谭氏泥蟹在春季和秋季的密度最高，分别为34.6 ± 21.47个/m^{2}和69.2 ± 31.83个/m^2；秋季密度较高的日本刺沙蚕与无齿螳臂相手蟹在春季未采集到样品。在2号样线上，谭氏泥蟹密度最高，春季和秋季分别为25.16 ± 10.43个/m^{2}和14.68 ± 6.1个/m^2，绯拟沼螺的密度在春季是4.19 ± 4.19个/ m^2，秋季上升到12.58 ± 10.43个/ m^2。3号样线上中国绿螂密度最高为50.33 ± 34.6个/ m^2。但到了秋季，光滑狭口螺与堇拟沼螺的密度增长很大，分别达到266.31 ± 224.99个/ m^{2}和228.57 ± 160.24个/ m^2。春季4号样线上密度最高的两个物种是绯拟沼螺与丝异须虫，密度分别是100.65 ± 58.81个/ m^{2}和10.48 ± 4.57个/m^2。秋季光滑狭口螺密度非常高，达到1 965.87 ± 1 606.77个/m^2。5号样线上春季密度最高的两个物种是堇拟沼螺与绯拟沼螺，密度分别为138.4 ± 96.79个/m^{2}和73.39 ± 34.66个/m^2。

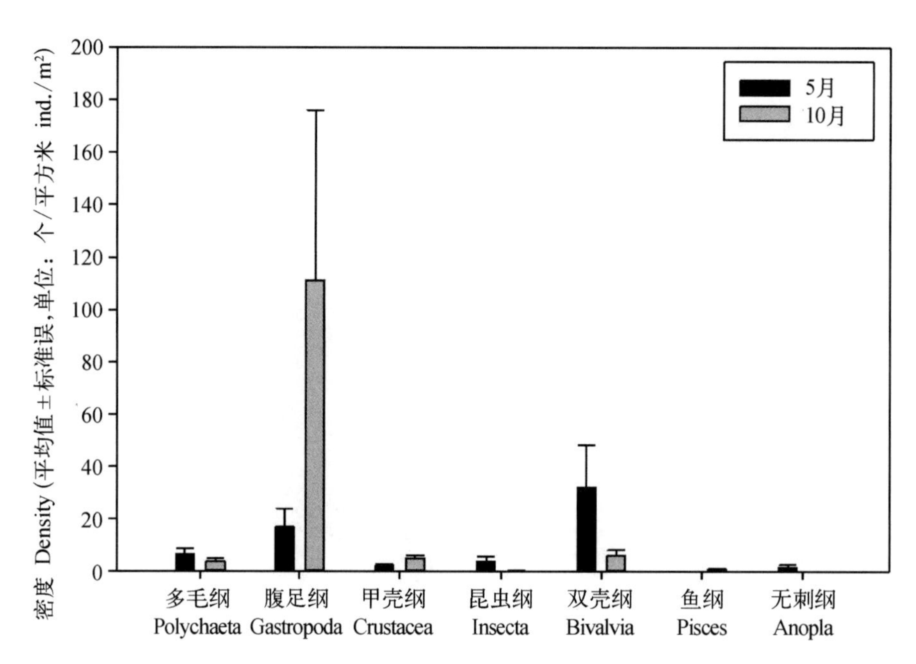

图4.22　2013年崇明东滩潮间带大型底栖动物不同分类群的密度

3）2010～2013年大型底栖动物年际比较

大型底栖动物密度年度之间变化较大，但是优势物种种类如堇拟沼螺、绯拟沼螺等变化不大。大型底栖动物密度春季调查结果显示为：2012 > 2010 > 2011 > 2013；秋季密度调查结果显示为：2011 > 2010 > 2012 > 2013，表现出不同的变化趋势，总体上来说2013年春秋季密度均低于往年。（见102页图4.23）从2010年至2013年，崇明东滩大型底栖动物密度在春季波动，而在秋季从2011年开始呈现下降趋势。

春季调查结果显示1号样线大型底栖动物密度在2010年时最高，2013年最低。2号样线密度在2012年时最高，2011年时最低。3号、4号样线是2012年密度最高，2013年最低。5号样线2010年时密度最高，2013年最低。（见102页图4.24）

秋季调查结果则是五条样线上都是2013年密度最低。除1号样线外，其余样线物种密度均是2011年最高。（见103页图4.25）

总体而言，5条样线在2010年到2013年四年间，密度波动较大，但2013年最低。

春季5条样线4年间底栖动物密度具有显著性差异的是2号样线（P=0.049）和5号样线（P =0.013）；秋季5条样线4年间底栖动物密度变有显著性差异的是3号（P=0.037）及4号样线（P=0.005）。由此看出除了1号样线之外其余4条样线在不同年份之间都具有显著性差异，结合植物调查结果，我们发现只有1号样线既没有受到外来植物互花米草的入侵也没有受到人类放牧的干扰。因此，我们认为大型底栖动物群落的变化可能与植物入侵或者放牧造成的地上植物群落变化有一定相关。

表4.13　2013年崇明东滩潮间带各样线上底栖动物物种类型与密度（平均值 ± 标准误，单位：个/m²）

样　线	1		2		3		4		5	
物　种	春　季	秋季	春　季	秋　季	春　季	秋　季	春　季	秋　季	春　季	秋　季
无刺纲 Anopla										
纽虫一种 *Nemertinea* sp.	—	—	2.1 ± 2.1	—	4.2 ± 4.2	—	—	—	—	—
多毛纲 Polychaeta										
丝异须虫 *Heteromastus filiforms*	3.2 ± 3.2	—	—	2.1 ± 2.1	10.5 ± 4.6	6.3 ± 4.5	78.6 ± 52.8	—	44 ± 31	44.0 ± 16.3
疣吻沙蚕 *Tylorrhynchus heterochaetus*	9.4 ± 6.5	—	—	—	—	—	—	—	6.3 ± 4.5	—
圆锯齿吻沙蚕 *Dentinephtys glabra*	—	—	2.1 ± 2.1	—	2.1 ± 2.1	—	—	—	4.2 ± 4.2	—
日本刺沙蚕 *Nereis japonica*	—	37.7 ± 15.4	—	—	—	—	—	3.2 ± 3.2	—	2.1 ± 2.1
腹足纲 Gastropoda										
堇拟沼螺 *Assimima violacea*	—	—	—	—	23.1 ± 14.7	228.7 ± 160.2	3.2 ± 3.2	6.3 ± 6.3	138.4 ± 96.8	8.3 ± 6.3
绯拟沼螺 *Assimima latericea*	—	—	4.2 ± 4.2	12.6 ± 10.4	27.3 ± 11.4	73.4 ± 30.4	101 ± 59	151 ± 74	73.39 ± 34.66	123.7 ± 45.4
光滑狭口螺 *Stenothyra glabra*	—	—	—	—	—	266.3 ± 225	—	1 966 ± 1 607	—	—

续　表

样　线	1		2		3		4		5	
物　种	春　季	秋季	春　季	秋　季	春　季	秋　季	春　季	秋　季	春　季	秋　季
中华伪露齿螺 *Pseudoringicula sinensis*	—	—	—	—	—	—	—	18.9 ± 18.9	4.2 ± 4.2	12.6 ± 12.6
尖锥拟蟹守螺 *Cerithidea largillierli*	—	—	—	—	—	4.2 ± 2.8	—	50.3 ± 50.3	27.3 ± 21.1	48.2 ± 32.7
中华拟蟹守螺 *Cerithidea sinensis*	—	—	—	—	6.3 ± 4.5	31.5 ± 16.3	—	3.2 ± 3.2	—	8.4 ± 6.4
锦蜒螺 *Nerita polita*	—	—	—	—	—	—	—	—	6.3 ± 3.2	—
双壳纲 Bivalvia										
河蚬 *Corbicula fluminea*	3.2 ± 3.2	25.2 ± 16.6	—	—	2.1 ± 2.1	23.1 ± 18.8	6.3 ± 6.3	—	—	—
中国绿螂 *Glauconome chinensis*	—	—	—	—	50.3 ± 34.6	4.2 ± 2.8	44 ± 22.2	—	2.1 ± 2.1	—
缢蛏 *Sinonovacula constricta*	—	—	—	—	—	—	3.2 ± 3.2	—	—	—
彩虹亮樱蛤 *Moerella iridescens*	—	—	—	—	—	—	3.2 ± 3.2	—	—	—
甲壳纲 Crustacea										
日本旋卷蜾蠃蜚 *Corophium volutator*	—	—	—	—	4.2 ± 2.8	—	3.2 ± 3.2	—	—	—

续　表

样　线	1		2		3		4		5	
物　种	春　季	秋季	春　季	秋　季	春　季	秋　季	春　季	秋　季	春　季	秋　季
谭氏泥蟹 *Ilyoplax deschampsi*	34.6 ± 21.5	69.2 ± 31.8	25.2 ± 10.4	14.7 ± 6.1	—	2.1 ± 2.1	—	3.2 ± 3.2	10.5 ± 10.5	4.2 ± 4.2
无齿螳臂相手蟹 *Chinomantes dehaani*	—	15.7 ± 12.3	—	2.1 ± 2.1	—	—	—	—	—	21 ± 10.2
天津厚蟹 *Helice tientsinensis*	—	—	—	2.1 ± 2.1	—	4.2 ± 2.8	3.2 ± 3.2	3.2 ± 3.2	4.2 ± 2.8	12.6 ± 8.9
长足长方蟹 *Metaplax longipes*	—	—	—	—	2.1 ± 2.1	—	—	—	—	—
中型仿相手蟹 *Sesarmops intermedius*	—	—	—	—	—	—	—	—	—	2.1 ± 2.1
昆虫纲 Insecta										
昆虫幼虫 Insect larvae	—	—	8.4 ± 8.4	—	2.1 ± 2.1	—	3.2 ± 3.2	3.2 ± 3.2	16.8 ± 14.6	—
鱼纲 Pisces										
大鳍弹涂鱼 *Boleophthalmus pectinirosris*	—	—	—	—	—	2.1 ± 2.1	—	6.3 ± 4	—	—
弹涂鱼 *Periopalmus pectinirostris*	—	—	—	—	—	—	—	3.2 ± 3.2	—	—

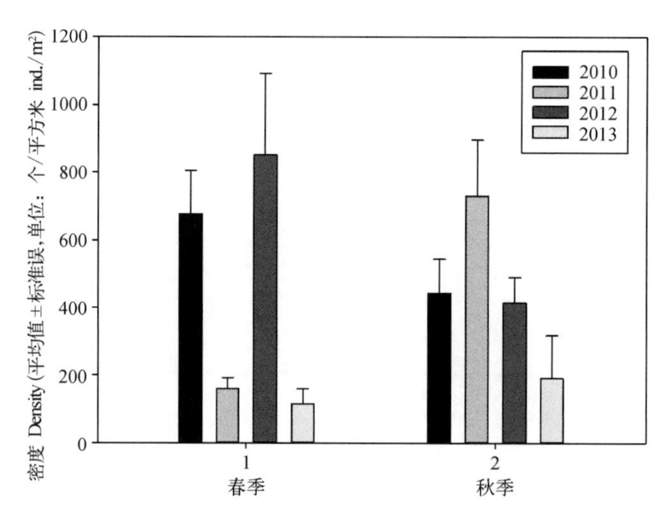

图4.23 2010～2013年底栖动物春秋季总密度变化

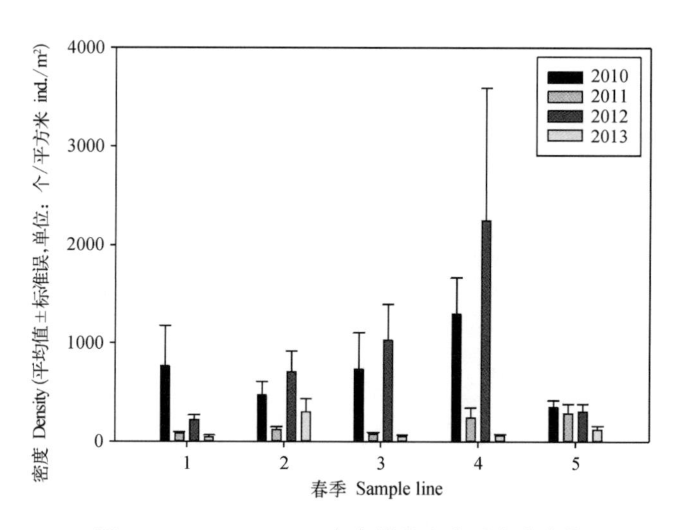

图4.24 2010～2013年各样线上春季密度变化

表4.14 五条样线2010～2013年春季密度（平均值±标准误,单位：个/m^2）

样线	年份（春季）				
	2010	2011	2012	2013	P
1	764.33 ± 414.3	84.93 ± 11.68	220.18 ± 47.41	43.15 ± 21.03	0.193
2	471.81 ± 139.82	123.72 ± 26.15	710.86 ± 208.64	301.96 ± 132.85	0.049
3	736.02 ± 367.5	73.39 ± 19.25	1 029.59 ± 365.8	53.37 ± 13.22	0.148
4	1 292.76 ± 370.17	242.2 ± 103.07	2 248.96 ± 1 344.5	57.19 ± 15.71	0.155
5	352.28 ± 65.68	283.09 ± 100.46	308.25 ± 76.6	121.6 ± 35.87	0.013

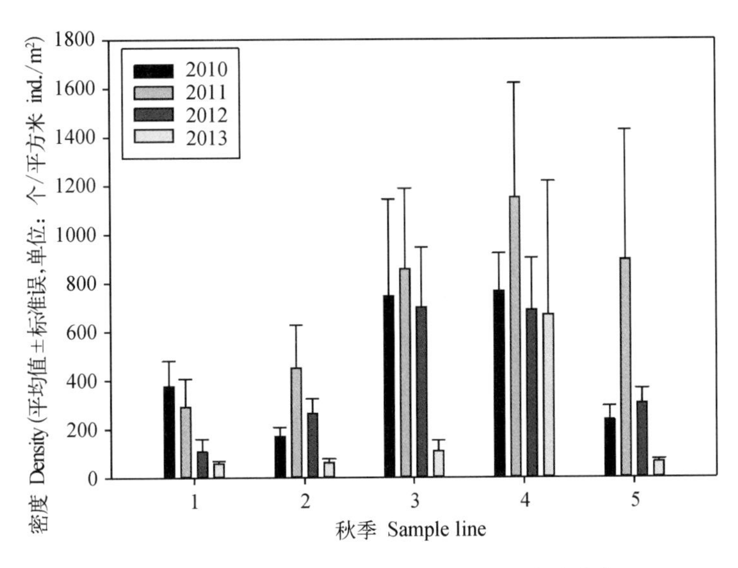

图4.25 2010～2013年各样线上秋季密度变化

表4.15 五条样线2010～2013年秋季密度(平均值 ± 标准误,单位：个/m²)

样线	年份（秋季）				
	2010	2011	2012	2013	*P*
1	377.45 ± 102.56	292.52 ± 113.52	106.94 ± 53.3	58.92 ± 8.24	0.070
2	169.85 ± 38.39	450.84 ± 176.18	264.21 ± 60.17	61.06 ± 15.31	0.064
3	746.51 ± 397.68	857.64 ± 330.94	698.28 ± 248.45	106.96 ± 45.35	0.037
4	767.48 ± 153.22	1 151.21 ± 469.26	688.84 ± 213.39	668.67 ± 548.05	0.005
5	236.95 ± 56.71	895.39 ± 532.9	304.05 ± 63.33	62.81 ± 13.19	0.130

4.3.3 游泳动物

1）采样地点

在崇明东滩鸟类自然保护区小南港和团结沙潮间带各选择一条潮沟(见104页图4.26),分别于2013年5月(春季)、10月(秋季)利用插网(fyke net)进行鱼类采样。

2）2013年鱼类组成

2013年共采集到鱼类6 139尾,总重25.3 kg,隶属6目、9科、21种。依据鱼类的生态类型,河口定居种和海洋洄游种较多。河口定居种主要由虾虎鱼科种类组成,海洋洄游种以鲻形目种类较多。(见104页表4.16)

物种多度排列曲线显示5月鱼类优势种类多于10月,小南港潮沟鱼类优势种类多于团结沙潮沟。(见105页图4.27)我们定义相对重要性指数大于200为优势种。本次监测期

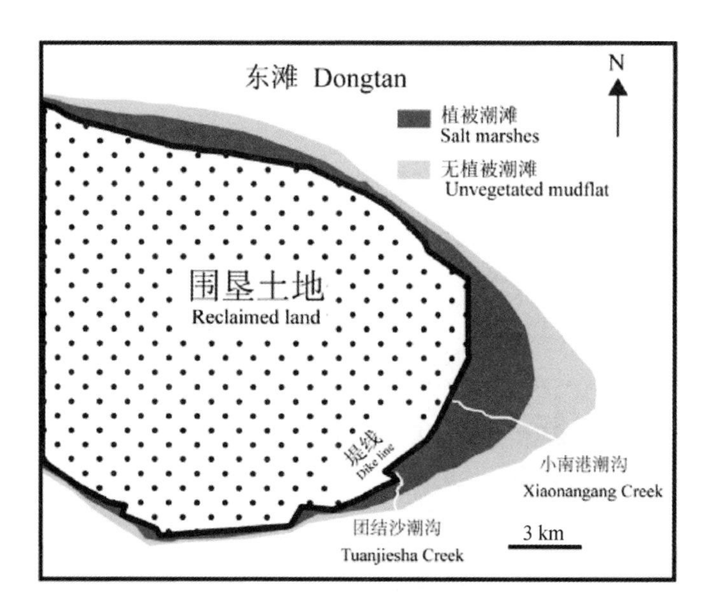

图4.26 2009～2013年崇明东滩鸟类自然保护区鱼类监测地点

表4.16 2013年崇明东滩鸟类自然保护区小南港与团结沙潮沟捕获鱼类物种名录和生态类群

目	科	种	生态类群
鳗鲡目 Anguilliformes	鳗鲡科 Anguillidae	日本鳗鲡 *Anguilla japonica*	溯河洄游
刺鱼目 Gasterosteiformes	海龙科 Syngnathidae	尖海龙 *Syngnathus acus*	海洋洄游
鲤形目 Cypriniformes	鲤科 Cyprinidae	贝氏䱗 *Hemiculter bleekeri*	淡水偶见
		鲫 *Carassius auratus*	淡水偶见
鲤齿目 Cyprinodontiformes	花鳉科 Poeciliidae	食蚊鱼 *Gambusia affinis*	淡水偶见
鲻形目 Mugiliformes	鲻科 Mugilidae	鲅 *Chelon haematocheilus*	海洋洄游
		鲻 *Mugil cephalus*	海洋洄游
	马鲅科 Polynemidae	四指马鲅 *Eleutheronema rhadinum*	海洋洄游
鲈形目 Perciformes	花鲈科 Lateolabracidae	花鲈 *Lateolabrax maculatus*	海洋洄游
	金钱鱼科 Scatophagidae	金钱鱼 *Scatophagus argus*	海洋洄游
	虾虎鱼科 Gobiidae	阿部鲻虾虎鱼 *Mugilogobius abei*	河口定居

续　表

目	科	种	生态类群
鲈形目 Perciformes	虾虎鱼科 Gobiidae	斑尾复虾虎鱼 *Synechogobius ommaturus*	河口定居
		大鳍弹涂鱼 *Periophthalmus magnuspinnatus*	河口定居
		大弹涂鱼 *Boleophthalmus pectinirostris*	河口定居
		多鳞鲻虾虎鱼 *Calamiana polylepis*	河口定居
		拉氏狼牙虾虎鱼 *Odontamblyopus lacepedii*	河口定居
		弹涂鱼 *Periophthalmus modestus*	河口定居
		纹缟虾虎鱼 *Tridentiger trigonocephalus*	河口定居
		棕刺虾虎鱼 *Acanthogobius luridus*	河口定居
		青弹涂鱼 *Scartelaos viridis*	河口定居
		爪哇拟虾虎鱼 *Pseudogobius javanicus*	河口定居

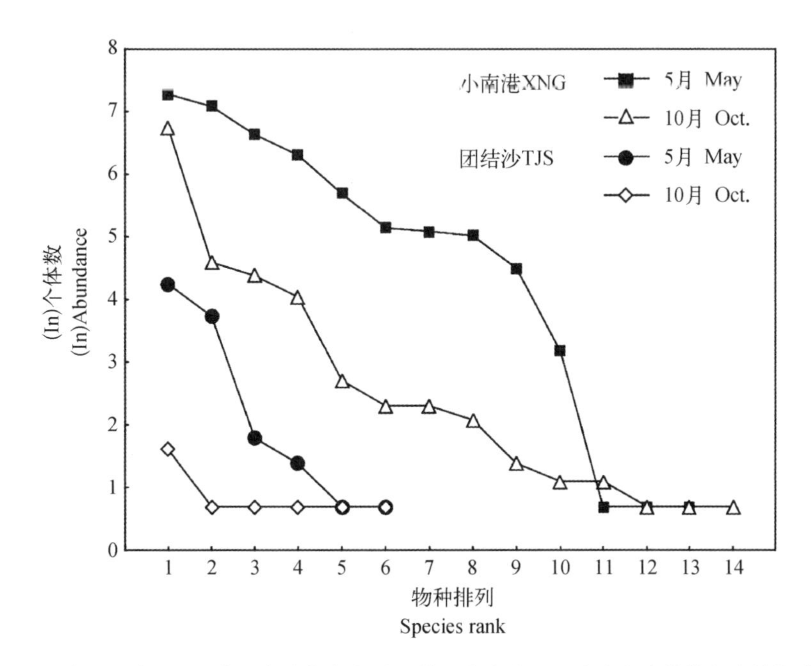

图4.27　2013年5月与10月崇明东滩鸟类自然保护区小南港和团结沙潮沟捕获鱼类的物种多度排列曲线

间的 7 种优势鱼类是大弹涂鱼 *Boleophthalmus pectinirostris*、花鲈 *Lateolabrax maculatus*、阿部鲻虾虎鱼 *Mugilogobius abei*、鲅 *Chelon haematocheilus*、大鳍弹涂鱼 *Periophthalmus magnuspinnatus*、弹涂鱼 *Periophthalmus modestus*、拉氏狼牙虾虎鱼 *Odontamblyopus lacepedii* 和纹缟虾虎鱼 *Tridentiger trigonocephalus*。其中，花鲈和鲅是长江口主要经济鱼类。（表4.17）

表4.17　2013年崇明东滩鸟类自然保护区小南港与团结沙潮沟捕获鱼类物种的个体数、生物量与相对重要性指数

中文名 Chinese name	学名 Scientific name	个体数 Abundance	生物量（克） Biomass（g）	相对重要性 指数 IRI
大弹涂鱼	*Boleophthalmus pectinirostris*	1 551	14 284.8	5 695.69
花鲈	*Lateolabrax maculatus*	1 265	785.71	1 340.68
阿部鲻虾虎鱼	*Mugilogobius abei*	1 142	377.7	1 136.04
鲅	*Chelon haematocheilus*	807	356.68	759.60
大鳍弹涂鱼	*Periophthalmus magnuspinnatus*	559	2 223.54	934.83
弹涂鱼	*Periophthalmus modestus*	230	198.6	256.25
拉氏狼牙虾虎鱼	*Odontamblyopus lacepedii*	174	4 473.81	804.68
纹缟虾虎鱼	*Tridentiger trigonocephalus*	170	1 191.79	390.90
斑尾复虾虎鱼	*Synechogobius ommaturus*	103	198.49	150.01
鲻	*Mugil cephalus*	80	1 022.73	139.73
爪哇拟虾虎鱼	*Pseudogobius javanicus*	33	7.18	17.23
食蚊鱼	*Gambusia affinis*	6	1.3	1.34
棕刺虾虎鱼	*Acanthogobius luridus*	5	10.68	1.61
鲫	*Carassius auratus*	2	21.24	1.02
四指马鲅	*Eleutheronema rhadinum*	2	44.57	1.82
尖海龙	*Syngnathus acus*	2	1.14	0.32
青弹涂鱼	*Scartelaos viridis*	2	1.81	0.17
多鳞鲻虾虎鱼	*Calamiana polylepis*	2	0.68	0.15
日本鳗鲡	*Anguilla japonica*	2	25.25	0.58
贝氏䱗	*Hemiculter bleekeri*	1	0.27	0.08
金钱鱼	*Scatophagus argus*	1	5.38	0.16

3）鱼类年际变化

2013年监测结果与前几年（2009年、2010年、2011年、2012年）的鱼类监测结果相比，鱼类的总个体数和总生物量比较接近（2010年：6 746尾，10.5 kg；2012年：7 244尾，重25.7 kg；2013年：6 139尾，重25.3 kg），但是鱼类的物种数有明显的下降（2010年：10目、14科、31种；2012年：8目、11科、24种；2013年：6目、9科、21种）；此外，2013年调查结果显示小南港鱼类群落昼夜差异显著，但是团结沙鱼类群落的昼夜差异不显著，这与前面三年的调查结果并不一致，鱼类群落结构特征的变化在一定程度上反映了崇明东滩鸟类自然保护区生境特征的变化。

4.4 生态修复工程施工期的水生动物资源状况

2013年，"崇明东滩生态修复项目"开始了全面施工（马强，等，2017），我们于2013～2015年期间对工程区局部试点区域进行了底栖动物和鱼类的调查。由于受到施工期的干扰，结果可能并不能代表该生态治理工程对水生动物资源的影响，但为未来工程全面结束后开展水生动物群落的恢复，即水鸟饵料生物资源的恢复提供依据。

4.4.1 底栖动物

1）采样地点

2012年10月、2013年5月以及2013年10月，在B1、B2、B3、B4和B5区，每个区域选择三个固定采样点，调查环境因子和底栖动物群落在优化前后的变化。具体样点设置如图4.28所示。

2012年10月在优化区外围邻近植被区选取8个采样点，作为植被和光滩参考点，用于计算底栖生物完整性指数（Benthic index of biotic integrity，简称B-IBI指数）。

2）底栖动物多样性演变

三次监测共记录到大型底栖动物16种，分属6个类群，其中纽形动物1种，多毛类1种，腹足类8种，双壳类1种，甲壳类2种，昆虫类3种。（见109页表4.18）2012年10月采集到13种，2013年5月采集

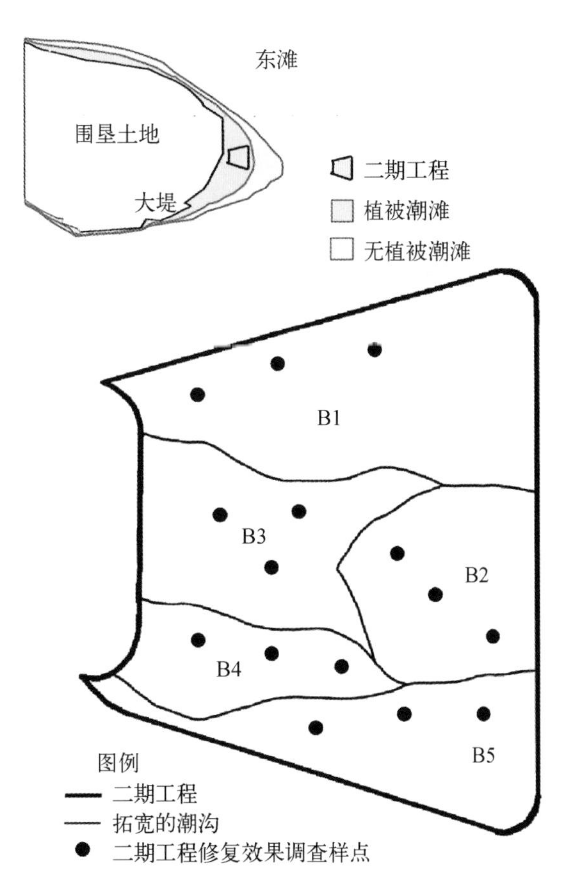

图4.28 水鸟栖息地优化区的生物多样性和生态系统综合评估采样图

到9种，2013年10月采集到7种。与2012年10月和2013年5月的结果相比，2013年10月优化区底栖动物种类减少。除了物种种类数的变化外，优化区的优势物种也发生了改变。2012年10月的样品中优势物种为绯拟沼螺（*Assiminea latericera*），密度为488.08 ind./m^2。2013年春季样品的优势物种为多毛类的丝异须虫（*Heteromastus filiforms*），密度为265.26 ind./m^2，秋季样品的优势物种为腹足类的中华拟蟹守螺，密度达到456.24 ind./m^2。

从优化区的不同区域来看，B1区和B3区多样性下降明显。B1区在2012年10月采样共记录到8种，而2013年10月仅有2种。B3区不仅物种种类数在下降，物种的密度也在下降。如样品中密度较高的中华拟蟹守螺（*Cerithidea sinensis*）和尖锥拟蟹守螺（*Cerithidea largillierli*）的密度由2012年10月的31.83 ind./m^{2}下降到了2013年10月的10.61 ind./m^2。（见109页表4.18）

腹足纲为优化区底栖动物群落的优势类群。与2012年10月和2013年5月相比，2013年10月B1区、B3区的底栖动物总密度与优势类群腹足纲的密度呈下降趋势，与物种种类数和优势物种的变化一致。B2区、B4区则呈上升趋势。如B2区的大型底栖动物总密度在2012年10月采样中密度为84.93 ind./m^2，一年后上升到329.09 ind./m^2。B5区的变化则呈现显著的季节变化，底栖动物总密度和优势类群的密度在2013年5月采样中显著低于两次秋季采样。（见111页图4.29）

综合分析，整个优化区大型底栖动物的原有生存环境发生了较大改变，其群落结构也发生了很大变化，主要表现为原有底栖动物种类明显减少，优势种种类发生变化。B1区和B3区物种密度与多样性呈明显下降趋势，群落结构极不稳定。在后期管理中，可适当从相邻自然芦苇植被中选择对环境变化较不敏感的底栖动物群落转移到示范区，帮助底栖动物进行群落的自我恢复。

3）底栖生物完整性评价

根据参照点B-IBI指数值的50％分位数值，确定健康标准（Diaz, et al, 2003），对＜50％分位数值的分布范围进行四等分，确定优化区B-IBI指数值的健康评价标准（见111页表4.19）。

水鸟栖息地优化区位于河流生态系统和海洋生态系统的生态交错带。大型底栖动物作为该区域重要的生物群落，它的生物学、生态学和生理学特征是反映该区域生态系统质量的重要指标，基于其群落结构特征而构建的底栖动物完整性指数（B-IBI指数）也是应用最为广泛的水生生态系统的健康评价指标之一。

根据评价标准，对水鸟栖息地优化五个区域三次采样的底栖生物完整性状况进行评价。结果表明，从2012年10月到2013年10月，B1、B3区的B-IBI指数下降，表明由底栖生物完整性代表的生态系统健康程度呈下降趋势，但由于初始基数较大，2013年10月的结果仍然达到亚健康水平（见112页图4.30）。B2和B5区的B-IBI指数在中间波动后略有升高，表明实施浅滩营造工程以及种植水稻后，底栖生物完整性正在逐渐恢复，但生态系统健康等级仍未达到健康标准，与邻近的自然滩涂和自然植被区参考点仍有较大差距。B4区则略有下降，但变化不显著。

表4.18 优化区不同区域底栖动物群落物种组成、分布及多度

注：* 0 ～ 5 ind./m^2；** 5 ～ 10 ind./m^2；*** 10 ～ 50 ind./m^2；**** 50 ～ 100 ind./m^2

物种	2012年10月					2013年5月					2013年10月				
	B1区	B2区	B3区	B4区	B5区	B1区	B2区	B3区	B4区	B5区	B1区	B2区	B3区	B4区	B5区
纽形动物 Nemertea															
纽虫一种 *Nemertini* sp.	—	**	—	—	—	—	—	—	—	—	—	—	—	—	—
多毛类 Polychaeta															
丝异须虫 *Heteromastus filiforms*	—	—	—	—	*	***	****	***	—	—	—	—	—	—	—
腹足类 Gastropoda															
绯拟沼螺 *Assiminea latericera*	***	**	**	***	****	—	—	—	***	—	—	**	*	**	****
堇拟沼螺 *Assiminea violacea*	****	—	—	**	*	***	—	***	—	—	—	—	—	—	—
中华拟蟹守螺 *Cerithidea sinensis*	**	***	**	—	*	—	**	—	*	—	*	****	*	***	***
尖锥拟蟹守螺 *Cerithidea largillierli*	—	—	**	*	**	—	—	—	*	*	—	**	*	*	**
光滑狭口螺 *Stenothyra glabra*	—	—	—	—	—	—	—	—	—	—	—	—	—	*	—
锦蜒螺 *Nerita polita*	—	—	—	—	—	—	—	—	—	—	—	—	*	—	—
中华伪露齿螺 *Pseudoringicula sinensis*	—	—	**	*	—	—	—	—	**	—	—	—	—	—	**
瘤背石磺 *Onchidium struma*	—	—	—	—	—	—	—	—	**	—	—	—	—	—	—
双壳类 Bivalvia															
缢蛏 *Sinonovacula constricta*	*	—	—	—	—	—	—	—	—	—	—	—	—	—	—

续 表

物　　种	2012 年 10 月					2013 年 5 月					2013 年 10 月				
	B1 区	B2 区	B3 区	B4 区	B5 区	B1 区	B2 区	B3 区	B4 区	B5 区	B1 区	B2 区	B3 区	B4 区	B5 区
甲壳类 Crustacea															
团水虱科一种 *Sphaeromatidae* sp.	—	—	**	—	—	—	—	—	—	—	—	—	—	—	—
无齿螳臂相手蟹 *Chiromantes dehaani*	***	—	*	—	—	—	—	*	*	—	*	—	—	—	—
昆虫类 Insect															
摇蚊幼虫 *Chironomidae* larvae	*	—	—	—	—	—	—	**	—	—	—	—	—	—	—
革翅目昆虫 Dermaptera	*	—	—	—	—	—	—	—	—	—	—	—	—	—	—
昆虫幼体 Insect larvae	*	—	*	—	—	—	—	—	—	—	—	—	—	—	—

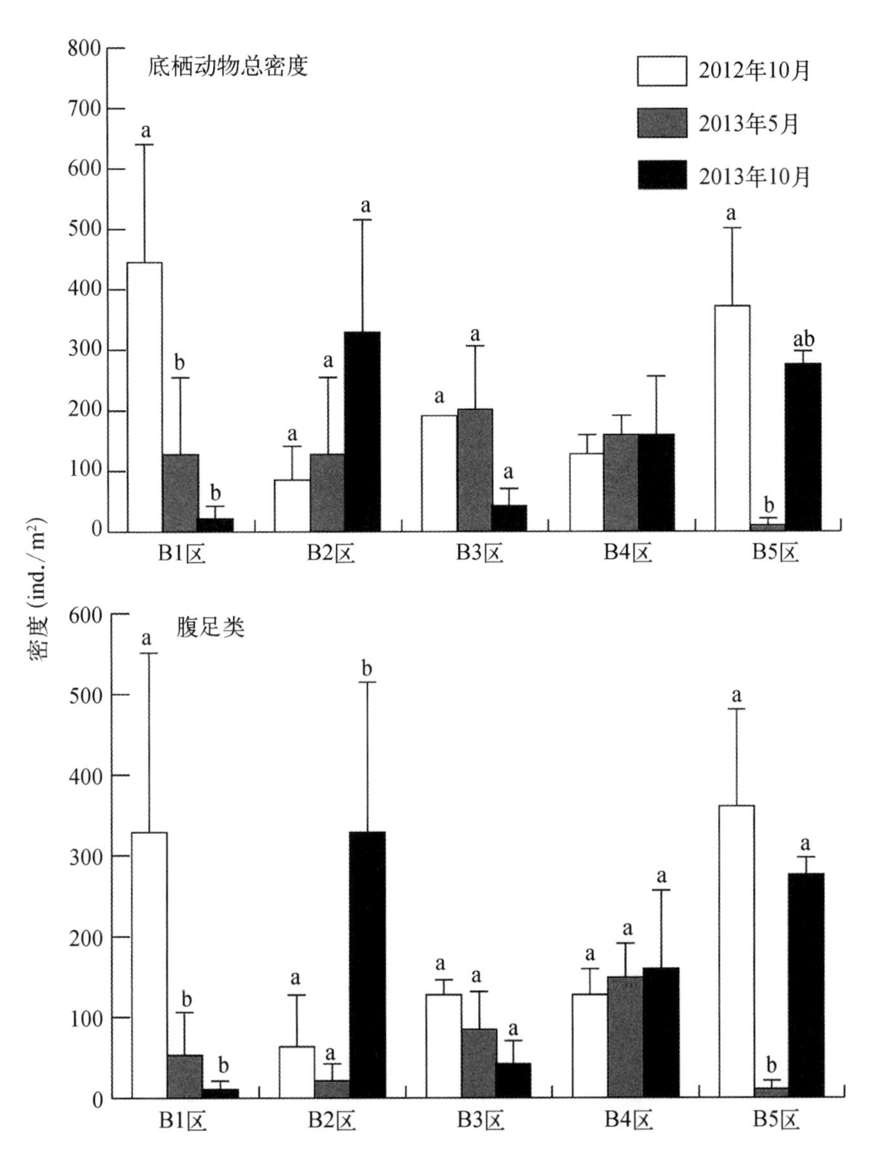

图4.29　优化区不同区域底栖动物总密度与优势类群密度(平均值 ± 标准误，单位：ind./m^2)不同的小写字母(a,b)表示各点之间存在显著性差异(P < 0.05)

表4.19　水鸟栖息地优化区底栖动物完整性评价标准

健康等级	健　康	亚健康	一　般	差	极　差
B-IBI指数	> 3.42	2.57 ～ 3.42	1.71 ～ 2.57	0.86 ～ 1.71	< 0.86

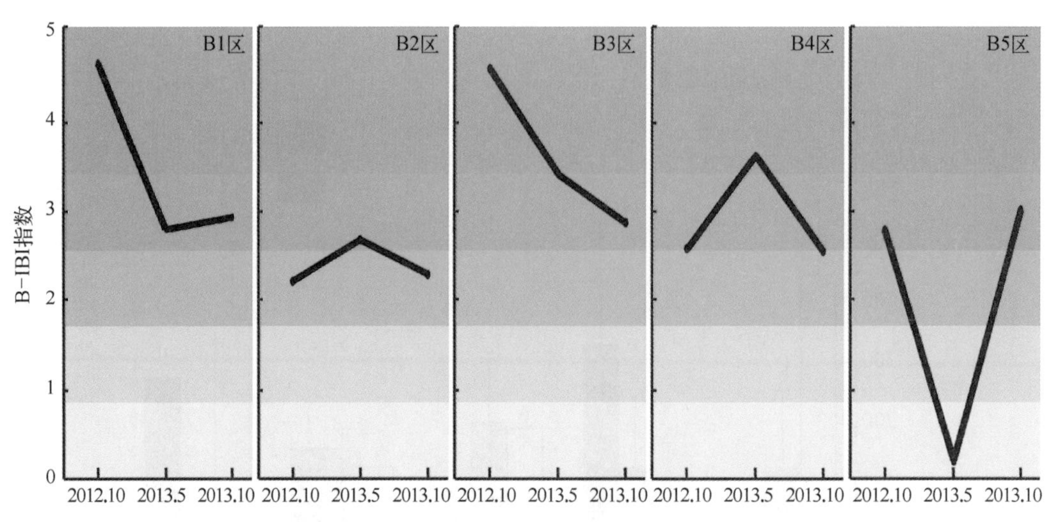

图4.30 优化区不同区域B-IBI指数，颜色由浅及深表示由邻近植被区域和光滩区域作为参考点建立的生态系统健康评价标准（极差、较差、一般、亚健康与健康）

4.4.2 游泳动物

1）采样地点

2013年、2014年、2015年对上海崇明东滩互花米草治理工程项目一期（2011年完工）、二期（2012年完工）区域以及三期（尚在建设、途中红线区域标记为中试区域位于三期）中的水道以及浅水滩涂区域进行调查，掌握该区域内鱼类、虾类、蟹类等游泳动物的渔业资源状况（图4.31）。

图4.31 各站位分布情况

（数字1～8及字母A、B、C、D为调查站位。红线区域为中试围隔区域）

2）种类组成

2013～2014年崇明东滩鸟类保护区渔业资源调查，捕获鱼类15种，隶属于辐鳍亚纲分属3目（鲤形目，鲈形目，鲱形目）6亚目8科15属（见表4.20，114页图4.32），其中主要经济种类11种，占总种数的73.3%。

表4.20　2013～2014年崇明东滩渔业资源调查鱼类名录

种　类	站　点							
	1	2	3	4	5	6	7	8
Ⅰ鲤形目 Cypriniformes								
1. 鲤科 Cyprinidae								
鲫 *Carassius auratus*	+	+	+		+	+		+
翘嘴红鲌 *Erythroculter ilishaeformis*	+					+	+	
鳊 *Parabramis pekinensis*	+	+	+	+	+	+	+	
鳘 *Hemiculter leucisculus*	+		+	+	+			+
麦穗鱼 *Pseudorasbora parva*	+							
鲢 *Hypophthalmichthys molitrix*						+		
似鳊 *Pseudobrama simoni*				+				
2. 鳅科 Cobitidae								
泥鳅 *Misgurnus anguillicaudatus*	+							
Ⅱ鲈形目 Perciformes								
3. 鮨科 Serranidae								
花鲈 *Lateolabrax maculatus*			+	+		+		+
4. 鳢科 Channoidae								
乌鳢 *Channa argus*		+		+				
5. 鲻科 Mugilidae								
鲻 *Mugil cephalus*	+	+	+		+			
鲅 *Liza haematocheila*	+	+	+	+	+			+

续 表

种　　类	站点							
	1	2	3	4	5	6	7	8
6. 虾虎鱼科 Gobiidae								
斑尾刺虾虎鱼 *Acanthogobius ommaturus*	+	+	+	+	+	+	+	+
7. 马鲅科 Polynemidae								
四指马鲅 *Eleutheronema tetradactylum*	+							+
三、鲱形目 Clupeiformes								
8. 鳀科 Engraulidae								
刀鲚 *Coilia macrognatnos*	+						+	

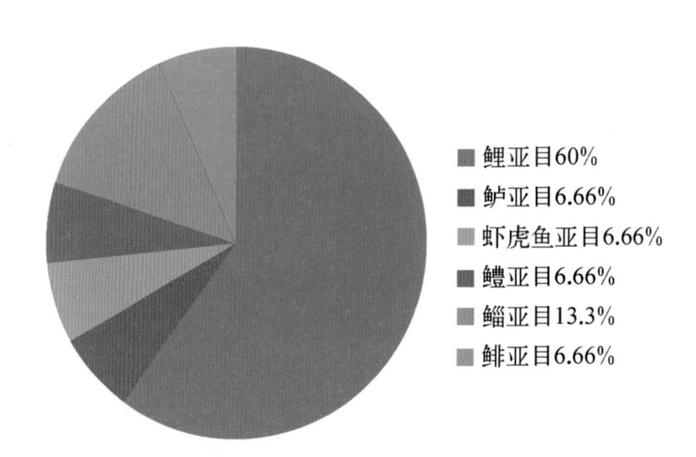

图4.32　崇明东滩湿地鱼类种类

崇明东滩湿地渔获物鱼类15种，总渔获量为110.5 kg，主要经济种类11种为翘嘴红鲌、鲫、鳊、花鲈、乌鳢、麦穗鱼、泥鳅、鲢、鮻、鲻和长颌鲚，占总种数的73.3%，占渔获鱼类总重量的95.5%。

2013年秋季至2014年冬季在崇明东滩互花米草治理工程项目一期、二期区域共渔获27种，其中鱼类16种、虾类4种、蟹类3种、贝类4种。主要经济种类共14种。（见119 ～ 126页表4.22 ～表4.37）

从渔获物的优势种组成上来看，主要以杂食性的鲫、鳊鱼、斑尾刺虾虎鱼，和植食、腐屑食性的鲻、鮻为主。翘嘴红鲌、花鲈、刀鲚、四指马鲅仅在2013年二期区域内捕获，一方面由于其对水体盐度要求较高，随着区域内盐度逐渐降低使之不能很好地适应环境；另一方面由于环境变化，鱼虾物种组成发生变化，如花鲈、翘嘴红鲌、刀鲚等鱼虾食性鱼的天然饵料匮乏也是其减少的原因。

表4.21　崇明东滩渔业资源种类结构

2013年

分类	种名	调查季节		调查方式 Ⅰ：刺网 Ⅱ：地笼 Ⅲ：其他			调查站位							
顺序		2013年秋	2013年冬	Ⅰ	Ⅱ	Ⅲ	1	2	3	4	5	6	7	8
1	中华绒螯蟹	√		√					√					
2	无齿相手蟹	√			√			√		√				
3	天津厚蟹	√			√			√		√				
4	脊尾白虾	√			√			√	√	√				
5	秀丽白虾	√			√			√	√	√				
6	日本沼虾	√		√	√			√		√				
7	南面白对虾	√		√	√			√	√	√			√	
8	中华拟蟹守螺	√				√						√	√	√
9	中国绿螂	√				√						√	√	
10	河蚬	√				√			√	√		√	√	
11	翘嘴红鲌	√		√			√		√				√	
12	斑尾刺虾虎鱼	√	√	√	√			√	√	√	√			

续 表

分类	种　名	调查季节		调查方式 Ⅰ：刺网 Ⅱ：地笼 Ⅲ：其他			调　查　站　位							
顺序		2013年秋	2013年冬	Ⅰ	Ⅱ	Ⅲ	1	2	3	4	5	6	7	8
13	花鲈	√		√	√				√	√		√		√
14	鳊	√	√	√				√	√		√	√	√	√
15	鲫	√	√	√	√			√	√	√	√	√	√	√
16	鮻	√	√	√					√	√		√	√	
17	鲻	√	√	√				√				√		
18	四指马鲅	√		√										√
19	刀鲚	√		√									√	
20	乌鳢	√			√			√						
21	鰲	√			√			√	√	√				
22	麦穗鱼	√			√					√				

续　表

2014年

分类	种　名	调查季节				调查方式 Ⅰ：刺网、旋网 Ⅱ：地笼 Ⅲ：其他			调　查　站　位											
顺序		春	夏	秋	冬	Ⅰ	Ⅱ	Ⅲ	1	2	3	4	5	6	7	8	A	B	C	D
1	中华绒螯蟹	√	√																	
2	无齿相手蟹	√	√	√		√	√		√	√	√	√	√		√	√	√	√		√
3	天津厚蟹	√	√	√			√		√	√	√	√	√		√	√	√	√		√
4	脊尾白虾	√	√	√			√			√		√	√	√	√	√	√		√	√
5	秀丽白虾	√		√			√				√	√	√			√	√			
6	日本沼虾	√	√	√			√				√	√	√			√	√			
7	南面白对虾			√			√			√										
8	梨形环棱螺		√				√	√	√				√							√
9	中华拟蟹守螺	√	√	√	√			√						√	√	√		√	√	√
10	中国绿螂	√	√	√				√						√	√				√	
11	河蚬	√	√					√		√			√	√		√		√	√	
12	翘嘴红鲌																			
13	斑尾刺虾虎鱼	√	√	√		√	√		√				√	√	√	√	√	√	√	
14	花鲈																			

续 表

分类	种名	调查季节				调查方式 Ⅰ：刺网、旋网 Ⅱ：地笼 Ⅲ：其他			调查站位											
顺序		春	夏	秋	冬	Ⅰ	Ⅱ	Ⅲ	1	2	3	4	5	6	7	8	A	B	C	D
15	鳊	√	√	√		√	√				√			√	√		√			
16	鲫	√	√	√		√	√			√	√						√		√	√
17	鲮		√	√			√										√			
18	鲻		√				√										√			
19	四指马鲅																			
20	刀鲚																			
21	乌鳢																			
22	鳘	√				√	√										√			
23	麦穗鱼																			
24	似鳊	√	√			√						√								
25	泥鳅	√				√											√			
26	鲢		√			√								√		√				

表 4.22　2013年秋季刺网调查渔获统计

种　类	渔获量	渔获率	渔获尾数	尾数渔获率	平均体重	体长范围	体重范围
	kg	kg/hah	尾数	尾 /hah	g/ 尾	mm	g
翘嘴红鲌	2.60	54.28	4	83.50	650.00	280～490	245～1 315
斑尾刺虾虎鱼	0.18	3.65	10	208.75	17.50	115～125	15～25
花鲈	1.39	29.02	4	83.50	347.50	175～315	75～555
鳊	3.46	72.23	32	668.00	108.13	165～215	60～270
鲫 鲮 鲻 四指马鲅	2.07	43.21	29	605.38	71.38	120～225	45～250
刀鲚	2.98	62.10	5	104.38	595.00	310～420	400～1 050
合计	2.06	43.00	3	62.63	686.67	270～420	505～1 220

表4.23　2013年冬季刺网调查渔获统计

种　类	渔获量	渔获率	渔获尾数	尾数渔获率	平均体重	体长范围	体重范围
	kg	kg/hah	尾数	尾 /hah	g/ 尾	mm	g
鲻	3.55	74.11	2.00	41.75	1 770.00	455～523	1 505～2 040
鲮	7.74	161.57	2.00	41.75	1 935.00	450～563	1 220～2 310
合计	11.29	235.68	4.00	83.50	—	—	—

表4.24　2014年春季刺网调查渔获统计

种　类	渔获量	渔获率	渔获尾数	尾数渔获率	平均体重	体长范围	体重范围
	kg	kg/hah	尾数	尾 /hah	g/ 尾	mm	g
似鳊	0.02	0.42	3	62.63	5.60	90～100	5～6
虾虎鱼	0.32	6.68	7	146.13	45.00	60～295	5～80
鳊	2.21	46.13	20	417.50	110.50	160～260	30～160
鰲	0.22	4.59	19	396.63	11.40	85～150	7～31

续 表

种　类	渔获量	渔获率	渔获尾数	尾数渔获率	平均体重	体长范围	体重范围
	kg	kg/hah	尾数	尾 /hah	g/ 尾	mm	g
鲫	0.22	4.59	7	146.13	31.40	110 ~ 165	10 ~ 60
泥鳅	0.01	0.21	2	41.75	6.50	140 ~ 170	6 ~ 8
合计	3.00	62.63	58	1 210.75	—	—	—

表4.25　2014年夏季刺网、旋网调查渔获统计

种　类	渔获量	渔获率	渔获尾数	尾数渔获率	平均体重	体长范围	体重范围
	kg	kg/hah	尾数	尾 /hah	g/ 尾	mm	g
似鳊	0.02	0.42	3	62.63	5.60	90 ~ 100	5 ~ 6
鳊	0.46	9.60	3	62.63	153.00	200 ~ 210	130 ~ 185
鲫	0.61	12.73	5	104.38	122.00	140 ~ 165	90 ~ 165
鮻	0.50	10.44	1	20.88	495.00	305.00	495.00
鲻	0.50	10.44	1	20.88	500.00	315.00	500.00
鲢	1.65	34.44	1	20.88	1 645.00	460.00	1 645.00
天津厚蟹	0.62	12.94	57	1 189.88	10.91	22 ~ 30	6.52 ~ 16.67
无齿相手蟹	0.86	17.95	55	1 148.13	15.54	22 ~ 36	8.95 ~ 35.08
合计	5.22	108.97	126	2 630.25	—	—	—

表4.26　2014年秋季刺网调查渔获统计

种　类	渔获量	渔获率	渔获尾数	尾数渔获率	平均体重	体长范围	体重范围
	kg	kg/hah	尾数	尾 /hah	g/ 尾	mm	g
鲫	3.15	65.76	43	897.63	73.26	120 ~ 150	60 ~ 90
鳊	4.24	88.51	39	814.13	108.72	235.00	240.00
斑尾刺虾虎鱼	0.39	8.10	18	375.75	21.56	115 ~ 125	15 ~ 25

续　表

种　类	渔获量	渔获率	渔获尾数	尾数渔获率	平均体重	体长范围	体重范围
	kg	kg/hah	尾数	尾 /hah	g/ 尾	mm	g
鲮	2.74	57.20	4	83.50	685.00	365.00	740.00
合计	10.52	219.56	104	2 171.00	—	—	—

表4.27　2014年冬季刺网调查渔获统计

种　类	渔获量	渔获率	渔获尾数	尾数渔获率	平均体重	体长范围	体重范围
	kg	kg/hah	尾数	尾 /hah	g/ 尾	mm	g
鲫	0.54	11.27	13	271.38	41.54	120～150	60～90
鳊	1.19	24.84	21	438.38	56.67	235.00	240.00
斑尾刺虾虎鱼	0.10	2.05	6	125.25	16.33	98～143	10～31
鲻	0.72	15.03	1	20.88	720.00	367.00	720
鲮	2.74	57.20	4	83.50	685.00	318～357	482～740
合计	5.29	110.39	45	939.38	—	—	—

表4.28　2015年春季刺网调查渔获统计

种　类	渔获量	渔获率	渔获尾数	尾数渔获率	平均体重	体长范围	体重范围
	kg	kg/hah	尾数	尾 /hah	g/ 尾	mm	g
鲫	0.97	20.23	11.00	229.63	88.09	140 ~ 290	4～410
斑尾刺虾虎鱼	0.74	15.34	57.00	1 189.88	12.89	50 ~ 350	1～102
鳊	8.62	179.94	40.00	835.00	215.50	300 ~ 390	250～770
鲻	2.43	50.73	1.00	20.88	2 430.00	620	2 430
鲮	7.70	160.74	4.00	83.50	1 925.00	500 ~ 630	1 440～2 740
乌鳢	0.64	13.36	1.00	20.88	640.00	390	640
合计	21.09	440.34	114.00	2 379.75	—	—	—

表4.29 2015年夏季刺网调查渔获统计

种 类	渔获量	渔获率	渔获尾数	尾数渔获率	平均体重	体长范围	体重范围
	kg	kg/hah	尾数	尾 /hah	g/ 尾	mm	g
鲫	3.07	64.09	38.00	793.25	80.79	95 ~ 235	13 ~ 225
鳊	0.48	10.02	7.00	146.13	68.57	300 ~ 390	250 ~ 770
乌鳢	6.79	141.74	5.00	104.38	1 358.00	470 ~ 640	930 ~ 2 650
鲮	0.33	6.89	1.00	20.88	330.00	250	330
合计	10.67	222.74	51.00	1 064.63	—	—	—

表4.30 2013年秋季地笼网调查渔获统计

种 类	渔获量	渔获率	渔获尾数	尾数渔获率	平均体重	体长范围	体重范围
	kg	kg/ 笼	尾数	尾 / 笼	g/ 尾	mm	g
中华绒螯蟹	0.067	0.033 5	1	0.5	67	47	67
无齿相手蟹	0.072	0.036	3	1.5	24	28 ~ 33	18.8 ~ 29.8
天津厚蟹	0.14	0.07	11	5.5	12.72	18 ~ 27	6.74 ~ 18.35
脊尾白虾	0.324	0.162	192	96	1.67	38 ~ 45	1.22 ~ 1.75
秀丽白虾	0.201	0.100 5	193	96.5	1.04	33 ~ 42	0.76 ~ 1.47
日本沼虾	0.013	0.006 5	5	2.5	2.66	39 ~ 52	1.50 ~ 4.06
南美白对虾	0.016	0.008	6	3	2.73	54 ~ 58	2.21 ~ 3.43
鲫	0.337	0.168 5	31	15.5	10.87	35 ~ 190	2 ~ 205
斑尾刺虾虎鱼	1.334	0.667	67	33.5	19.9	101 ~ 155	10 ~ 370
花鲈	0.208	0.104	1	0.5	208	228	208
乌鳢	0.022	0.011	1	0.5	22	124	22
鳌	0.58	0.29	22	11	26.4	65 ~ 190	4 ~ 28
麦穗鱼	0.01	0.005	1	0.5	10	80	10
合计	3.324	1.662	534	267	—	—	—

表4.31　2013年冬季地笼网调查渔获统计

种　类	渔获量	渔获率	渔获尾数	尾数渔获率	平均体重	体长范围	体重范围
	kg	kg/笼	尾数	尾/笼	g/尾	mm	g
鲫	0.089	0.044 5	5	2.5	18	55～142	7～50
斑尾刺虾虎鱼	1.49	0.745	38	19	38	123～224	15～75
鳊	0.125	0.062 5	3	1.5	113	186～197	90～125
合计	1.704	0.852	46	23	—	—	—

表4.32　2014年春季地笼网调查渔获统计

种　类	渔获量	渔获率	渔获尾数	尾数渔获率	平均体重	体长范围	体重范围
	kg	kg/笼	尾数	尾/笼	g/尾	mm	g
脊尾白虾	0.021	0.010 5	22	11	0.96	29～46	0.39～1.28
秀丽白虾	0.03	0.015	50	25	0.6	20～48	0.12～1.43
日本沼虾	0.012	0.006	13	6.5	0.9	28～47	0.27～1.94
天津厚蟹	0.469	0.234 5	43	21.5	10.9	22～30	7.02～17.48
无齿相手蟹	0.252	0.126	13	6.5	19.38	26～34	11.41～30.22
合计	0.784	0.392	141	70.5	—	—	—

表4.33　2014年夏季地笼网调查渔获统计

种　类	渔获量	渔获率	渔获尾数	尾数渔获率	平均体重	体长范围	体重范围
	kg	kg/笼	尾数	尾/笼	g/尾	mm	g
脊尾白虾	0.003	0.001 5	2	1	1.47	45～47	1.43～1.51
日本沼虾	0.009	0.004 5	5	2.5	1.75	39～62	1.17～4.31
梨形环棱螺	0.187	0.093 5	76	38	2.46	—	—
天津厚蟹	0.225	0.112 5	21	10.5	10.71	22～30	6.53～18.12

续 表

种 类	渔获量	渔获率	渔获尾数	尾数渔获率	平均体重	体长范围	体重范围
	kg	kg/笼	尾数	尾/笼	g/尾	mm	g
无齿相手蟹	2.541	1.270 5	163	81.5	15.59	22 ~ 36	7.08 ~ 35.73
合计	2.965	1.482 5	267	133.5	—	—	—

表4.34 2014年秋季地笼网调查渔获统计

种 类	渔获量	渔获率	渔获尾数	尾数渔获率	平均体重	体长范围	体重范围
	kg	kg/笼	尾数	尾/笼	g/尾	mm	g
鲫	0.006 8	0.003 4	2	1	3.41	43 ~ 45	2.8 ~ 4.0
斑尾刺虾虎鱼	0.622 6	0.311 3	79	39.5	8.22	60 ~ 175	10 ~ 20
无齿相手蟹	5.133 4	2.566 7	276	138	18.6	22 ~ 36	9.8 ~ 36.6
天津厚蟹	0.661 2	0.330 6	54	27	12.24	21 ~ 35	4.8 ~ 19.2
脊尾白虾	0.621 3	0.310 65	395	197.5	1.57	38 ~ 76	0.6 ~ 4.8
秀丽白虾	0.011	0.005 5	6	3	1.83	41 ~ 54	0.9 ~ 3.1
日本沼虾	0.011 74	0.005 87	3	1.5	3.91	38 ~ 68	2.9 ~ 7.1
合计	7.068 04	3.534 02	815	407.5	—	—	—

表4.35 2014年冬季地笼调查渔获统计

种 类	渔获量	渔获率	渔获尾数	尾数渔获率	平均体重	体长范围	体重范围
	kg	kg/笼	尾数	尾/笼	g/尾	mm	g
鲫	0.076	0.038	4	2	19	48 ~ 151	5 ~ 52
斑尾刺虾虎鱼	1.02	0.51	29	14.5	35.17	113 ~ 252	14 ~ 77
脊尾白虾	0.03	0.015	25	12.5	1.2	25 ~ 45	0.36 ~ 1.19

续　表

种　类	渔获量	渔获率	渔获尾数	尾数渔获率	平均体重	体长范围	体重范围
	kg	kg/笼	尾数	尾/笼	g/尾	mm	g
秀丽白虾	0.02	0.01	31	15.5	0.65	21～44	0.11～1.54
中华绒螯蟹	0.092	0.046	2	1	46	41～44	41～52
天津厚蟹	0.579	0.289 5	63	31.5	9.19	20～32	7.1～17.5
无齿相手蟹	0.137	0.068 5	8	4	17.13	24～37	10.2～31.3
合计	1.954	0.977	162	81	—	—	—

表4.36　2015年春季地笼调查渔获统计

种　类	渔获量	渔获率	渔获尾数	尾数渔获率	平均体重	体长范围	体重范围
	kg	kg/笼	尾数	尾/笼	g/尾	mm	g
斑尾刺虾虎鱼	0.42	0.21	39	19.5	10.77	63～210	9～22
脊尾白虾	0.05	0.025	24	12	2.08	35～49	0.36～1.39
秀丽白虾	0.02	0.01	19	9.5	1.05	21～44	0.11～1.76
日本沼虾	0.06	0.03	23	11.5	2.61	23～56	0.21～1.88
天津厚蟹	0.366	0.183	37	18.5	9.89	20～32	6.1～18.5
无齿相手蟹	0.285	0.142 5	8	4	35.63	24～37	9.2～31.3
合计	1.201	0.600 5	150	75	—	—	—

表4.37　2015年夏季地笼调查渔获统计

种　类	渔获量	渔获率	渔获尾数	尾数渔获率	平均体重	体长范围	体重范围
	kg	kg/笼	尾数	尾/笼	g/尾	mm	g
脊尾白虾	0.12	0.06	51	25.5	2.35	25～49	0.59～1.87
秀丽白虾	0.02	0.01	15	7.5	1.33	21～44	0.42～2.01

续 表

种 类	渔获量	渔获率	渔获尾数	尾数渔获率	平均体重	体长范围	体重范围
	kg	kg/笼	尾数	尾/笼	g/尾	mm	g
日本沼虾	0.02	0.01	18	9	1.11	23 ～ 56	0.21 ～ 1.88
梨形环棱螺	0.13	0.065	79	39.5	1.65	—	—
天津厚蟹	0.26	0.13	27	13.5	9.63	22 ～ 32	5.1 ～ 16.9
无齿相手蟹	2.46	1.23	118	59	20.85	18 ～ 37	7.5 ～ 38.2
合计	3.01	1.505	308	154	—	—	—

4.4.3 水生动物资源恢复相关建议

1）底栖动物资源恢复建议

在水鸟栖息地优化区工程开始实施的一年内，除B5区春季采样出现的巨大波动外，并没有出现生态系统健康程度迅速且持续下降的现象，2013年10月的结果显示五个区域均达到了一般以上的健康等级。但是，B2和B5区的优化工程对景观改变最大，底栖生物完整性的破坏也最为严重，尽管有所恢复，但是相比邻近自然滩涂的健康程度仍有较大差距。同时B3区B-IBI指数持续下降的现象也值得关注。

建议：① 加强对整个区域底栖动物群落完整性的监测，随时掌握生态系统的动态以及鸟类替代食源的产生和演变趋势。② 优化工程区内不同区域之间的潮沟，应尽量彼此连通；促进优化区内水体定期与外界水系进行必要的物质交换、能量流动以及底栖动物的迁移。③ 在优化项目主体工程实施结束后，减少收割芦苇、挖掘潮沟等人类活动，尽量避免对生态系统的二次破坏。④ 在工程区内加快湿地关键种海三棱藨草的恢复（许多底栖动物依赖于海三棱藨草作为生境），并且以原来滩涂植被演替的海三棱藨草外带的密度较为适宜。⑤ 同时应该注重工程区外对互花米草的控制和植被恢复，以及核心区的水文连通性，为底栖动物创造适宜生境。

2）游泳动物资源恢复建议

优化工程区内发现的蟹类优势种为无齿相手蟹、天津厚蟹。其中无齿相手蟹对盐度适应范围广、食性杂，因此能很好适应环境变化，天津厚蟹主要在盐度相对较高的区域分布，而且在盐度较高的季节生物量也随之增加。以上两种蟹类可以作为大型鹭鸟的食物，但经济价值相对较低。中华绒螯蟹幼蟹时期可以成为鹭鸟的饵料，长成后又具有很好的经济价值，因此可以作为增养殖的考虑对象之一。目前工程区域内水体盐度相对较低，无法满足中华绒螯蟹抱卵繁殖的需求，因此可以进行中华绒螯蟹的增养殖，苗种可依赖人工投放。捕获的虾类中优势种为脊尾白虾和秀丽白虾，以目前区域内的盐度范围较适合这两种经济虾类的生长，而且长江口有丰富的天然苗种。但由于外部海水盐度较高，在进行天然纳苗时存在盐度胁迫造成死亡率高的可能，因此如何有效进行天然苗种的引入是接下来进行脊尾白虾、秀丽白虾增养殖的关键。

考察发现不同类型的潮沟对于不同的鱼类具有保育功能。具有较小深度和倾斜度的小潮沟能够容纳更多的鱼类个体，较浅的潮沟通常被认为是幼鱼躲避捕食者的庇护所，倾斜度小的潮沟两侧坡面坡度小，具有较多的缓坡面易被底层鱼类所利用，而具有较小截面面积和容积的潮沟中的鱼类个体数较多。由于小型鱼类更适合成为水鸟的饵料生物，在鸟类生境修复中应特别注重保留和构建中小型潮沟。

盐沼定居鱼类弹涂鱼和大鳍弹涂鱼更倾向选择潮沟边缘，主要栖息于潮沟的淤积面边缘。在高潮时，这两种鱼进入开阔水域和盐沼表面的边缘地带活动，因为盐沼边缘坡度小的缓坡能为小型鱼类提供庇护所。弹涂鱼和大鳍弹涂鱼在4级潮沟的个体数多于其他级别潮沟，因为4级潮沟截面面积大，有更多的适合生境。潮沟边缘有大量的阿部鲻虾虎鱼、弹涂鱼和大鳍弹涂鱼，可能的原因是这3种鱼在潮沟边缘浅水区具有低捕食风险和较多的食物。因此，营造多样的异质化生境，保持种苗的可获得性，维持工程区内合理的鱼类群落结构（避免过多捕食性鱼类）等，是维持鱼类饵料性小型鱼类资源的重要保障。

（吴纪华，傅萃长）

第五章

保护区及周边社区社会经济调查

摘　要

2016年7～8月，为了弄清崇明东滩鸟类自然保护区晋升国家级自然保护区十年来，在崇明东滩自然条件与保护基础设施发生重要变化后，保护区周边社区的社会经济状况变化情况，保护区管理处组织了保护区及周边社区第二次社会经济调查，主要目的是寻找保护区与周边社区共同发展的结合点，探讨保护区与社区共建共管新模式。

通过本次社会经济调查，并与2005年的第一次社会经济调查结果进行对比，发现了两个重要变化：一是保护区内的放牧、捕捞等非法利用自然资源的情况显著减少；二是周边社区居民对保护区相关工作的知晓度和认可度有了大幅度的提高，参与合作和共建的意愿也较高。基于以上分析，我们对完善保护区社区工作提出如下建议：一是结合保护区功能区划调整工作，合理布局自然教育设施和场地；二是针对社区居民的年龄层次和文化水平，继续完善社区宣传工作的形式和载体；三是不断探索保护区—社区合作的新模式。

5.1　2005年保护区及周边社区社会经济调查情况回顾

2005年3～5月，为了弄清崇明东滩鸟类自然保护区当时的滩涂资源利用方式、社会经济情况、管理模式及周边社区对崇明东滩的经济依赖程度等本底资料，为晋升国家级自然保护区后实施更加有效的管理及加强对自然资源的合理利用提供科学依据与建议，保护区组织复旦大学专家（赵斌、王卿等）与管理处人员（郑麟等）共同对崇明东滩及周边社区进行了一次详尽的社会经济情况联合调查。（上海市崇明东滩鸟类自然保护区管理处，

2005)

调查得到的主要结论如下：崇明东滩的经济价值与其生态价值相比，微乎其微；崇明东滩及周边社区本地居民对滩涂的经济依赖性低；滩涂作业人员人数较多，作业时间和区域与东滩鸟类活动区域重叠，滩涂作业对东滩鸟类有较大影响；禁止滩涂作业并不会影响多数渔民的生计。

基于以上结论，报告提出如下建议。一是加大宣传教育力度，与周围社区密切合作，吸收他们参与制定湿地资源的可持续利用战略。掌握渔业资源垂直分布和水平分布的情况及规律，明确资源可持续利用的时间及数量限度，对东滩湿地资源进行科学管理和可持续利用。二是由自然保护区管理处根据环境承受能力严格控制进入保护区的人数和船舶数，并加强管理。三是各相关管理单位应加强沟通，互助合作，以形成完整的保护体系，提高管理成效和资源利用效率。应依照相关法律规定，明确各自的责任范围，防止行政管理上的交叉重叠和冲突。

5.2 2016年保护区及周边社区社会经济调查

2016年7～8月，为了弄清崇明东滩鸟类自然保护区晋升国家级自然保护区十年来，在崇明东滩自然条件与保护基础设施发生重要变化后，保护区周边社区的社会经济状况变化情况，保护区管理处组织了第二次社会经济调查（冯雪松、陈婷媛等），主要目的是寻找保护区与周边社区共同发展的结合点以及探讨保护区与社区共建共管新模式。（上海市崇明东滩鸟类自然保护区管理处，2016）调查组参照2005年调查方案，设计并开展了2016年7～8月的调查工作。

5.2.1 调查背景

1）崇明东滩鸟类自然保护区湿地及鸟类保护工作面临干扰和压力

崇明东滩鸟类自然保护区自建立以来，不断加大野外巡护检查和执法管理力度，及时制止偷猎偷盗等违法行为。不过，由于保护区面积巨大，岸线较长，缺乏与周边社区的天然屏障，前些年来非法入区作业现象偶有发生，给保护区的湿地及鸟类保护工作带来一定的困扰。另外，保护区外围的农田区域，每年都有毒杀野鸭等行为发生。针对这一现状，保护区需要在已有工作的基础上，寻找新的解决办法。

2）推动社区共建共管工作是保护区高质量发展的内在要求

社区共建共管能够动员社区力量参与并加强保护区的保护管理工作，提升社区居民的自然保护意识，同时通过互动找到保护区反哺社区居民的结合点，有效缓解保护与开发（或利用）的矛盾。2015年起，保护区启动“家园守护圈”社区项目，旨在拓展与周边社区的合作内容，营造资源保护、人人共享资源的美好家园。“家园守护圈”项目是东滩保护区探索社区与保护区和谐共赢发展之路的一次全新尝试。项目旨在通过社区与保护区共管、保护区与社区共建，增进相互之间的理解与支持。在共管共建中增强社区居民的生态环保意识，从而自觉约束自身生产生活行为，减少人为因素对保护区内动植物生态资源的破坏和负面影响；同时联合社区居民探索转型可持续的生产生活方式、增加就业机会、提高经济收入，让社区从保护中得到实惠，从根本上逐步化解保护与发展，特别是关系到居民切身经济利益的矛盾冲突。

3）保护区周边社区出现了新情况和新变化

2009年，上海长江隧桥建成开通，崇明岛的交通条件得到了前所未有的改善。崇明东滩鸟类自然保护区作为重要的景观资源，吸引了大量岛外游客涌入东滩地区，给保护区周边地区的旅游发展带来了重大机遇。然而，由于交通、餐饮、住宿等配套设施建设缓慢，东滩地区的旅游产业并没有较大发展，社区居民亦未能深入参与旅游服务行业，通过旅游促进发展的效果并没有得到很好的发挥。另外，保护区附近的陈家镇和上实园区正在进行大规模的开发建设，将对周边的土地利用、人类活动产生剧烈影响，深刻改变周边社区的状况。针对以上这些新的社区情况，需要开展新一轮的社区调查工作，以便今后更有针对性地开展社区工作。

5.2.2 调查目的

本次社区调查的开展，主要是为了了解东滩保护区周边社区的经济、社会状况，寻找保护区与周边社区共同发展的结合点和保护区社区共建工作的切入点。调查的具体目标如下：① 了解社区对保护区保护管理压力的根源，更好地消除和缓解压力、寻求保护合作；② 了解社区对保护区及所开展工作的认知度、支持度，评价保护区社区工作的现状，为未来的社区及宣传教育工作提供建议；③ 挖掘社区的本地特色和各类资源情况，了解社区的需求和意愿，为后续社区合作寻找方向和思路。

5.2.3 调查方案

1）调查内容

① 社区对保护区、保护对象及保护管理目标的认知和了解程度。② 社区对保护区造成干扰和影响的因素和方式。③ 周边社区的特色资源：包括自然资源（常见鸟类、植物等）、人力资源（劳动力的数量和质量）、文化资源（历史沿袭和发展、道路命名、村舍建筑和当地名人、故事等）、经济资源（产业基础、手工艺、农产品等）。④ 社区居民及单位对开展社区合作的需求和意愿。

2）调查原则

① “赏鉴、尊重、不评判”，其目的是客观地获得用于社会科学及自然科学研究和决策的数据。② 调查人员应秉持观点中立、态度平和、记录严谨、尊重历史和现状、可介绍和宣传项目但不承诺、放弃用城市社区生活观点强压农村社区生活的态度、宜慢不宜快、尽可能收集最有用的资料、是观察者和学生而非演说者。

3）调查范围

本次调查涉及与自然保护区法定区域有直接关联的区域，包括241.55 km^{2}的保护区范围、84 km^{2}的外围保护带（上实园区）。此外，与“保护区家园守护圈”建设相关的、分布在保护区周边的村镇、企业、经营户等，也被列入本次调查范围。

4）调查对象

在自然保护领域，社区的概念有广义和狭义之分。狭义的社区指：与保护区毗邻或在保护区内，依存或在相当程度上依存于保护区内资源的当地居民的总称。而广义的社区，则是指包括上述人群在内的与保护区内的资源以及管理机构的保护管理工作密切相关的各机构、公司、团体等的总称，与项目管理中的“利益相关者”概念相当。本次调查的社区，是指广义社区。调查对象主要包括以下几类：① 周边社区居民；② 与保护区相关的政府机构，如水务部门、渔政部门、环保部门等；③ 周边企业，如光明集团、上实农业公司等。④ 周边经营户，主要指在调查范围内开展种养殖、渔业捕捞等人员。

5）调查方法

① 部门座谈：针对政府相关部门、企业以及NGO等社区单位开展座谈（图5.1），主要目的是了解其职能范围、工作目标以及未来规划和发展设想等，了解其与保护区保护管理工作之间，哪些是目标一致、在今后可以拓展合作的，以及哪些是存在冲突、在今后需要沟通、解决的。如：渔政部门对水域范围内禁渔期执法和渔民的管理，中华鲟保护区对重叠区域的资源保护和维护，规划部门对于东滩未来发展规划实施等。

图5.1　部门座谈

② 问卷调查：针对社区居民，采用入户问卷调查（见表5.1和图5.2），主要目的是了解居民的个人信息，以及其日常生活、经济作业方式等，探询对保护区压力活动的根源、对保护区的了解以及参与合作的意愿和可能方式，如滩涂养牛、底栖捡拾、猎鸟等，芦苇收割后的社区使用参与，自然服务产业合作可能性。对问卷调查中无法涉及的问题，采用对话的方式进行交流，从而获得更详尽的信息。

③ 实地勘察：工作人员分组后，在社区成员带领下，对社区开展实地走访和调查，获得地形、地貌、土地资源、植被资源、公共设施等基础信息。参与对象为调查涉及人员、了解情况的居委会工作人员。

④ 数据分析：对收集到的调查数据进行汇总和分析，主要分析内容有社区对保护区认知程度分析，周边主要保护干扰行为影响和原因分析，周边土地权属和利益相关方分析，社区自然资源、人文资源及特色产品分布及状况分析。

表5.1 社区居民及周边经营户入户调查问卷

问卷记录人： 记录日期：2016年8月____

<table>
<tr><td colspan="8">个人基本信息</td></tr>
<tr><td colspan="8">姓名： 村： 组/队： 门牌号： 是否为外来户（是、否）
民族： 年龄： 性别： 受教育程度：
户主姓名： 与户主关系： 该户（户口本）人口： 劳动力：</td></tr>
<tr><td colspan="8">家庭收入情况</td></tr>
<tr><td>水产养殖业□</td><td colspan="7" rowspan="2">品种： 面积： 产量： 自食：
出售： （单价 × 数量）
生产支出：</td></tr>
<tr><td>种植业□</td></tr>
<tr><td rowspan="7">畜牧业□</td><td>种类</td><td>牛</td><td>羊</td><td>鸡</td><td>鸭</td><td>鹅</td><td>其他</td></tr>
<tr><td>数量</td><td></td><td></td><td></td><td></td><td></td><td></td></tr>
<tr><td>圈养</td><td>□</td><td>□</td><td>□</td><td>□</td><td>□</td><td>□</td></tr>
<tr><td>放养</td><td>□</td><td>□</td><td>□</td><td>□</td><td>□</td><td>□</td></tr>
<tr><td>放养地点</td><td></td><td></td><td></td><td></td><td></td><td></td></tr>
<tr><td>收入</td><td></td><td></td><td></td><td></td><td></td><td></td></tr>
<tr><td>支出</td><td></td><td></td><td></td><td></td><td></td><td></td></tr>
<tr><td>外出务工□</td><td colspan="7">外出时间段： 务工地点：
从事行业： 总收入：</td></tr>
<tr><td>个体经营（包括出租土地和赡养费）□</td><td colspan="7">经营内容：
收入：</td></tr>
<tr><td>政府补贴</td><td colspan="7">补贴内容：
补贴金额：</td></tr>
</table>

续 表

家庭支出情况						
水电费		交通	日常生活	医疗卫生	文化教育	其他
家庭燃料使用情况						
使用薪柴和用量	枯树□ 斤	芦苇□ 斤	稻草□ 斤	其他： 斤		
薪柴采集地点						
薪柴采集距离	5 km以内□ 5～10 km□ 10 km以上□	5 km以内□ 5～10 km□ 10 km以上□	5 km以内□ 5～10 km□ 10 km以上□	5 km以内□ 5～10 km□ 10 km以上□		
烧饭方式	老灶□	液化气□	电磁炉□	其他		
取暖方式	薪柴□	煤炭□	电□	其他		

对保护区认知和了解程度

1. 知道东滩是保护区吗？　是□　否□
2. 知道东滩保护区主要保护什么吗？
3. 你是否赞同和支持鸟类保护？
4. 知道东滩保护区的哪些管理制度(什么可以做,什么不可以做)？是怎么知道的？
   知道的管理制度：
   知晓方式：电视□网络□亲朋□报纸□社区宣传□保护区宣传□其他
5. 鸟是否干扰了养殖塘和庄稼？若有干扰的话,预估的损失和影响有多大？
6. 你到过保护区捡拾螺蛳、抓螃蟹、放牧、割草吗？
7. 你知道如何举报违反保护区管理规定的行为吗？是否会举报？
8. 你觉得自然保护区会给你带来哪些好处？
9. 你愿意参与自然保护吗？知道怎样参与吗？你觉得怎样参与最好(义务宣传、举报违法、卫生保洁等)？

进一步了解

1. 你觉得村里目前的公共环境如何？最满意的地方是哪里？
2. 你在村里居住了多久了？在您居住的这些年间,村子的环境有哪些变化？
3. 你觉得村里的特色是什么？您家可以提供哪些地方特色的加工产品、手工制品？有推荐的村里名人吗？名人最擅长的是什么？
4. 在未来的生计上,最大的难题是什么？最想发展什么来增加收入？需要哪些支持？对未来村里的发展有何新设想？
5. 如果在村里开展旅游项目,你愿意参与吗？你可以参与的方式是什么？
   家庭旅馆□；农产品供应□；游览讲解□；特色手工展示□；
   其他：

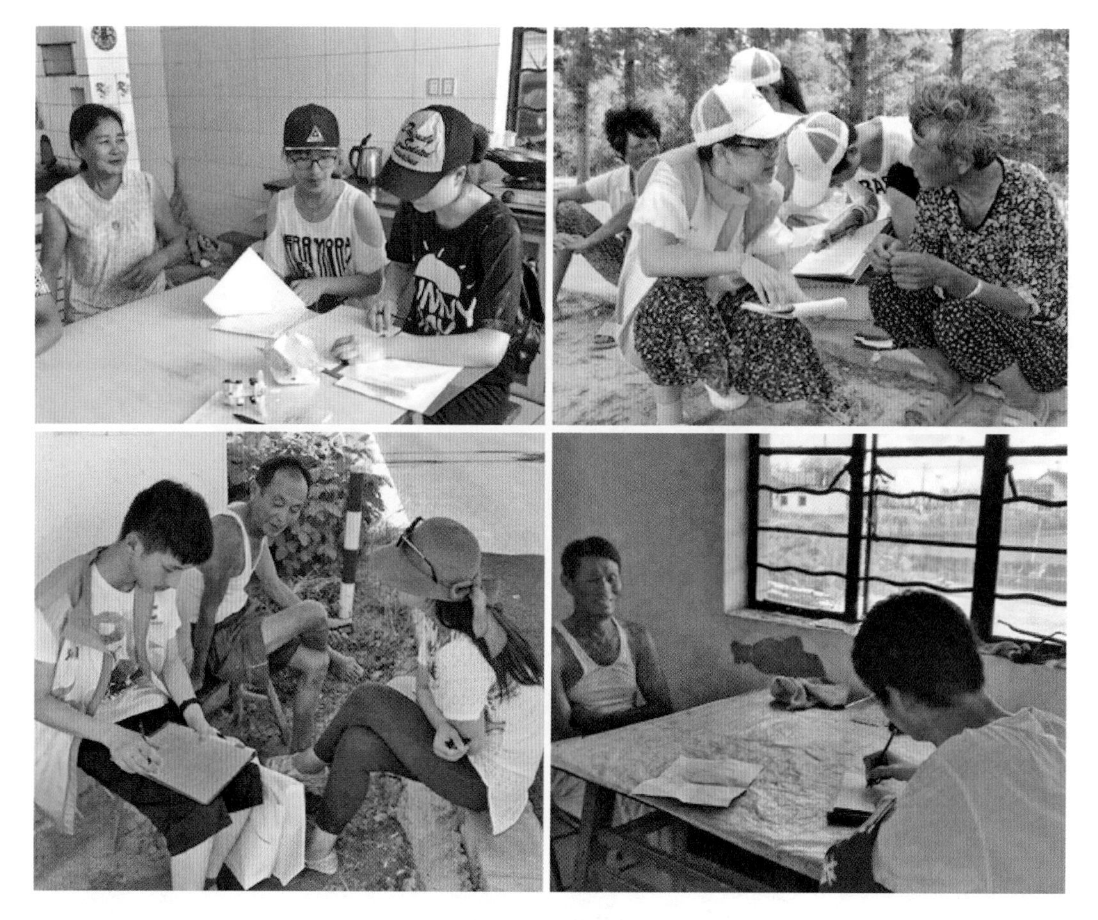

图5.2 入户调查

6）调查步骤

本次社区调查工作分为四个阶段，各阶段的工作安排如下：① 调查准备及预调查。完成预调查方案的制定，开展预调查。进行保护区内部各科室沟通、讨论，征集调查需求和工作建议。撰写社区调查方案，制订问题清单和调查问卷。② 开展社区居委会、村委会的走访，沟通调查工作方案，开展社区实地勘察、资料收集和整理工作。结合预调查结果，对问题清单、调查问卷等内容进行修改讨论和确认。制定调查时间表、发布志愿者招募信息。③ 社区单位调查。对主要利益相关者的问题清单访谈，若有必要，结合访谈的内容，再次确认调查问卷内容。④ 社区居民入户调查。对招募的志愿者以及调查参与工作人员进行调查前培训，并开展试调查，再实施居民入户调查。

5.2.4 调查结果

通过本次社区调查，完成了与保护区距离最近、联系最多的崇明区陈家镇立新村和东平镇前哨新村社区的入户调研，完成有效调研问卷164份，完成了崇明旅游局等13个相关部门和企业的调研。主要调查结果如下。

1）保护区内及周边社区概况

保护区范围内无固定居民居住。保护区周边共有立新村和前哨新村两个居民社区，还有部分外来务工人员，分布在社区和上实农业园区范围内。两个居民社区情况如下。

立新村：隶属于崇明区陈家镇，是距离保护区最近的农村社区。村民主要以50岁以上的老年人为主，整体文化程度偏低，以小学和初中为主。该村以蟹田为主要产业（占收入的88%），居民人均年收入在2.3万元左右。

前哨新村：东毗上实集团现代农业园区，南、西邻已进入大开发的陈家镇，距上海长江大桥崇明出口处约7 km。辖区内有13个国有、民营企业，另有崇明区公安局东旺派出所、武警上海边防总队、东旺边防派出所、崇明区前哨学校、东平镇卫生服务中心前哨分中心等事业单位。社区居民以离退休人员为主，经济来源主要为退休金，此外还有少量的学校教师、企业职工等。居民人均年收入在4.5万元左右。社区居民文化程度较低，以小学和初中为主。

两个居民社区的年龄结构和文化程度如图5.3和图5.4所示。

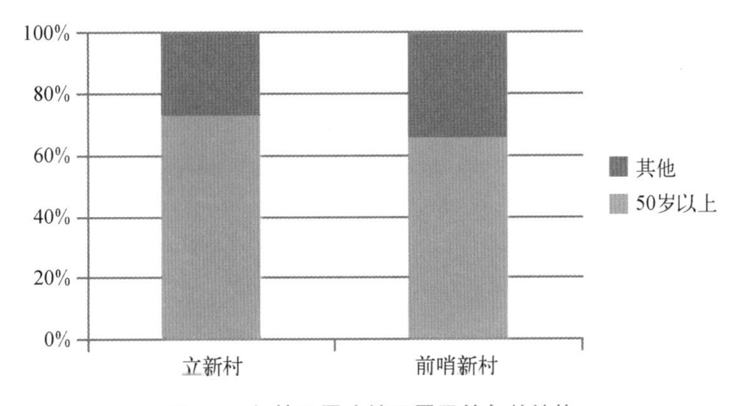

图5.3　保护区周边社区居民的年龄结构

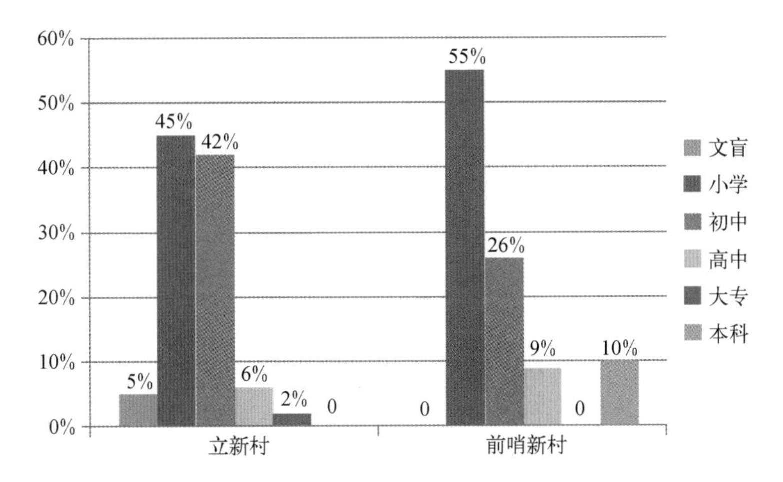

图5.4　保护区周边社区居民的文化程度

2）社区单位概况

本次社区调查共开展了13个社区单位的走访调研，获取有效调研结果的单位共10家，各类调研结果汇总见表5.2。

3）社区居民对保护区、保护对象及相关保护管理规定的知晓度、支持度

保护区的各项工作在社区居民的知晓度很高，有96%的受访者知道保护区及其保护对象，82%的受访者至少知道一条保护区的管理规定。

居民了解保护区各项工作的途径，主要为保护区平时开展的面向社区的各类宣传工作，其次为电视，而报纸、互联网等其他途径使用较少。（图5.5）说明保护区开展的社区宣教工作是目前社区居民了解保护区工作的最主要途径。

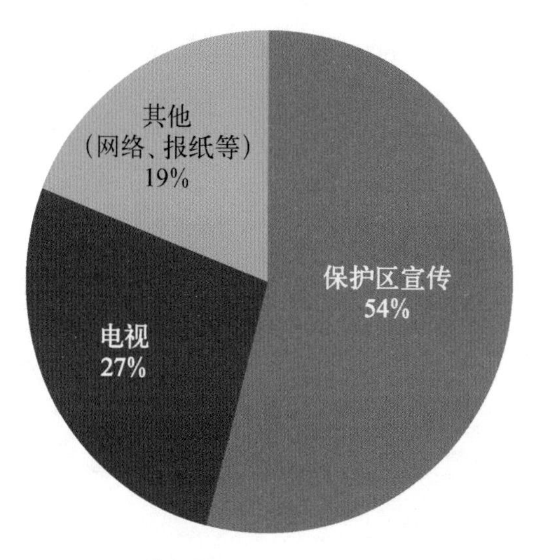

图5.5 社区居民了解保护区工作的途径

75%的受访居民愿意支持和参与保护区的工作，其余的受访者不愿意或不清楚。72%的受访者表示愿意协助举报违法行为，但是只有26%的受访者知道举报的方式和途径。

4）社区对保护区造成的干扰和影响

只有很小比例（5%）的受访者承认或者反映他人近半年内曾经从事过破坏保护区内自然资源的行为，主要行为有采集滩涂生物、捕鱼、割芦苇等。这一比例在本地及外来人口中基本相当。

5）社区资源状况

本次调查特别注重了对社区资源的调查和挖掘。社区资源是指具有当地特色的各类物质产品、民间技艺、文化现象等资源。通过对这些资源的挖掘和梳理，为后续的社区合作寻找方向。通过入户走访、单位或个人推荐等方式，本次社区调查共挖掘到以下三类资源：① 具有一定特长或掌握某些民间技艺的人士，主要有编织渔网、绘画、手工布鞋、土布织造、木工、竹编等民间达人。② 具有本地特色的农副产品，主要有立新村的蟹田稻，上

表5.2　社区单位调查汇总表

单位名称	性质	概　　况	资源情况	存在问题	合作需求
上海上实现代农业开发有限公司	企业	员工数量：172名，占地面积：67 km^2，经营内容：农业生产、稻麦种植、农产品销售、果树种植，年营业额8 000多万元	部分农田在冬季可作为鹤类、雁鸭类等的补充栖息地	种植作物的种类需要重新考虑确定	1. 解决鸟类对果树种植的干扰和损失问题； 2. 探索合作开发绿色有机产品； 3. 需要保护区提供更多的参观及解说服务
上海实业东滩投资开发集团有限公司	企业	员工数量：600～700人，占地面积86 km^2。经营内容：农业、旅游、养老、一级土地开发	—	—	1. 能提供更多的机会让大家进入保护区、了解保护区； 2. 发展湿地旅游、有机食品、养老产业等
上海光明长江现代农业有限公司东旺分部	企业	员工数量：31名，占地面积9 500亩，亩产550千克。经营内容：农业生产	园区内种植稻子、麦子、西瓜、油菜。公司生产的瀛丰五斗大米为有机品牌	大量的秸秆没办法处理，需要投入大量的人力、物力	1. 协助解决鸟类干扰稻米的生产的问题； 2. 希望有更多参观保护区的机会
崇明林业站	政府部门	野生鸟类保护是林业站的一项重要工作职责	—	由于车改、经费、人员等问题，林业站执法人员基本不开展保护区周边区域的日常巡查与执法	1. 鉴于目前林业站车辆、经费及人员方面的问题，希望能够借助保护区的相关活动，开展一些鸟类知识及生态保护方面的宣传； 2. 继续推进在1%物种调查方面的合作
崇明区旅游局	政府部门	根据上海市机构编制委员会《关于同意崇明县政府机构改革方案予以备案的函》(沪编〔2009〕34号)和《崇明县人民政府机构改革方案》的规定设立，为政府工作部门	讲解培训资源、农家乐扶持政策资源	—	1. 合作开展5A景区的创建。在景区服务设施、导游服务、标识系统方面尽早对接。特别是标识系统，需要三种语言。公共信息标识牌应严格按照国标进行设计制作； 2. 请保护区积极派员参加旅游行业的培训； 3. 希望保护区增进讲解服务的力度，扩大开放参观的范围； 4. 双方可以合作开展农家乐培育的相关项目

续 表

单位名称	性质	概　　况	资源情况	存在问题	合作需求
崇明渔政管理检查站	政府部门	管辖区域为长江南支水域。负责相关辖区内渔业管理、渔业水环境保护、水生野生动物保护、水产品质量安全管理的监督和违法案件的查处。打击三无船只	—	东滩保护区及中华鲟保护区区域，两家保护区有行政执法权，但自身执法人员数量不足，水深太浅，执法船只无法进入，因此对相关区域的执法较少	1. 协同做好相关区域内特别是北八滧区域内三无船只的整治； 2. 小部分临时捕捞许可证范围涉及保护区区域
奚家港边防派出所	政府部门	主要担负反走私、反偷渡、缉枪缉毒和辖区治安管理任务，工作区域涉及保护区团结沙、奚家港两大区域。在东滩地区的行政管辖内容主要为治安管理、实有人口管理、渔船渔民管理、消防管理、野生动物救助保护等方面	—	辖区点多、线长、面广，但是派出所的警力有限，在日常工作中与保护区间的联动机制不够完善，缺少执法交流、合作	希望加强与东滩的执法合作交流，特别是在鸟类和自然环境保护方面提供专业指导。建议合作方式：签订共建协议，组织授课交流，互相参观见学
东旺沙边防派出所	政府部门	维护沿边沿海辖区安全稳定，打击非法偷渡、走私，促进当地经济发展	—	人手不足，辖区范围大	派出所加强打击保护区区域内的非法行为，保护区增强宣传教育力度与广度
立新村村委会	村委会	截至2015年年底，共有村域面积4 500亩，其中可耕地面积2 835亩，村总人口1 720人，村总户数739户。上年度村可支配收入23.6万元，村干部4名，村级后备干部1人	蟹鳅稻一体化养殖	1. 野生鸟类对村民的农作物和养殖产品造成严重威胁； 2. 村领导认为农家乐的手续办理比较困难	1. 蟹田米的生态包装，提高附加值，增加农民收入； 2. 发放实用的宣传品、纪念品； 3. 提供参观保护区科普基地的便利； 4. 白鹭、小�鹛、黑水鸡、麻雀等鸟类踩踏、捕食种养殖的产品，期待保护区可以协助解决； 5. 开设半日或一日的观光旅游线路

续　表

单位名称	性质	概　　况	资源情况	存在问题	合作需求
前哨新村居委会	居委会	辖区内有13个国有、民营企业、另有崇明区公安局东旺派出所、武警上海边防总队、东旺边防派出所、崇明区前哨学校、东平镇卫生服务中心前哨分中心等事业单位，有9个居民住宅小区，居民总户数共有1 460户，实住居民976户	有知青文化遗存	1. 缺少医疗服务； 2. 道路交通不便	希望保护区提供就业机会

实农业、光明米业的有机农产品等。③ 当地历史、文化、景观资源，主要包括以下内容，一是与前哨新村的知青文化、围垦历史相关的文字、图片、视频、建筑等，二是立新村的民居、蟹田等乡村景观，三是上实、光明米业等企业的大规模农业生产景观。详细情况见表5.3。

表5.3 崇明东滩鸟类自然保护区周边社区的特色资源

类别	名称	资源概况	区域
民间达人	织渔网	—	立新村
	手工布鞋	—	立新村
	木工	—	立新村
	竹编	—	立新村
	制作扫帚	—	立新村
	养鱼技术	—	立新村
	绘画	—	前哨新村
	土布织造	—	立新村
历史、文化、景观	知青历史	主要包括相关的文字、视频、照片、建筑遗存、老物件等。	前哨新村
	围垦历史	口述资料、视频、照片等。	前哨新村
	乡村景观	民居、蟹田景观。	立新村
	现代农业	农田景观、现代农业作业。	
特色产品	蟹田米	无农药、化肥。	立新村
	瀛丰五斗米	绿色产品。	光明米业
	有机稻米	绿色产品。稻田可作为鸟类补充栖息地。	上实农业

6）周边社区的合作需求与意愿

本次调查还特别关注了周边社区对崇明东滩鸟类自然保护区的合作需求与意愿。通过访谈和入户问卷调查，总结其需求如下。① 希望崇明东滩鸟类自然保护区提供更多的参观、体验湿地的机会。② 希望保护区加大宣传工作力度。③ 希望保护区协助解决鸟类对农业生产带来的干扰和损失的问题。④ 畅通农产品销售渠道，建立生态品牌，提高附加值，从而增加盈利和收入。⑤ 合作执法。⑥ 鸟类监测合作。⑦ 生态旅游。具体如图5.6所示。

从合作需求来看，周边社区居民有着最强烈的合作需求，希望在开放参观、生态农产品品牌培育、宣传教育、生态旅游、减少农业生产过程中的鸟类干扰等方面，得到保护区的

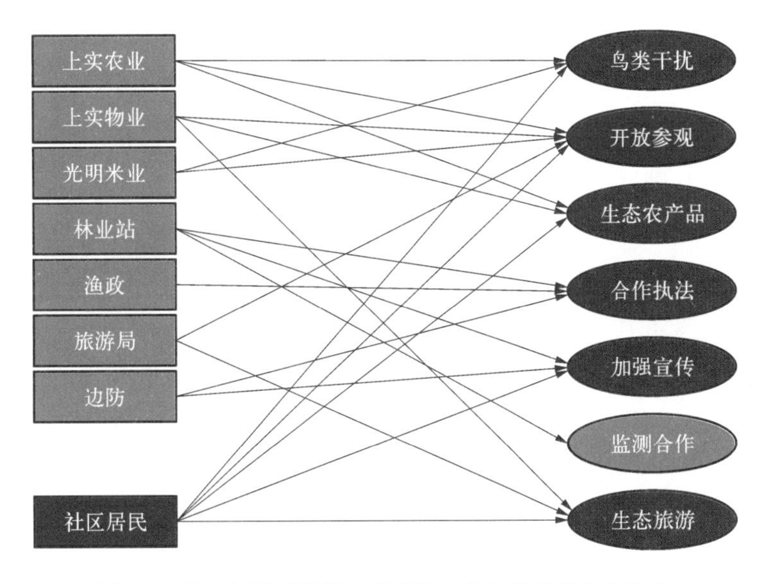

图5.6　周边社区对崇明东滩鸟类自然保护区的合作需求

支持和帮助。有68%的社区居民愿意参与未来的社区合作项目。未来的合作方向主要有：参观讲解、手工艺品制作、保洁、民宿场地、农产品供应及采摘等。

与保护区距离较近（上实农业、上实物业）或业务往来较密切（旅游局、林业站等）的社区单位，合作需求和意愿也较高。从合作内容来看，社区居民和单位都表达了深入了解保护区的意愿，希望有更多机会到保护区参观，也希望保护区开展更多的宣传、科普等方面的服务。另外，生态农产品品牌的合作培育、依托湿地品牌的生态旅游也是社区单位重点提及的合作方向。

5.2.5　调查结论

1）周边社区居民对保护区的相关工作知晓度和认可度较高

调查发现，绝大多数的社区居民对保护区的保护对象和相关管理措施有基本的了解。大部分居民对建立保护区持肯定的态度。保护区开展的入户宣传、宣传品发放、科普讲座等社区宣传工作是居民了解保护区工作的主要途径。电视媒体作为一项重要的宣传媒介，也在社区居民中拥有较好的宣传效果。而网络、报纸等媒介手段的使用频率较低，可能与周边社区居民的年龄结构偏大有关系。此外，大部分（75%）社区居民都有意愿支持和参与保护区的各项保护工作，也具有较好的自然保护意识。

2）破坏保护区自然资源的行为依然存在，但只是极个别行为

根据调查问卷反映的结果，只有很小一部分（5%）的受访者承认或者反映他人近半年内曾经从事过破坏保护区内自然资源的行为。可以看出，目前保护区范围内存在的非法捕捞、捕猎等违法行为，只是极个别行为。绝大多数周边居民都能够了解和遵守保护区相关的管理规定。

3）周边社区具有较好的资源基础和合作条件

周边社区资源主要有两种类型，一是乡村、农业特色资源，包括特色农产品、农业生产技术、乡村及农业景观等，主要分布在立新村、上实农业园区等区域。二是历史文化资源，主要包括知青文化、围垦历史等相关的各类资料和遗存，主要分布在前哨新村。这两类资源都与当地社区的自然条件、发展历程紧密相关，具有典型的崇明本地特色，具有较好的挖掘潜力。今后可以继续挖掘、提炼和开发，以便更好地促进社区合作。

4）社区对参与保护区合作共建有较强的需求和意愿

社区居民及单位在湿地参观游览、鸟害防治、生态农产品培育与推广等方面，对保护区的社区工作提出了需求和期待。此外，如何借助东滩地区旅游发展的机遇改善就业、提高收入等，也是社区居民非常关注的问题。他们对未来与保护区开展合作，表达了较高的热情和意愿。保护区在未来的社区工作中可在互惠互利的原则下，充分发挥保护区在自然资源、技术力量、工作平台等方面的优势，积极回应社区需求，促成社区合作。对于某些超出社区合作范围的需求，可以推荐或联系相关的资源及渠道，提供力所能及的协助，促进保护区与社区关系的和谐，营造良好的合作氛围。

5.3 十年来周边社区社会经济状况的变化

通过本次社会经济调查，并与2005年的调查结果进行对比，我们发现了两个重要变化：一是保护区内的放牧、捕捞等非法利用自然资源的情况显著减少；二是周边社区居民对保护区相关工作的知晓度和认可度有了大幅度的提高，参与合作和共建的意愿也较高。下面针对这两大变化进行分析和讨论。

5.3.1 关于保护区内的放牧、捕捞等非法利用自然资源的情况显著减少的原因分析

首先，近年来，崇明东滩保护区不断加大对各类非法利用自然资源行为的打击和查处力度，取得了显著的效果。根据鸟类迁徙规律和不法分子活动规律，定期安排日常巡护，并将日常执法与专项执法相结合，野外巡护检查与电子远程实时监控相结合，及时制止偷猎偷盗等违法行为。通过与公安边防、林业站等部门开展各项联合执法，持续开展专项行动，有效遏止了对滩涂资源和自然环境的违法破坏现象。特别是“十八大”以来，生态环境保护工作得到空前的重视，崇明东滩保护区紧紧抓住历史机遇，彻底解决了放牧及资源采集等长期存在的顽疾。

其次，在社区共管方面，由崇明东滩鸟类自然保护区牵头与相关共管单位建立了联席会议制度，每年定期、或就某一专题召开社区共管联席会议，共同对保护区的保护管理工作以及自然资源的开发利用活动进行检查监督和科学规范，从而形成专兼结合的保护网络，齐抓共管、共同做好管理工作。社区共管联席会议不仅增强了保护区的管护和执法能力，实现了管理关口前移，有效保护了区内生态环境和生物多样性，也使得社区关系不断

改善,生态保护成效逐年显现。

最后,崇明东滩鸟类自然保护区持续开展面向社区的科普宣教工作,宣传自然保护相关的法律法规,提高了周边社区居民的法律意识及对东滩湿地保护工作的认识,从源头上降低了各类违法行为发生的概率。

5.3.2 周边社区居民对保护区各项工作的知晓度和支持度提高的原因

在崇明东滩鸟类自然保护区晋升为国家级自然保护区的十年间,周边社区居民对保护区工作的认识和了解有了显著的提高。这主要归功于保护区长期不懈地开展各类面向社区的科普宣传工作。特别是2010年7月,在上海市绿化和市容管理局、崇明县人民政府的大力支持下,保护区管理处建成了崇明东滩鸟类科普教育基地,实现了保护区内科普教育基础设施"零"的突破。该教育基地是向公众免费开放的综合性科普教育展示平台,承担着自然保护区科普教育、环境教育研究,向公众普及湿地保护、自然保护区、迁徙鸟类及其栖息地保护等相关科学知识的重要任务,并为高校、中小学素质教育活动、志愿者活动、企业社会责任拓展等提供公共服务平台。基地周围的互花米草生态治理效果展示区是保护区开展科普教育工作的重要室外资源,参观者可实地参观了解保护区在互花米草生态治理及鸟类栖息地优化方面所取得的成效。

另外,崇明东滩鸟类自然保护区近年来开展的生态修复工作,显著改善了区内水鸟种群的栖息环境,取得了较理想的保护效果,引发了社会各界的赞扬和关注,极大提高了公众特别是周边社区居民对保护区工作的关注和支持。

5.4 完善保护区社区工作的建议

① 结合崇明东滩鸟类自然保护区功能区划调整工作,合理布局保护区的自然教育设施和场地。在不影响自然保护功能的前提下,开辟更多的科普宣传场地,扩大保护区对外展示、交流、合作的空间,开展更为广泛而深入的科普宣传、展示交流、生态旅游等活动,发挥好科普基地的功能。

② 针对社区居民的年龄和文化层次特点,继续完善社区宣传工作的形式和载体。目前,保护区周边社区居民以中老年人为主体,文化层次相对不高。未来保护区宣传教育工作应充分考虑这一现状,在宣传形式和载体上有所侧重。比如,加强具有实用性的宣教品的开发,如环保袋、年历海报等印有宣传内容的实用工具等。考虑到周边居民年龄较大及方言问题,建议开发依托本地文化和方言的宣传短片、讲座、文艺节目等特色宣传载体。

③ 不断探索保护区—社区合作的新模式。做好社区合作,可以为社区居民带来更多实在的利益,加强社区居民与保护区的紧密联系,有力促进社区对保护工作的支持。现阶段,可以针对现有社区资源,结合社区和保护区双方的需求,开展更为深入的社区合作。如联合上实农业公司,开展鸟类栖息地友好型生态农产品培育的调研,探索农业生产与鸟

类补充栖息地营造相结合的有效模式。通过栖息地的联合管理，有效减少农田区域盗猎鸟类行为的发生。联合前哨新村居委，依托前哨社区自然教育中心场地，开展与湿地保护相结合的新知青文化讲堂活动，扩大保护区宣传教育工作的深度和广度。深入联系社区居民中的民间达人，寻找社会资源，尝试开展社区特色产品的开发与推广，比如：土布织造及土布工艺品的研发、芦苇制品的开发、湿地题材绘画创作、传统手工艺的恢复与展示等。

（冯雪松，马强）

第六章

保护区建设成效和社会评价

摘 要

自2001年建区以来，特别是2005年晋升国家级自然保护区以来，崇明东滩鸟类自然保护区管理处紧紧抓住发展机遇，按照当地自然禀赋以及我国生态文明建设总体要求，切实履行《生物多样性公约》，不断完善基础设施建设，持续开展高水平科学研究，积极推行科学化管理，大力推进外来入侵种互花米草的生态控制和鸟类栖息地优化工程建设，达到了"管护执法上水平、生态治理求实效、科学研究攀高峰、自然教育有突破"的目标要求，探索出了一条自然保护和协调发展之路，赢得了社会各界的充分肯定和广泛赞誉。

本章对崇明东滩鸟类自然保护区的建设成效进行评估，总结出"五个坚持"的发展模式，即：坚持体制机制创新，不断推进保护区高质量发展；坚持重大问题导向，不断破解保护区发展难题；坚持科技创新驱动，不断提升保护区管理水平；坚持开放共建共享，不断拓展保护区交流平台；坚持对标国际一流，不断提升保护区对外影响力。最后，又从总体评价、对"崇明东滩生态修复项目"的评价及保护区获得荣誉三个方面总结评述了东滩自然保护区建设和发展中得到的社会评价和发挥的社会影响力。

6.1 管理机构概况

上海市崇明东滩鸟类自然保护区管理处成立于1999年4月，属全额拨款的正处级事业单位，下设办公室、科技信息科、社区事务科、管护执法科、环境教育中心5个科室以及5个管护站（团结沙、东旺沙、北八滧、捕鱼港、白港）。（图6.1）保护区管理处事业编制为35

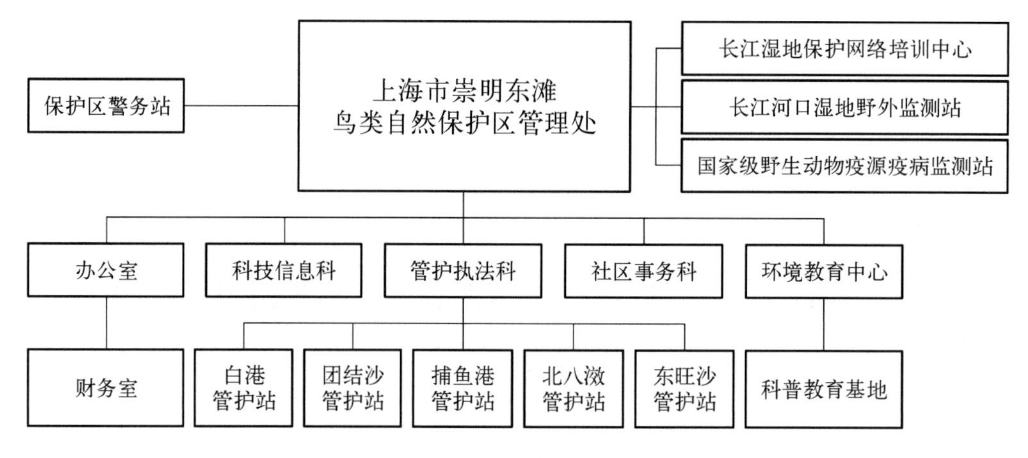

图6.1 东滩保护区管理处组织架构图

人，2017年年底前在编21人，本科以上学历20名，占在编工作人员总数的95.24%，其中硕士及以上4名，1980年以后出生的超过二分之一。

6.2 建设成效

崇明东滩远离繁华大都市，是中国大地上最重要的“鸟类天堂”之一，也被誉为“上海之肾”，是为上海保留的一片宝贵自然遗产。崇明东滩鸟类自然保护区的建立和发展，对亚太迁徙候鸟保护、长江口新生沙洲湿地保育具有重要意义。保护区的建设和发展，经历了从默默无名到国际知名，从普通的自然保护区到追求高水平的世界级自然保护区的建设阶段。建区以来，通过不断践行“创新、协调、绿色、开放、共享”的发展理念，崇明东滩鸟类自然保护区探索出了一条人与自然和谐发展之路，已成为全球生物多样性保护的中国智慧与方案之一，也是崇明世界级生态岛建设的重要亮点，长江口湿地生态系统科研基地和人才培养基地，我国重要的自然保护宣教培训基地，亦是我国履行国际湿地公约和树立良好国际形象的成功范例。

6.2.1 坚持体制机制创新，不断推进保护区高质量发展

体制机制改革创新，是实现自然保护区高质量发展的支撑和保障。崇明东滩鸟类自然保护区建区以来，围绕体制机制创新开展了大量积极探索：加强依法行政，严格执法；完善内部管理规章制度，实施规范化管理；推动社区绿色产业发展，促进区内资源保护和可持续发展；创新科普教育宣传方式，提高科普教育成效；建立社区合作共管机制，创新保护区综合治理；成立“志愿者之家”，探索公众参与保护区有效管理的方式和途径等。

1）加强依法行政，严格执法

推进“一区一法”管理：建区以来，崇明东滩鸟类自然保护区在上海市政府有关职能

部门的支持和配合下，按照“一区一法”的要求加强保护区的依法管理。上海市政府于2003年3月以政府规章的形式发布了《上海市崇明东滩鸟类自然保护区管理办法》，为强化崇明东滩的鸟类和湿地保护奠定了基础。

建立通行证管理制度：依据《中华人民共和国野生动物保护法》《中华人民共和国自然保护区条例》《上海市崇明东滩鸟类自然保护区管理办法》和上海市林业局先后制定的一系列配套规章制度，保护区开创性地建立了通行证管理制度，制定了《上海市崇明东滩鸟类自然保护区通行证管理办法》，对进入保护区的人员实行严格控制和通行证管理，并通过核心区季节性封区管理、入区道口前移、滩涂资源利用限额管理、定期制定入区人数控制方案等措施，使保护区内人类活动全部纳入监控范围。

建立“崇明东滩湿地资源管理联席会议”制度：通过加强与当地政府职能部门和单位的联系，共同推进国际重要湿地、自然保护区及周边地区湿地和野生动物资源管理。

建立野外巡护检查和执法管理工作体系：根据鸟类迁徙规律、不法分子活动规律以及保护区区域特点，建立了野外巡护检查和执法管理工作体系。通过持续开展日常巡护执法以及清除“高脚屋”、拆除定置网、整治牛舢板以及反偷猎“夜鹰”“春隼”行动等专项执法行动，基本消除了对滩涂和生物资源的非法破坏现象。（图6.2）

图6.2　清除捕鱼地笼

2）完善内部管理规章制度

崇明东滩鸟类自然保护区根据形势要求、事业发展、上级要求和单位实际情况的变化，与时俱进，不断修订、补充和完善内部规章制度，形成了一整套有章可循、按章办事、健全规范的内部规章制度体系。先后建立了70余项管理制度和有关规范，涉及行政、人事、财务、保护管理、科研监测、宣传教育等方面，强有力地保障了日常管理工作有序开展。建立了完善的信息与档案管理体系，明确规定了各科室及所属职能部门的信息报送、信息审核、信息通报、文件材料整理归档、档案保管和保密、档案利用与统计等各项制度，确保信息与档案管理工作的规范性与科学性。

表6.1 崇明东滩鸟类自然保护区的日常管理制度与规范汇总表

序号	制度分类	制度名称
1	行政管理制度	上海市崇明东滩鸟类自然保护区管理处主要职责内设机构和人员编制规定
2		上海市崇明东滩鸟类自然保护区管理处关于内设机构主要职责介绍
3		上海市崇明东滩鸟类自然保护区管理处行政效能监察制度
4		上海市崇明东滩鸟类自然保护区管理处政务公开制度
5		上海市崇明东滩鸟类自然保护区管理处文明办公制度
6		上海市崇明东滩鸟类自然保护区管理处会议制度
7		上海市崇明东滩鸟类自然保护区管理处公文管理制度
8		上海市崇明东滩鸟类自然保护区管理处政务信息工作管理办法
9		上海市崇明东滩鸟类自然保护区管理处档案管理制度
10		上海市崇明东滩鸟类自然保护区管理处印章管理制度
11		上海市崇明东滩鸟类自然保护区管理处证照、证明函管理制度
12	组织人事管理制度	上海市崇明东滩鸟类自然保护区管理处目标绩效考核办法(试行)
13		上海市崇明东滩鸟类自然保护区管理处专业技术人员岗位等级调整及聘用管理办法
14		上海市崇明东滩鸟类自然保护区管理处人才引进管理办法
15		上海市崇明东滩鸟类自然保护区管理处志愿者服务管理办法(试行)
16		上海市崇明东滩鸟类自然保护区管理处编外用工人员管理办法
17		上海市崇明东滩鸟类自然保护区管理处劳动纪律规定
18		上海市崇明东滩鸟类自然保护区管理处职工带薪年休假管理办法
19		上海市崇明东滩鸟类自然保护区管理处职工疗休养实施办法
20		上海市崇明东滩鸟类自然保护区管理处值班加班相关规定
21		上海市崇明东滩鸟类自然保护区管理处职工献血管理办法(试行稿)
22		上海市崇明东滩鸟类自然保护区管理处差旅费报销规定
23		上海市崇明东滩鸟类自然保护区职工教育培训管理办法
24		上海市崇明东滩鸟类自然保护区管理处在编在职职工医疗补助办法

续 表

序号	制度分类	制　度　名　称
25	党务管理制度	上海市崇明东滩鸟类自然保护区管理处“三重一大”议事决策制度
26		上海市崇明东滩鸟类自然保护区管理处中心组学习制度
27		上海市崇明东滩鸟类自然保护区管理处发展党员工作制度
28		上海市崇明东滩鸟类自然保护区管理处党务公开制度
29		上海市崇明东滩鸟类自然保护区管理处党风廉政建设责任制情况通报制度
30		上海市崇明东滩鸟类自然保护区管理处干部廉政谈话制度
31		上海市崇明东滩鸟类自然保护区管理处领导干部联系服务群众和管护站工作制度
32		上海市崇明东滩鸟类自然保护区管理处定期走访工作制度
33		上海市崇明东滩鸟类自然保护区管理处中层干部任职前廉政谈话制度
34		上海市崇明东滩鸟类自然保护区管理处中层以上干部述职述廉工作制度
35		上海市崇明东滩鸟类自然保护区管理处领导干部个人重大事项报告制度
36		上海市崇明东滩鸟类自然保护区管理处民主评议党员制度
37		上海市崇明东滩鸟类自然保护区管理处“三会一课”制度实施细则
38		上海市崇明东滩鸟类自然保护区管理处关于中国共产党党费收缴、使用和管理的规定
39	项目管理制度	上海市崇明东滩鸟类自然保护区管理处科研项目管理办法（试行）
40		上海市崇明东滩鸟类自然保护区管理处城维项目管理办法（试行）
41		上海市崇明东滩鸟类自然保护区管理处合同管理规定（试行）
42	财务管理制度	上海市崇明东滩鸟类自然保护区管理处财务人员守则
43		上海市崇明东滩鸟类自然保护区管理处专项资金使用管理办法
44		上海市崇明东滩鸟类自然保护区管理处货币资金报销管理制度
45		上海市崇明东滩鸟类自然保护区管理处票据使用管理制度
46		上海市崇明东滩鸟类自然保护区管理处电算化管理制度
47		上海市崇明东滩鸟类自然保护区管理处固定资产管理办法
48		上海市崇明东滩鸟类自然保护区管理处会计档案管理制度
49		上海市崇明东滩鸟类自然保护区管理处收入管理制度
50		上海市崇明东滩鸟类自然保护区管理处预算管理办法
51		上海市崇明东滩鸟类自然保护区管理处政府采购管理办法

续 表

序号	制度分类	制　度　名　称
52	后勤管理制度	上海市崇明东滩鸟类自然保护区管理处集体宿舍管理办法
53		上海市崇明东滩鸟类自然保护区管理处食堂管理办法
54		上海市崇明东滩鸟类自然保护区管理处机房管理制度
55		上海市崇明东滩鸟类自然保护区管理处公务车辆管理制度
56		上海市崇明东滩鸟类自然保护区管理处安全管理制度
57		上海市崇明东滩鸟类自然保护区管理处办公物资采购及使用管理办法
58		上海市崇明东滩鸟类自然保护区管理处对外交流学习规定
59		上海市崇明东滩鸟类自然保护区管理处公务接待管理办法
60	科研制度与规范	鸟类监测规程
61		鸟类环志旗标规程
62		科研监测与科研项目管理制度
63		科研数据文献管理办法
64	管护执法制度与规范	野外巡护执法工作制度
65		陆生野生动物疫源疫病监测站监测防控工作制度（2017）
66		管护站标准化建设管理规范（试行）
67		行政处罚标准操作流程
68		上海崇明东滩鸟类国家级自然保护区入区须知
69		林业行政处罚裁量基准
70		行政违法案件举报奖励办法

3）推动社区绿色产业发展

2016年8月，由保护区管理处牵头，上海市崇明区东平镇前哨新村居委会和上海浦东优态环境保护公益服务中心、上海崇明占元食用菌合作社共同参与合作，在社区自然保育家园守护圈的框架下启动了“秸秆蘑菇”社区合作示范项目。

该项目利用互花米草生态修复工程所清除的互花米草、芦苇等含碳植物秸秆为主要原料，加上少量的石膏粉、菜籽饼等辅助原料在室外堆制成料，经过发酵，用蘑菇菌混合播种，培养出可食用的双孢菇。蘑菇采收后留下的培养料可直接还田，有利于提高农作物的产量，亦可改善土壤。项目有效示范了以“绿水青山就是金山银山”指导生态农业，推动保护区周边社区居民生产生活方式绿色化转型。

秸秆蘑菇项目一方面有效解决了保护区栖息地管理过程中产生的秸秆处置问题，另一方面也为社区拓展了环境友好型产业，引导原本依赖自然保护区自然资源的社区居民和外来人员转变观念，将作业方式从“滩上”转变到“岸上”，更有利于保护区内自然资源的保护和可持续发展。

4）创新科普教育宣传方式

开展多样的科普教育活动：崇明东滩鸟类自然保护区紧紧依托独特的自然资源和生态系统，积极面向广大中小学生和社会公众开展形式多样的科普教育活动；利用世界环境日、湿地日、爱鸟周等契机，开展“进校园”“进社区”“进公园”巡回宣传活动；策划面向社会公众的“湿地风光摄影”比赛、“放飞心愿”环志活动和互花米草生态治理认养活动；与企业联手组织市民观鸟节；策划开展“我的东滩之旅——寄语东滩明信片活动”，“市民观鸟”活动470人次，“水鸟认养和放飞爱心活动”60余批次；与众多大中小学校联动开展了丰富多彩的暑期实践活动和校园科普活动；合作打造沪剧《绿岛情歌》、舞蹈剧等生态文化衍生品。此外还设计、制作了形式多样的宣传展板、宣传册、宣传海报等公众宣教产品（表6.2）。

表6.2　崇明东滩鸟类自然保护区宣教产品一览表（2011～2017年）

编号	项　　目	年份	宣传对象及使用
1	保护区宣传折页（中英文）	2011	公众，活动及对外接待、交流
2	黑脸琵鹭手偶	2011	特定对象，环境教育活动
3	数字油画	2011	特定对象，环境教育活动
4	鸟类解说导览牌	2011	公众，对外展示
5	东滩鸟类科普教育基地导览手册（中文版）	2012	公众，活动及对外交流
6	东滩保护区概况宣传折页	2012	特定对象，工作、对外交流
7	东滩特色文件夹	2012	特定对象，工作、对外交流
8	紫砂纪念杯	2012	特定对象，对外交流
9	《光华重现》宣传片	2012	特定对象、活动及对外交流
10	东滩鸟类科普教育基地导览手册（中英文版）	2013	公众，活动及对外交流
11	志愿者服务纪念马克杯	2013	特定对象，活动及对外交流
12	爱鸟贴	2013	公众，活动及对外交流
13	鸟类卡通人偶服	2013	公众，环境教育活动
14	保护区执法宣传挂历	2013	社区居民，社区宣传

续 表

编号	项　　目	年份	宣传对象及使用
15	《鸟儿请你来做客》	2013	特定对象，环境教育活动
16	东滩鸟类科普教育基地入口导览牌	2013	公众，对外展示
17	《筑梦东滩》宣传片	2014	特定对象，活动及对外交流
18	《解说系统规划——从理论到实践》	2014	特定对象，活动及对外交流
19	鸟类拼图	2014	公众，环境教育活动
20	《迁徙大挑战》棋盘游戏	2014	公众，环境教育活动
21	《关于保护区你应该了解的那些事儿》宣传展板	2014	公众，环境教育活动
22	《2014——我们走过的这一年》	2014	特定对象，工作、对外交流
23	保护区宣传折页（中英文更新）	2015	公众，活动及对外接待、交流
24	《筑梦东滩》宣传册	2015	特定对象，工作、对外交流
25	《十年东滩》宣传片	2015	公众、活动及对外交流
26	互花米草生态治理二期解说导览牌	2015	特定对象、对外展示
27	《崇明东滩生态修复项目廉政建设宣传手册》	2015	特定对象，工作、对外交流
28	晋升国家级保护区十周年宣传展板	2015	公众、活动及对外交流
29	《彩砂》杂志	2011～2015	特定对象，工作、对外交流
30	黑脸琵鹭人偶	2015	活动
31	《东滩保护区年度资源监测报告》	2011～2016	特定对象，工作、对外交流
32	震旦鸦雀人偶	2015	活动
33	震旦鸦雀冰箱贴	2016	特定对象，工作、对外交流
34	社区自然保育家园守护圈环保袋	2016	特定对象、活动及对外交流
35	黑脸琵鹭帆布袋	2016	特定对象、活动及对外交流
36	执法宣传折扇	2016	社区居民、宣教活动
37	秸秆蘑菇宣传手册	2016	公众
38	志愿者服务马克杯二代	2016	志愿者、对外交流

续 表

编号	项　　　目	年份	宣传对象及使用
39	志愿者服务手册(改版)	2016	志愿者
40	秸秆蘑菇围裙	2017	社区居民
41	保护区法律法规宣传册	2017	社区居民
42	保护区宣传折页(改版)	2017	特定对象,工作、对外交流

开发本土化自然教育:崇明东滩鸟类自然保护区联合崇明区教育部门深入开展中小学生环境教育实践课程本土化的研究,研究开发自然教育课程,并开展系列试教活动,努力提高科普教育的针对性和有效性。启动了中小学生环境教育实践课程开发项目,推进了面向中小学生的“自然课堂”环境教育活动。(图6.3)借助智能化终端,开发科普教育产品,实现网上浏览互动。以崇明本地的中小学绿色乡土课程建设为起点,逐步建设了面向大学生的生态教育课程以及面向各地保护区科研管理人员的培训课程,相关案例还入选联合国绿色经济教材。

图6.3　崇明东滩鸟类自然保护区开展中小学环境教育活动

5)探索社区合作共管机制

加强与社区单位的合作:保护区管理处结合党员领导干部民主生活会,定期组织邀请东滩湿地公园、居委会、边防派出所等周边社区单位的相关负责人召开座谈会,广泛听取各单位对保护区建设管理、领导班子集体及个人的意见建议。并通过针对性地走访和实地调研，发现保护区建设发展过程中存在的问题，不断加强与周边社区单位的合作共管来更好地解决问题。

借助社区力量加强保护：保护区管理处下辖的5个管护站有20余名协管员，他们中有一些就曾是“靠滩吃滩”的渔民，而今主动加入了协管员行列，担负起保护区巡护、宣传等任务，成为保护区及周边社区共管的纽带。

与WWF合作探索参与式湿地管理：2015～2017年，崇明东滩鸟类自然保护区与世界自然基金会（WWF）开展了为期三年的湿地综合管理项目，包括设计规划保护区北部实验区、制订栖息地管理计划、开展生物多样性及环境监测、参与配套设施设计及建设等内容。这些活动为社会组织参与保护区管理积累了丰富的经验。

推进自然保育家园守护圈建设：在2015年4月11日的上海市第34届爱鸟周活动启动仪式上，东滩社区自然保育家园守护圈建设工作正式拉开帷幕，旨在创新野生动物类型自然保护区组织领导方式，动员社会力量参与自然保护工作，联合政府部门、非政府组织、社区单位等发挥各自优势，充分整合资源，共同保护东滩湿地和鸟类，并增强社会公众保护自然、保护湿地、保护鸟类的意识，同时提升保护区服务社区、服务社会的能力。

6）开展社区志愿服务活动

建设志愿者之家：2008年4月12日，崇明东滩鸟类自然保护区、WWF、“牵手上海”志愿者服务机构在“汇丰与气候伙伴同行”WWF中国项目的支持下，成立了“志愿者之家”。上海及周边市民有机会以志愿服务的形式，参与到国家级自然保护区的管护工作。项目面向热爱环保事业的团体或个人，在通过网上申请、审核和培训后，这些志愿者将赴实地协助开展项目设计、培训、巡护、社区调查、宣教、动植物资源监测、生境管理、保护区对外宣传等工作。

培训社区志愿者：保护区管理处定期招募及培训来自保护区周边的前哨社区、立新村、瀛东村及周边单位的社区志愿者。一方面，通过“社区湿地课堂”的培训，令志愿者对东滩湿地的重要价值、湿地所面临的威胁、保护区开展的管护工作等有了较为清晰的认识；另一方面，依托社区志愿者的力量，在周边社区中广泛开展宣传教育等工作，像种子一样不断传播保护理念。

6.2.2 坚持重大问题导向，不断破解保护区发展难题

保护区建区以来，坚持以重大问题为导向，按照“正视问题、找准问题、解决问题”的思路，着力推动解决保护区发展中面临的一系列突出矛盾和问题。建区初期以严格执法管理、清理违法活动为工作重点，此后围绕互花米草入侵的重大问题开展治理修复工作，近几年开展的功能区划调整工作则是着眼于保护区未来发展进行战略思考和布局。

1）严格执法管理，清理违法活动

按照《中华人民共和国自然保护区条例》确定保护区边界的要求，以及国家级自然保

护区必须确定国土使用权属的要求，保护区管理处于2004年根据《上海市滩涂管理条例》的规定，向上海市水务主管部门申请了《滩涂开发利用许可证》。根据《上海市滩涂管理条例》第十七条的规定，保护区享有包括取得土地使用权等在内多项权利。但前些年，崇明水产、水务等管理部门，依然违规批准一些单位或个人在自然保护区内承包滩涂养殖、建设砂石料堆场、砍伐或栽种树木等。面对自然保护区内违法开发建设活动这一重大问题，保护区管理处积极协调各级部门，清理违法活动。

清理违法放牧：在崇明东滩地区，成群的水牛曾是湿地一景，出现在很多画家和摄影家的作品中。某粮食专业合作社多年来在崇明东滩鸟类自然保护区内违法开展水牛放牧活动，数量最多时达800余头，对保护区的生态环境和鸟类栖息地造成严重破坏。崇明东滩鸟类自然保护区管理处多次向相关主管部门反映，并按照当时崇明县人民政府领导的有关批示精神，于2011年2月15日与该公司签订了《关于解决上海崇明东滩鸟类国家级自然保护区水牛放牧问题的备忘录》，提出"总量控制、逐年削减、彻底根治"的原则。2016年12月26日，保护区管理处向该公司下达林业行政处罚决定书，限令60日内停止在本保护区放牧的行为，将其公司所属牲畜全部移出保护区范围，并处罚款壹万元整。2017年2月保护区管理处向崇明区政府报送《关于崇明东滩鸟类国家级自然保护区内放牧问题的情况专报》，恳请崇明区政府督促区有关职能部门，全力支持与协助保护区管理处对牛场问题进行整治，并就水牛养殖户的转产安置、寻找替代水牛养殖地、发展现代科技农业等有关工作研究解决对策，将水牛全部迁出保护区，彻底解决保护区遗留多年的非法放牧问题。经过多轮协商，该公司于2017年9月初与地方相关管理部门签订了转产安置协议，明确在保护区界内取缔水牛养殖业，并制定了相应的退出时间表和清退工作安排。

清理违法捕捞：某水产养殖作业合作社在崇明长江北支至东滩一带的滩涂具有较长时间的养殖经营历史，该企业于2002年开始在崇明北部滩涂从事海瓜子与黄泥螺的放苗养殖，并向崇明有关部门申请了《水域滩涂养殖证》，进行滩涂捕捞作业活动。上述《水域滩涂养殖证》及其附件所核准的四至范围涵盖了保护区内约160 km^2的区域。在保护区积极沟通下，2017年9月底，崇明区有关部门对其养殖证、捕捞证进行了变更，不再允许其在保护区内开展生产活动。

2）治理互花米草，开展生态修复

近二十多年来，外来物种互花米草在崇明东滩不断入侵潮滩湿地生态系统，其快速扩张已对保护区的主要保护对象的生存构成了严重的威胁，导致鸟类栖息地不断退化或丧失，这已成为保护区建设管理中面临的重大问题。

崇明东滩鸟类自然保护区为有效控制区内互花米草不断扩张的态势，从2006年开始，联合高校和上海市有关部门，开展互花米草治理技术研究，并推动"上海崇明东滩鸟类国家级自然保护区互花米草生态控制与鸟类栖息地优化工程"项目论证和落地。通过积极争取中央湿地保护补助项目开展互花米草生态治理和鸟类栖息地优化中试示范项目一、二、三期建设，互花米草控制率达95%以上，为迁徙过境的鸻鹬类和越冬的雁鸭类提供了良好的栖息环境。

2012年年底，经原国家林业局、原环保部严格按照法律程序审批后，崇明东滩生态修复项目由上海市发展改革委员会立项拨款建设，投资10.3亿元，面积24.2 km^2，建设内容包括互花米草生态控制、鸟类栖息地优化和科研监测基础设施三部分。（图6.4）目前已完成包括修复区围堤主体结构、围内土方岛屿、水闸泵站主体结构在内的基建工程量，项目区域修复后的湿地生境面貌已初步呈现。（图6.5）

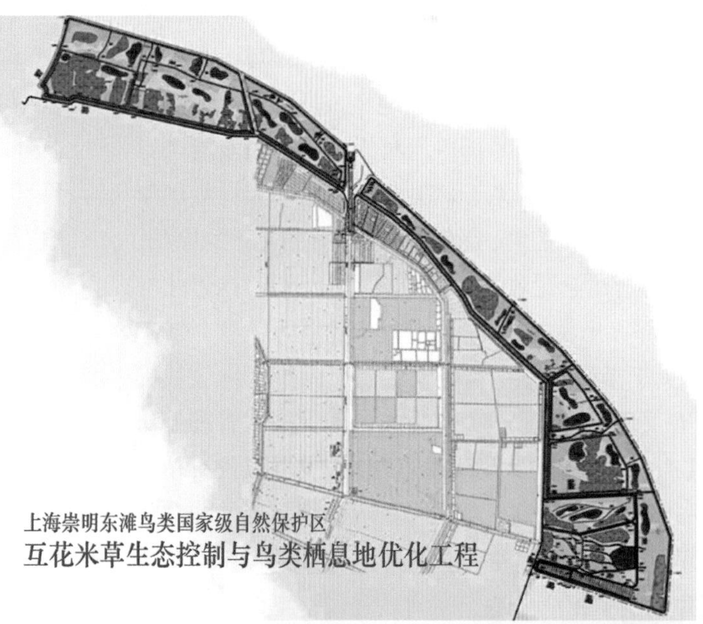

图6.4 崇明东滩互花米草生态控制与鸟类栖息地优化工程示意图

图6.5 崇明东滩互花米草生态控制与鸟类栖息地优化工程实景图

生态修复工程在前期研究基础上，由复旦大学陈家宽课题组提出了“围、割、淹、晒、种、调”六字方针，在此指导下形成了一套适合崇明东滩的互花米草综合治理方法，集成物理、生物和工程等多种手段，有效清除了2万多亩互花米草，控制了近年来互花米草在东滩湿地的蔓延扩张，并正在逐步恢复土著植被。在生态专家的指导下，在围堤内修建了完善的水系，营造各类适合鸟儿栖息的岛屿、浅滩、沙洲、池塘近10 km^2，同时人工栽种本土植物海三棱藨草、芦苇和海水稻，为鸟儿提供食源。(图6.6) 以小天鹅为代表的越冬雁鸭数量明显回升，国家一级保护动物——中华秋沙鸭首次现身东滩，在生态修复区内栖息的鸟类超过6万只。

3）启动调整功能区划，提升保护水平

崇明东滩鸟类自然保护区位于长江河口，长江河口滩涂生态系统演变导致鸟类栖息地空间格局发生变化，北部区域这些年滩面高程加速抬高，形成的大面积光滩成为鸻鹬类的重要觅食场所。此外，互花米生态控制工程在完成基础建设并进入运营期后，为了持续发挥生态效益，达到为迁徙候鸟提供不同类型的栖息地的预定目标，必须对工程区域内布设的泵、闸等水利设施进行人工调控，因此，需要把位于原核心区和缓冲区的生态调控设施调整到实验区，以便今后合法开展管护工作。基于以上原因，保护区管理处在2017年启动了功能区调整工作，以此来提升保护区的保护和管理水平。2020年7月，该调整方案经国家级自然保护区评审委员会评审通过。

图6.6　崇明东滩互花米草生态控制与鸟类栖息地优化工程营造的生境岛屿

调整后，保护区边界范围和总面积不变，仅进行了功能区的微调，核心区和缓冲区面积均有所增加。调整后的区划更加有利于对重点保护对象的保护和管理；更加有利于提升保护区现代化管理能力，强化生态调控；更加有利于发挥保护区的科学研究功能，扩大国内外社会影响；更加有利于生态修复工程的技术示范和学术交流，打造在国际上有影响力的保护地创新驱动平台。

6.2.3 坚持科技创新驱动，不断提升保护区管理水平

建区以来，崇明东滩鸟类自然保护区坚持以科研和监测服务于管理，通过科技创新驱动，带动保护区管理水平的提升。(图6.7)开展综合性生态调查监测、搭建高水平科研监测平台、打造开放性科学研究基地，不仅产出了大量基础性科研成果，也为保护区开展适应性管理提供了重要技术支撑。如今，崇明东滩鸟类自然保护区已经成为我国滨海湿地研究的重要科学中心和人才培养基地，为长江大保护、生态修复和生态文明建设提供了典型范例。

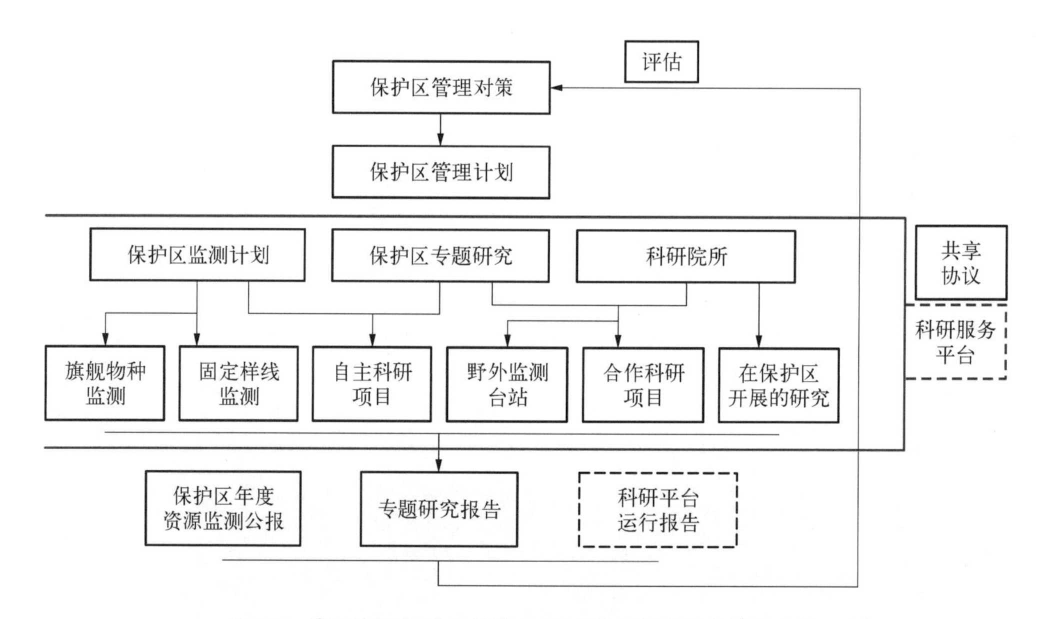

图6.7 崇明东滩鸟类自然保护区以科研驱动提升管理水平

1）开展综合性生态调查监测

崇明东滩鸟类自然保护区依托高校资源和自身建设，建立了“以内为主，内外结合”的资源监测体系(图6.8)。经过多年发展，保护区专业人员已能够独立承担水鸟调查、鸟类环志和水质监测等任务。

迁徙鸟类环志：从2002年开始，坚持每年春秋两季对迁徙鸟类进行环志工作，连续多年占据全国涉禽环志总数首位，截至2017年年底共环志鸟类54种5万余只，在国内外环志研究领域形成了较大影响力。

水鸟同步调查监测：从2005年开始，坚持每年开展水鸟同步调查和监测工作，积累了

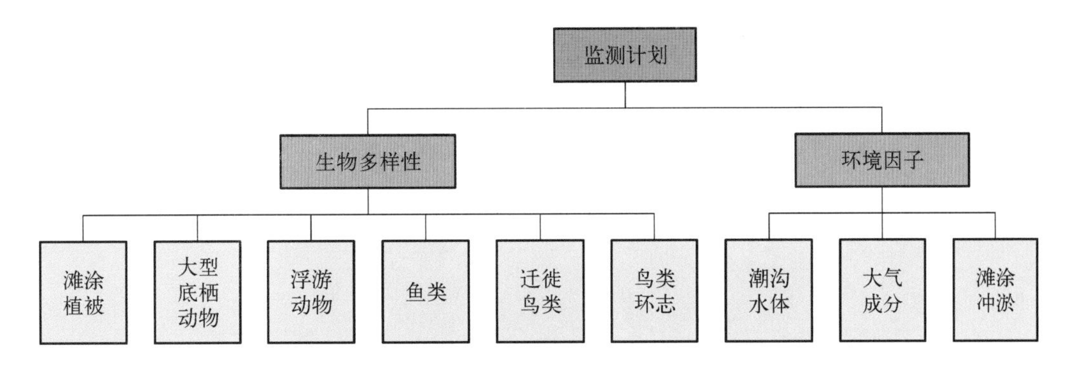

图6.8　崇明东滩鸟类自然保护区资源监测体系

大量鸟类资源种类和数量分布的基础数据，基本掌握了保护区内水鸟资源数量的动态变化情况，为监测崇明生态岛1%物种指标提供了重要基础数据。

年度资源监测：依托上海各大院校开展植被、底栖动物和鱼类等自然资源及水文、水质、滩涂淤涨等环境因子的多方位监测，在综合分析和评价基础上，每年形成《上海崇明东滩鸟类国家级自然保护区年度资源监测公报》并向社会公开发布。

2）搭建高水平科研监测平台

崇明东滩鸟类自然保护区与有关单位合作建立了全球碳通量东滩野外观测站、长江河口湿地生态系统研究野外站、长江河口潮滩湿地冲淤观测站、大气综合成分观测站和禽流感生态安全预警平台，联合高校向国家林业局申请建立上海崇明东滩湿地生态系统定位研究站，并已纳入国家林业局陆地生态系统长期定位监测网络，构建起了一流的、富有崇明东滩特色的科研服务平台，获得的数据为崇明生态岛建设提供了科学的环境监测和评价指标。（图6.9和图6.10）

图6.9　崇明东滩湿地生态系统国家定位观测研究站

图6.10 崇明东滩大气成分监测站

3）打造开放性科学研究基地

近些年来，崇明东滩鸟类自然保护区积极联合合作单位争取国家重大基础研究项目、国家自然科学基金项目和上海市科技重点攻关项目落户崇明东滩。已成功申报“崇明东滩退化滩涂湿地和人工湿地的修复及示范技术研究”（2008 ～ 2011）、“崇明东滩水鸟栖息地营造和种群维持的技术与示范”（2012 ～ 2015）、“东滩湿地演变对生态治理工程的响应与生态修复技术集成示范”（2013 ～ 2015）、“东滩湿地植物种群重建复壮技术研究与示范”（2014 ～ 2016）等7项上海市科学技术委员会及市局项目，累计科研投入近1 600万元。项目的研究成果和阶段成果都直接指导或应用于保护区开展的退化湿地修复和鸟类栖息地优化中期示范实践中。已完成课题成果归纳集成为“崇明东滩互花米草控制与鸟类栖息地优化关键技术研究与示范”成果，被列入上海市绿化市容行业“十二五”科技成果奖。

建区以来，崇明东滩鸟类自然保护区与复旦大学、华东师范大学、上海师范大学等高校和科研院所保持密切合作，充分发挥了自然保护区作为科学研究基地培养社会人才的良好社会效益。据不完全统计，各高校及科研单位在崇明东滩保护区已开展各级各类科研项目上百项，培养硕士、博士研究生240余人（名单见附录5），发表中文论文及著作500余篇（部），国外SCI期刊论文170余篇。

6.2.4 坚持开放共建共享，不断拓展保护区交流平台

“开放、共建、共享”一直是崇明东滩鸟类自然保护区发展的特色和亮点。多年来，保护区积极贯彻“创新、协调、绿色、开放、共享”的发展理念，通过发起湿地保护协作网络、打造国际交流合作平台、开展湿地自然保护培训、建立志愿服务合作平台等措施，把崇明东滩鸟类自然保护区打造成为中国自然保护地的重要开放合作平台、保护网络共建中心和理念经验共享基地。

1）发起湿地保护协作网络

崇明东滩鸟类自然保护区先后发起成立了“中国东部迁徙涉禽姊妹保护区网络”“长江中下游湿地保护区网络”及“华东自然保护区生态保护联盟”，促成“长江湿地保护网络国际培训中心”落户东滩。

与中国台湾地区的台江国家公园建立长期合作伙伴关系，落实了互派基层人员交流机制，先后组团赴台参加两岸黑脸琵鹭生活圈湿地保育研讨会和湿地环境教育国际研讨会。积极开展鸟类环志志愿者国际交流活动，先后派遣多名工作人员赴澳参加环志志愿工作，接纳来自澳大利亚以及中国台湾地区的志愿者参与东滩环志工作。

2）打造国际交流合作平台

崇明东滩鸟类自然保护区先后与世界自然基金会（WWF）、美国大自然保护协会（TNC）、英国皇家鸟类保护协会（RSPB）等国际环保NGO合作，促成了“志愿者之家”、“TOT-国际湿地培训”、环境教育课程开发等项目等一系列环境教育培训项目。与WWF和TNC签订合作备忘录，共同探索社会公益组织参与自然保护区管理的新模式。

“归去来栖”鸟类保护项目：2014年，崇明东滩鸟类自然保护区管理处与美国大自然保护协会（TNC）签署了合作备忘录，双方以保护区的互花米草生态控制与鸟类栖息地优化中试项目（二期）区域为项目试点，共同探索社会公益组织参与自然保护区管理的新模式；同时提升社会公益组织在自然保护，特别是水鸟种群保育、栖息地保护研究和管理中的作用。2015年6月23日，崇明东滩“归去来栖”鸟类保护项目正式启动。

与英国皇家鸟类保护协会的长期合作：崇明东滩鸟类自然保护区与英国皇家鸟类保护协会（RSPB）有着长期的合作关系。2013年和2014年，英国皇家鸟类保护协会两次派遣专家参与崇明东滩生态修复项目国际专家咨询活动；2015年英国皇家鸟类保护协会与崇明东滩鸟类自然保护区签署合作备忘录并派遣专家进行现场技术支持；2016年英国皇家鸟类保护协会再次派遣专家参加崇明东滩生态修复项目管理监测方案国际专家咨询活动。2017年9月6日，在伦敦英国皇家鸟类保护协会总部签署了崇明东滩鸟类自然保护区与英国皇家鸟类保护协会华莱士岛自然保护区湿地姊妹保护区合作协议，极大促进了双方在迁徙水鸟保护及湿地管理上的进一步合作。

与WWF的战略合作：崇明东滩鸟类自然保护区在2015年2月和世界自然基金会（瑞士）北京代表处（WWF北京办事处）签署了第一轮合作备忘录，开展了为期三年的湿

地综合管理项目合作。具体包括对保护区北部实验区域进行规划，制订栖息地管理计划，开展生物多样性及环境监测，参与配套设施设计及建设，试验性地举办了面向长江湿地保护网络及滨海湿地网络的湿地管理培训；同时，面向企业和公众开展了形式多样的环境教育活动，形成了社会公益组织参与自然保护区有效管理模式的雏形。在合作过程中，双方机构形成了初步的事务沟通协调机制，并在栖息地管理、科研监测、基础设施建设、教育培训、社区事务、人员管理等方面形成了较为成熟的合作模式。

3）开展湿地自然保护培训

自2011年以来，在国家林业局湿地保护管理中心、世界自然基金会（WWF）的支持下，“长江湿地保护网络国际培训中心”落户崇明东滩，为培养长江流域的湿地决策者、管理者、规划人员、技术人员及公众等提供交流学习平台，开展了多次湿地管理培训课程，取得了一定的成效。培训课程内容涵盖中国湿地保护的多个议题，融合国内外经典案例与WWF栖息地管理经验，利用多样化的湿地管理工具，通过轻松活泼的互动式教学方式，让每一位学员亲身参与全程培训，学习最佳实践方案，沟通经验教训，进一步提升对湿地保护的认知及管理水平。

2018年5月8日，由中国国际湿地公约履约办公室主办、世界自然基金会（WWF）承办的2018年第一期国际重要湿地培训班在崇明东滩鸟类自然保护区北八滧“长江湿地网络管理培训中心”正式开班，本次培训面向沿海湿地网络所在省、市国际重要湿地管理人员举办，共有来自辽宁、山东、江苏、上海、浙江、福建、广东、海南、广西等国际重要湿地的14名管理人员参训。在为期五天的培训中，参训学员通过培训授课、实地调查等方式了解崇明东滩鸟类自然保护区在栖息地管理、科研监测以及环境教育等方面所开展的工作，进一步提高了湿地管理的综合能力。

4）建立志愿服务合作平台

保护区管理处通过实施志愿者分类管理，实现了志愿者活动长期有效的开展。共招募来自复旦大学、华东师范大学等高校的学生志愿者、个人志愿者约40批次1 000人次，核心志愿者在保护区开展志愿者服务累计超过5 000小时，参与保护区的环境教育、环志、社区宣传等活动，特别是在第二十一届上海市市长企业家咨询会议崇明东滩户外活动中，志愿者专业、敬业的服务赢得企业家们的高度赞扬和认可。

此外，汇丰、英特尔、摩根士丹利、通用汽车、3M、诺华制药、利丰集团、蒙牛、卡特彼勒等多家企业组织员工开展体验式志愿者服务活动。3M、通用汽车中国、黛安芬国际集团等知名企业还将崇明东滩鸟类自然保护区作为企业社会责任教育基地，开展了丰富多样的体验式科普教育活动，如3M资助研究开发了《互花米草与崇明东滩的故事》宣传册；通用汽车中国公司开展了“回归栖息地”项目，支持互花米草生态治理以及科普教育基地部分解说设施的设立；黛安芬国际集团在保护区内开展“1 m=1 m^2互花米草治理认养”和“员工关爱行动”；蒙牛集团开展“一块扫霾”低碳绿色行动，卡特彼勒集团开展了公益植树造林活动等。

6.2.5　坚持对标国际一流，不断提升保护区对外影响力

建立以来，崇明东滩鸟类自然保护区一直把“建设国内一流、国际具有影响力的自然保护区”作为发展目标，始终对标国际一流水平全面发展。除了建设一流的保护区基础设施，完善硬件条件外，还持续开展一流的专业化培训，提升管理人员业务水平，实施一流的信息管理，打造智慧保护区，开展一流的自然教育活动，建成国内外有影响力的科普教育基地。

1）建设一流的管护设施

建区以来先后完成5个主要陆路道口的管护站及其配套设施、四至边界建设并投入使用。建成南部核心区域2.3 km长的野外工作步道以及环志工作站、关键物种监测站，为该区域内开展科研监测、巡护执法、鸟类环志等工作提供了有效保证。建成覆盖保护区全部核心区和重要道口的视频监控系统，为实施生态监测、疫源疫病控制、反偷猎执法等工作提供了现代化技术手段。

2）开展一流的专业培训

保护区管理处将培训与学习工作常态化、制度化，通过“走出去，请进来”“内训外训相结合”的方式不断提升保护区工作人员的业务素质和管理水平。所有工作人员必须接受专业培训并通过考核才可正式上岗。每年都要进行内部技术培训和思想政治、业务教育，积极选派员工参加国内外举办的自然保护地方面的培训。

培训内容全面，包括法律政策、动植物知识、资源管护、执法检查、防火灭火、科研监测、宣传教育、规划编制、项目建设、资源开发管理、社区共管、技术应用等。每次培训后进行业务知识考核，并将考核结果与保护区工作目标相结合，分析指出管理工作的薄弱环节，从而制订下一阶段的改进计划。

3）实施一流的信息管理

2008年，“崇明东滩国际湿地的监测、维持与修复技术”项目在国内首次建立了“生态电子警察监测系统”，用高科技监测湿地自然保护区。此后崇明东滩鸟类自然保护区又委托开发了“综合信息管理系统”，整合了野外巡护、执法管理、科学研究、通行证管理、宣教活动、文献资料以及电子警察7个业务模块。

近几年，结合崇明东滩生态修复工程，开展了生态修复区配套生态监测系统项目，完成了光缆电力传输系统、安保管理系统、瞭望监测系统等15项分部工程的建设，集成开发了综合管理与展示平台并投入了运行。建设了覆盖全区范围和鸟类重要活动区域的视频监控系统，实现全区无线网络通信。在监控人类干扰活动的同时，为水鸟迁徙动态变化监测和滩涂湿地演变提供了影像数据支持。实现了资源监测特别是潮滩湿地生态系统、迁徙水鸟动态监测的突破。依托视频监控系统，通过GIS平台，整合全区大气、水质、地貌和野生动植物等监测内容，建立了“综合信息管理系统”（见164页图6.11）。一线监测人员配备移动终端PDA，实现数据实时采集、传输和保存。

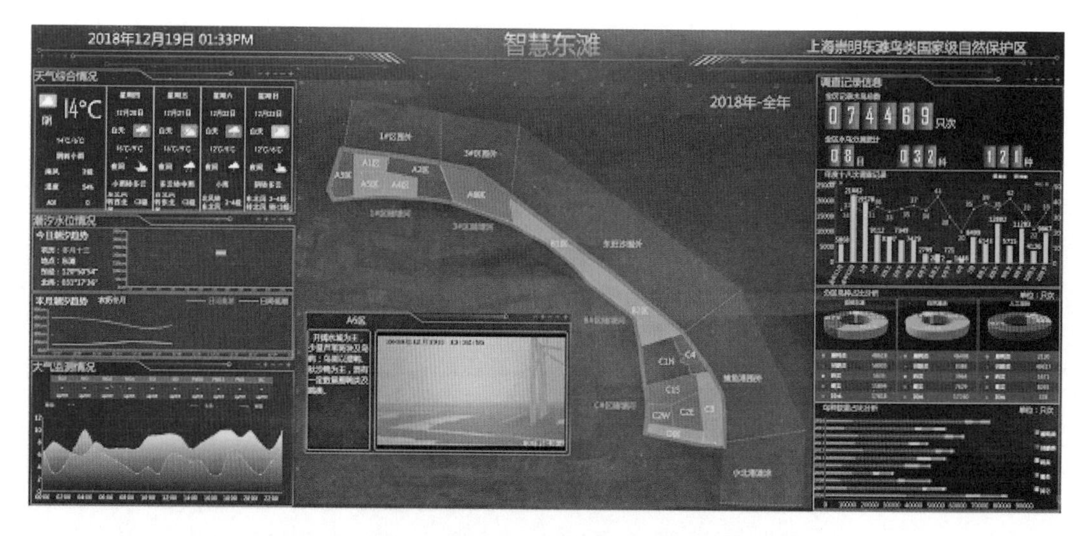

图6.11 崇明东滩鸟类自然保护区综合信息管理系统

崇明东滩鸟类自然保护区的信息化管控在以下方面取得重要创新。

率先应用鸟类智能抓拍识别：与上海交通大学网络空间安全学院信息内容分析技术国家工程实验室合作，基于高清一体化云台摄像机开发了鸟类自动抓拍识别系统，能够初步识别区分计数鸻鹬类、雁鸭类、鹭类、鸥类、鹤类5大类鸟类，特征明显鸟种如小天鹅、白头鹤等能够识别到鸟种，识别准确率在通过不断的深度学习与数据积累后将进一步提升。(图6.12)

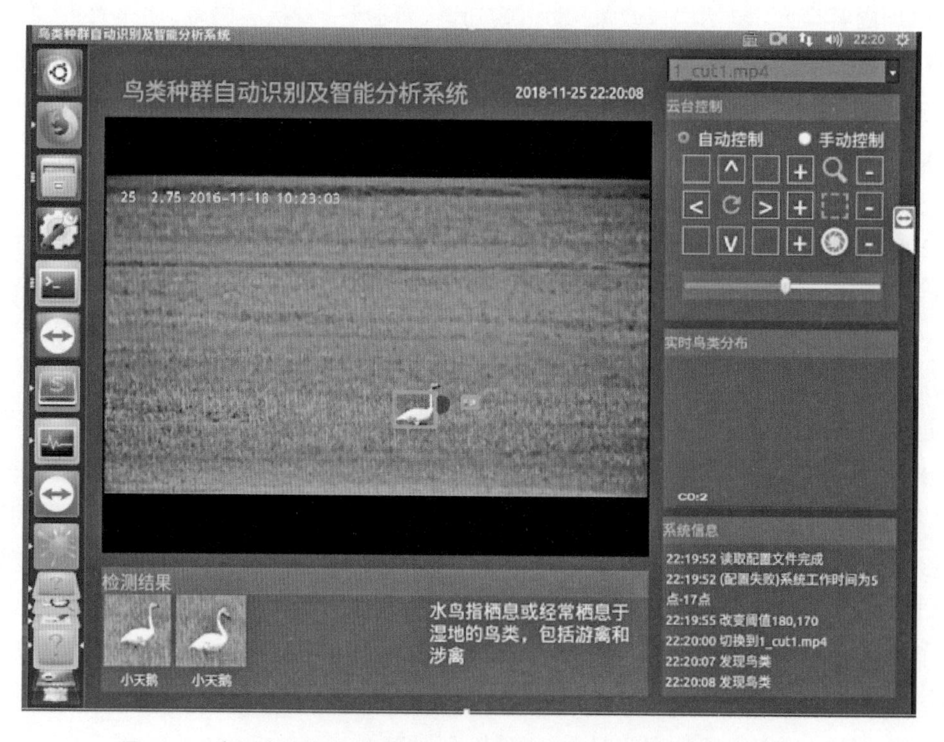

图6.12 崇明东滩鸟类自然保护区鸟类种群自动识别及智能分析系统

广泛使用国内外先进技术：一是利用振动传感光缆、视频车牌识别、周界报警等技术，实现保护区人员管控。二是结合保护区的自然生态环境特点，打造保护区视频监控保护体系。三是将原先用于辅助视频观测的无人机、无人船升级为可同时用于科研数据收集的一体化搭载平台，更有针对性地获取最新航拍影像图及其他环境要素数据。四是应用红外热成像技术，增强弱光和雾天辨别人员、车辆和鸟类的能力。

打造一体化综合指挥中心：通过电子地图与数据信息相结合的方式，全面展示天气状况、大气数据、潮汐水位、水闸状况、人员定位、车辆出入、鸟类观测、视频图像、报警信息等内容，并采用图形化的表格数据，形象展示实时与历史数据的对比及趋势变化等情况，服务于保护区管理处的各项日常工作。

4）开展一流的自然教育

建设崇明东滩鸟类自然教育基地：2010年7月，在上海市绿化和市容管理局、崇明县人民政府的大力支持下，保护区管理处先后投入3 000多万元建成了崇明东滩鸟类自然教育基地。该基地建立在自然潮滩中，包括"一线四馆"（四个主题展馆和联络通道）和互花米草生态治理展示区，占地面积100 hm^2左右，建筑总面积约3 600 m^2，木栈桥长约1 000 m，向公众普及湿地保护、自然保护区、迁徙鸟类及其栖息地保护等相关科学知识。（图6.13和图6.14）

科普教育基地自2010年建成开放至2017年，已迎来超过97万人次的市民游客参观访问（表6.3），开展了数百场次的科普教育专项活动，接待包括国家、市级领导以及国内外

图6.13 崇明东滩鸟类自然教育基地外景

图6.14 崇明东滩鸟类自然教育基地内景

表6.3 东滩鸟类科普教育基地2010～2017年参观人数统计

年 份	参观人数	备 注
2010	420 000	长江隧桥开通百万市民游崇明及世博会影响
2011	123 034	受参观道路限制影响
2012	123 034	
2013	60 688	
2014	65 025	
2015	65 860	
2016	63 584	
2017	50 280	10月9日闭馆大修
总计	971 505	

同行在内的各级各类人员逾3 000批次5万余人。已成为社会公众了解自然保护区、湿地与鸟类知识的重要场所，也是崇明建设世界级生态岛和上海建设生态宜居城市的重要窗口，还是宣传我国自然保护区建设、管理成就，履行国际义务的重要阵地。2016年荣登中国最美湿地科普馆榜首，2017年入选上海100胜。

在保护区外拓展科普阵地：2015年起，保护区管理处积极推进社区自然保育家园守护圈建设，在保护区外拓展科普阵地，建立前哨社区自然教育中心，成为崇明东滩鸟类自然保护区推进社区宣传的重要场所。联合社区探索开展了“场地涂鸦”“东滩特色农产品市集”“新知青讲堂”和“主题展览”等活动。通过开展社区资源调查，绘制社区资源地图，寻找社区与保护区合作的切入点和结合点，探索建立社区生态服务品牌。

6.3　社会评价

6.3.1　总体评价

崇明东滩鸟类自然保护区是原国家林业局确定的全国首批51个国家示范自然保护区之一，近年来通过开展有效的保护和管理建设工作，管护基础设施建设水平得到了显著提升，管护执法、科研监测、公众教育和对外交流的设施得以全面更新和提升；通过实施生态修复项目，特别是超大型退化湿地的修复和科研监测设施的建设，为示范自然保护区在湿地保护与合理利用方面提供了有效经验和实现路径，成为我国自然保护区建设和管理的良好示范。

一直以来，崇明东滩鸟类自然保护区受到社会各个层面的广泛关注。国家有关部门及上海市委市政府领导多次到东滩保护区调研。特别是2010年以来，东滩保护区依托鸟类自然教育基地这一综合性自然教育和展示平台，先后接待国家、市级领导以及国内外同行逾3 000批次5万余人，在向各方来宾展示保护区在科研监测、管护执法、信息化管理、科普宣传以及外来入侵物种治理上所取得成效的同时，也获得了各方的肯定。

作为国际重要湿地，崇明东滩鸟类自然保护区在新生河口沙洲湿地保育、亚太区域迁徙鸟类保护和履行国际湿地公约方面具有十分重要的意义，在国际上也具有非常高的影响力，有很多外国政要以及交流使团也慕名前来参观。荷兰国王、柬埔寨首相、库克群岛副总理、湿地公约秘书长、2010年上海世博会参展方代表、美国渔业和野生动物管理局访华代表团等都在崇明东滩鸟类自然保护区留下足迹。

中央电视台、上海电视台、《人民日报》、《解放日报》、《文汇报》等各类新闻媒体也从不同角度、不同方面报道了东滩保护区所开展的保护管理、科学研究、湿地生态修复、自然教育等工作，给予了高度正面评价。（表6.4和表6.5）

表6.4 电视媒体对崇明东滩鸟类自然保护区有关报道统计摘录（2014 ～ 2017年）

序号	年份	电视媒体	报 道 标 题
1	2014	上海电视台新闻综合	东滩观鸟季 澳洲鸻鹬飞来
2	2014	上海电视台新闻综合	万羽鸟儿降东滩 秋季环志已开始
3	2014	上海电视台新闻综合	东滩迎来越冬鸟 鸳鸯戏水享浪漫
4	2014	上海电视台新闻综合	东滩越冬雁鸭 观鸟晨昏最佳
5	2015	上海电视台新闻综合	东滩雁鸭大集合 春节观鸟好时节
6	2015	上海电视台新闻综合	爱鸟周：关注候鸟保护 守护绿色家园
7	2015	上海电视台新闻综合	上海市第34届爱鸟周启动
8	2015	上海电视台新闻综合	东滩迎来春季客 北迁候鸟来停留
9	2015	上海电视台新闻综合	东滩观赏须浮鸥 筑巢产仔乐融融
10	2015	上海电视台新闻综合	东滩夏季观鸟火热 暑期学生成主力
11	2015	上海电视台新闻综合	东滩候鸟大批过境 市民观鸟进入佳期
12	2015	上海电视台新闻综合	东滩湿地：互花米草入侵猖獗 上海投入10亿元治理
13	2016	上海电视台新闻综合	东滩观鸟系列活动 共庆“世界湿地日”
14	2016	崇明电视台	鸟中“大熊猫”东滩被记录
15	2016	崇明电视台	学校有个“小东滩”寓教于乐收获多
16	2016	上海电视台新闻综合	三万鸻鹬到达东滩 潮汛可观万鸟齐飞
17	2016	上海电视台新闻综合	全球濒危黑脸琵鹭 东滩春季过境高峰
18	2016	上海电视台新闻综合	八旬老太热衷环保 崇明东滩捐建书屋
19	2016	上海电视台新闻综合	东滩湿地环境优化 小天鹅数量十年之最
20	2016	上海电视台新闻综合	黑脸琵鹭飞临东滩 数量为有记录以来最高
21	2016	上海电视台新闻综合	“鸟中大熊猫”光临崇明 创东滩保护区有记录以来的最高值
22	2016	上海电视台新闻综合	白头鹤群抵达东滩 栖息乐园安然过冬
23	2016	崇明电视台	东滩明星物种“小天鹅”越冬数量升至51只
24	2016	上海电视台新闻综合	小天鹅东滩来越冬 监控镜头记录“可爱日常”
25	2016	上海电视台	摄界：“醉美”崇明候鸟季
26	2017	黄浦电视台	“互花米草”入侵 东滩湿地开展防治

续　表

序号	年份	电视媒体	报　道　标　题
27	2017	上海电视台新闻综合	崇明东滩首次记录到国家一级保护动物“中华秋沙鸭”
28	2017	中央电视台焦点访谈	东滩湿地的生态修复之路
29	2017	上海电视台新闻综合	崇明东滩孕育广袤生机　悠悠鸟哨守护精灵
30	2017	上海电视台新闻综合	上万银鸥驻留东滩　恬静悠闲情趣生活
31	2017	上海电视台新闻综合	东滩雁鸭北迁去　澳洲鸻鹬南飞来
32	2017	崇明电视台	150年后再记录 彩鹮飞临崇明东滩
33	2017	崇明电视台	“世界环境日”：认识东滩 善待东滩
34	2017	上海电视台新闻综合	立秋到候鸟南飞　东滩湿地鸻鹬聚集
35	2017	上海电视台新闻综合	立冬时节雁鸭飞来　东滩观鸟即将进入黄金期
36	2017	中央电视台纪录频道	航拍中国
37	2017	崇明电视台	东滩记录到有史以来数量最多的东方白鹤群
38	2017	上海电视台新闻综合	10只东方白鹳来沪集体越冬　种群数量成为东滩历史之最
39	2017	上海电视台新闻综合	118只，东滩保护区小天鹅越冬数量创历年之最

表6.5　平面媒体对崇明东滩鸟类自然保护区有关报道统计摘录（2014 ～ 2017年）

序号	年份	平面媒体	报道内容简述
1	2013	解放日报	长空精灵的守护者 上海崇明东滩护鸟“金哨”金伟国
2	2013	新民晚报	替290种鸟类造一个“世外桃源”
3	2013	解放日报	崇明东滩护鸟员金伟国—金哨子和鸟儿共鸣
4	2013	文汇报	东滩湿地“围剿”互花米草
5	2014	中国环境报	鸟儿请你来做客
6	2014	文汇报	江泽慧率政协调研组 赴沪调研空气污染综合防治
7	2014	崇明报	崇明东滩迎稀客 红嘴巨鸥现湿地
8	2014	新闻晨报	访护鸟人金伟国：吹了几十年的鸟哨，有个明显的感觉，鸟变少了

续 表

序号	年份	平面媒体	报道内容简述
9	2014	新闻晨报	一看日历，就知道和哪些鸟儿又要见面了
10	2014	新华每日电讯	上海崇明东滩湿地：十多年智斗“入侵草”
11	2014	新民晚报	陈建：耄耋环保志愿者
12	2014	新民晚报	上海林业人倾心打造“鸟儿的天堂”
13	2014	新民晚报	修复万亩湿地为万千鸟儿筑安乐窝
14	2014	新民晚报	邀您来崇明东滩与鸟儿“对话”
15	2015	解放日报	第34届爱鸟周活动昨启动
16	2015	文汇报	第34届上海爱鸟周启动
17	2015	人民日报	崇明东滩启动鸟类保护项目
18	2015	人民日报	黑脸琵鹭，平安自在东南飞
19	2015	新民晚报	打造自然保护区“第二方面军”
20	2015	新民晚报	东滩湿地：鸟类迁徙的“加油站”
21	2015	新民晚报	归去来栖：守护生命 守望家园
22	2015	人民日报	让候鸟有个“家”
23	2015	新民晚报	东滩寻梦
24	2015	新民晚报	智斗互花米草 助鸟归去来栖
25	2015	东方早报	坚守东滩16年：只为万鸟齐翔
26	2015	解放日报	耐住清贫寂寞　引来鸟儿回归
27	2015	劳动报	守寂寞滩涂护　百鸟生息繁衍
28	2015	青年报	无论你在与不在 鸟儿都在那里飞
29	2015	文汇报	成千上万的水鸟飞回崇明东滩
30	2015	新闻晨报	不只为鸟提供家，是在留住上海“绿肺”
31	2016	劳动报	孤独的守望者
32	2016	新民晚报	“家”在东滩
33	2016	新民晚报	让鸟儿在东滩享受安逸生活

续　表

序号	年份	平面媒体	报道内容简述
34	2016	新华网	航拍上海崇明东滩湿地:“人鸟”共融的自然天堂(微博视频发布)
35	2016	中国绿色时报	寒潮袭击 上海东滩候鸟遭遇挑战
36	2016	中国渔业报	崇明东滩控制外来物种入侵
37	2016	新民晚报	长江生态保护需全流域协调行动,崇明:已提供一批可借鉴生态安全样本
38	2016	人民日报	崇明东滩 只为鸟儿自在栖
39	2016	人民日报	上海崇明东滩:千鹬万鹤自在舞
40	2016	解放日报	耐住寂寞,因为心里有一份坚守
41	2016	上海法治报	“全球健康行”外宾团走进崇明东滩
42	2016	新民晚报	崇明东滩越冬候鸟到来芦苇滩与飞鸟共奏圆舞曲
43	2016	崇明报	东滩明星物种“小天鹅”越冬数量升至51只
44	2016	解放日报	东滩迎越冬候鸟
45	2016	新民晚报	讲述崇明东滩“护鸟人”的故事 大型原创沪剧《绿岛情歌》公演
46	2017	文汇报	用爱和科技守护“鸟儿天堂”
47	2017	文汇报	鸟中大熊猫造访崇明东滩 目前全球仅剩2 000余只
48	2017	解放日报	崇明东滩迎来“鸻鹬大军”
49	2017	上观新闻	这个冬天,崇明东滩有了天鹅湖
50	2017	新加坡联合早报	撒网捕候鸟科研:捕鸟达人十面埋伏 中杓鹬“不落圈套”
51	2017	上观新闻	崇明东滩首次发现彩鹮
52	2017	新民邻声	上海再次发现曾在中国宣告绝迹的鸟类彩鹮 时隔154年
53	2017	上观新闻	建区近20年,崇明东滩保护区做了哪三件“小事”
54	2017	崇明报	大滩涂上矢志不渝的三件“小事”
55	2017	解放日报	环境越来越好,鸟儿“不请自来”
56	2017	新民晚报	东滩归羽 芦花轻浅处 飞鸟相与还

续　表

序号	年份	平面媒体	报道内容简述
57	2017	中国环境报	崇明东滩迎来更多鹬兵鳄将
58	2017	上观新闻	[新时代新气象新作为]历时最高纪录！东滩保护区小天鹅越冬数量小范围已达118只
59	2019	上海日报	*Tundra swans spend winter at Chongming Island reserve*

随着崇明东滩自然保护事业的高质量和快速发展，大批专家、学者、新闻工作者和市民游客纷至沓来。保护区建区以来组织实施的科学考察、“爱鸟周”、“自然课堂”等自然教育等活动，使崇明东滩国际重要湿地及周边地区的知名度愈来愈高，不仅有利于培养公众关爱自然、参与自然保护的意识，而且有利于促进崇明世界级生态岛的建设。根据2017年东滩鸟类科普教育基地环境影响后评价调查工作反馈，90%以上到访东滩鸟类科普教育基地的公众(包括市民游客、周边居民、NGO从业者)认为基地所在区域的生态环境状况良好，科普教育活动组织管理有序，基地的建立对自然保护与科普教育具有重要意义。

6.3.2 对“崇明东滩生态修复项目”的评价

为了有效控制保护区内互花米草不断扩张的态势，东滩保护区自2006年起开始联合市有关部门和高校开展互花米草生态控制的研究，经过不断探索，最终形成了互花米草控制与治理人工强干预的工作思路。经过多方努力，历时八年，“崇明东滩生态修复项目”终于在2013年9月开工实施。作为亚太地区候鸟迁徙路线上规模最大的以控制外来物种、恢复迁徙水鸟栖息地功能为主要目标的生态修复工程，崇明东滩生态修复工程项目从实施以来就得到了社会各界的多方关注，国家有关部委、上海市委市政府领导以及国内外众多专家学者多次到崇明东滩生态修复项目实施现场进行调研。

2017年上半年，中央电视台焦点访谈栏目、《解放日报》、《文汇报》等媒体都以专栏形式，对崇明东滩生态修复项目进行了重点报道和宣传。尤其是焦点访谈栏目还以《东滩湿地的生态修复之路》为题，从治理外来入侵物种和践行长江经济带实施“长江大保护”的角度，对崇明东滩的生态修复工作给予了肯定。该项目也荣获了2016年度“全国人居环境范例奖”。

依托互花米草生态修复项目，已形成了互花米草生态控制与治理综合技术、鸟类栖息地营建和种群维持关键技术、土著植物种群复壮技术、大型修复区生态调控关键技术等一系列技术体系和管理体系，锻炼了与生态修复工程相关的勘察设计、施工管理、生态监察等队伍。有些技术已被江苏、福建、山东以及国外的同行学习借鉴，部分生态工法还获得了社会有关方面的高度认可。项目建设单位还多次受邀在国内外有关生态修复和湿地保护的学术研讨会进行交流，为国内外外来物种入侵治理贡献了“上海方案”。

6.3.3 保护区获得的荣誉

近年来，崇明东滩鸟类自然保护区在建设发展和管理过程中，全面深入贯彻落实生态文明建设理念，先后被评为上海市科普教育基地、上海市志愿者服务基地、上海市国际文化交流服务基地及全国科普教育基地，并获得全国自然保护区工作先进集体、上海市文明单位、上海市重点工程实事立功竞赛优秀单位、中国人居环境范例奖等各类各级荣誉逾70余项（见174页表6.6）。

保护区管理处以“敬业、奉献、包容、创新”的理念为引领，培育形成了“奋发有为、攻坚克难”的东滩精神，各类先进典型不断涌现。如管理处原主任汤臣栋，自大学毕业起就坚守在崇明东滩鸟类自然保护区，历经十八年，不忘初心。在2016年，汤臣栋被授予“全国优秀共产党员”称号。在东滩精神的感召下，保护区人才辈出，全处党员职工先后获得“全国优秀共产党员”“全国自然保护区先进个人”“全国绿化模范奖章”“斯巴鲁生态保护奖”“上海市重点工程实事立功竞赛建设功臣、优秀建设者”等各类各级先进荣誉奖项近70余人次。

6.4 小结

建设生态文明是中华民族永续发展的千年大计。崇明东滩鸟类自然保护区从建区以来，立足管理职责，按照国家示范自然保护区建设要求，以坚持生态文明建设为己任，以不断完善制度建设为管理支持，坚持科研为自然保护管理服务，通过实施重要生态系统保护和修复重大工程，提升了东滩湿地的生态质量，还自然于宁静、和谐、美丽。与此同时，通过完善科普基础设施建设、创新科普宣传方式和途径，进一步传递人与自然和谐共生的生态文明意识和理念，基本实现了“管护执法上水平、生态治理求实效、科学研究攀高峰、科普教育有突破”的总体要求，在推进事业发展、提升管理水平、加强自身建设等方面取得了较为明显的成效，得到广泛社会好评。

当前，崇明东滩鸟类自然保护区已经进入发展的新阶段，面临的机遇与挑战并存，相信只要坚持人与自然共同体和谐共生的生态文明理念，崇明东滩鸟类自然保护区定能成为自然保护区事业领域里的排头兵、先行者，实现并带动新时代中国自然保护区的高质量发展。

表6.6 上海市崇明东滩鸟类自然保护区管理处集体荣誉统计（2008 ～ 2017年）

序号	荣誉名称	颁发单位	获奖年份	备注
1	2007年度上海市绿化管理局先进职工之家	上海市绿化和市容管理局	2007	管理处工会
2	2007年度上海市平安单位	上海市综治委	2007	沪综治委〔2008〕9号
3	2008年度中国自然科学博物馆协会先进集体	中国自然科学博物馆协会	2008	科博字〔2009〕3号
4	2008年度全国鸟类环志工作先进单位	全国鸟类环志中心	2008	
5	2008年度直属预算单位部门决算工作先进单位三等奖	上海市绿化和市容管理局	2008	沪绿容办〔2010〕1号
6	2007—2008年度上海市绿化和市容局文明单位	上海市绿化和市容管理局	2008	沪绿文明委〔2009〕1号
7	2009年上海市优秀科普讲解征文大赛优秀组织奖	上海市科普教育基地联合会	2009	沪科教基联〔2009〕7号
8	2009年度重点工程实事项目和迎世博城市管理立功竞赛先进集体——社会动员和绿化窗口（志愿者）分赛区	上海市绿化和市容管理局	2009	沪绿容竞〔2010〕1号
9	第二十一次上海市市长国际企业家咨询会议崇明户外活动项目组：2009年度重点工程实事项目和迎世博城市管理立功竞赛先进集体——林业管理（绿化林业有害生物预警防控）分赛区	上海市绿化和市容管理局	2009	沪绿容竞〔2010〕1号
10	2009年度全国鸟类环志工作先进单位	全国鸟类环志中心	2009	
11	2009年度先进科普集体	上海市科普教育基地联合会	2009	沪科教基联〔2010〕1号 环境教育中心
12	2009 ～ 2010年度市绿化市容局青年文明号（共青团号）	上海市绿化和市容管理局	2009	沪绿容团〔2010〕4号 鸟类环志先锋号
13	2010年度上海市绿化市容行业保障世博、服务民生、提升管理立功竞赛先进集体	上海市绿化和市容管理局	2010	

续　表

序号	荣　誉　名　称	颁　发　单　位	获奖年份	备　　注
14	2010年度先进科普集体	上海市科普教育基地联合会	2010	沪科教基联〔2010〕9号
15	中国自然科学博物馆协会成立30周年先进单位	中国自然科学博物馆协会	2010	科博字〔2010〕47号
16	2010年长江湿地保护与管理先进单位	国家林业局湿地管理中心	2010	林湿综字〔2010〕45号
17	世博区县友好结对工作优秀集体	上海市人民政府外事办公室	2010	沪府外办综〔2010〕1088号
18	上海市世博志愿者工作优秀团队	上海市文明办	2010	
19	2009～2010年度上海市绿化和市容管理局文明单位	上海市绿化和市容管理局	2011	
20	上海市绿化市容行业信息化工作优秀单位（直属单位）	上海市绿化和市容管理局	2011	
21	2011年度上海市绿化市容“十佳”好新闻：《崇明东滩保护区紧急行动 赴南部重点区域开展联合清查和宣传活动》	上海市绿化和市容管理局	2011	
22	全国林业系统“五五”普法宣传教育集体	国家林业局	2011	林策发〔2011〕125号
23	2009年局直属预算单位部门决算工作先进单位	上海市绿化和市容管理局	2011	
24	全国农林水利系统模范职工小家	中国农林水利工会	2011	办公室
25	上海绿化市容行业工人先锋号	上海市绿化和市容管理局	2011	管护执法科
26	2011年度上海市绿化市容行业“当好科学发展主力军、打好创新转型攻坚战”劳动竞赛先进集体	上海市绿化和市容管理局	2011	管护执法科
27	2009～2011年度上海市绿化先进集体	上海市绿化和市容管理局	2011	
28	上海市“母亲河奖”项目类：东滩湿地和鸟类保护环境宣传教育项目	上海市团市委	2011	

续 表

序号	荣 誉 名 称	颁 发 单 位	获奖年份	备 注
29	2012年度中国自然科学博物馆协会优秀集体	中国自然科学博物馆协会	2012	科博字〔2012〕42号
30	全国自然保护区工作先进集体	环保部等七部委	2013	环发〔2013〕6号
31	2012年度信息化工作优秀单位	上海市绿化和市容管理局	2013	
32	2012年度上海绿化市容行业工人先锋号	上海市绿化和市容管理局	2013	沪绿容〔2013〕58号 互化米草综合治理项目组
33	2012年度上海绿化市容行业“当好科学发展主力军、打好创新转型攻坚战”劳动竞赛先进集体	上海市绿化和市容管理局	2013	沪绿容〔2013〕58号 互化米草综合治理项目组
34	2012年度绿化市容系统政务微博工作优秀单位	上海市绿化和市容管理局	2013	沪绿容办〔2013〕15号
35	2011～2012年度上海市绿化和市容管理局文明单位	上海市绿化和市容管理局	2013	沪绿容〔2013〕166号
36	首批上海市绿化和市容管理局班组创先特色十佳班组	上海市绿化和市容管理局	2013	沪绿容工〔2013〕13号 互化米草综合治理项目组
37	公园绿地无线局域网（WLAN）覆盖工程先进单位	上海市绿化和市容管理局	2013	沪绿容〔2013〕301号
38	2013年度市绿化市容行业劳动竞赛先进集体	上海市绿化和市容管理局	2014	沪绿容〔2014〕37号 办公室
39	2013年度上海绿化市容行业工人先锋号	上海市绿化和市容管理局	2014	沪绿容〔2014〕37号
40	2014年度先进集体	上海市科普教育基地联合会	2014	沪科教基联〔2014〕2号
41	第十七届（2013～2014年度）上海市文明单位	上海市文明办	2014	

续　表

序号	荣誉名称	颁发单位	获奖年份	备注
42	2014年度上海市重点工程实事立功竞赛优秀单位	上海市重点工程实事立功竞赛领导小组	2015	沪竞字〔2015〕1号
43	2014年度绿化市容行业立功竞赛先进集体	上海市绿化和市容管理局	2015	沪绿容〔2015〕52号 项目指挥部办公室前期部
44	2014年度绿化市容行业立功竞赛先进集体	上海市绿化和市容管理局	2015	沪绿容〔2015〕52号 环境教育中心
45	崇明东滩互花米草生态控制与鸟类栖息地优化关键技术研究与示范：绿化市容行业“十二五”科技成果奖二等奖	上海市绿化和市容管理局	2015	沪绿容〔2015〕219号
46	2013～2014年度上海市绿化和市容管理局系统档案工作优秀单位	上海市绿化和市容管理局	2015	沪绿容办〔2015〕12号
47	2015年崇明县未成年人暑期工作优秀项目：湿地探索夏令营活动	崇明县未成年人保护委员会代章颁发	2015	
48	2015年崇明县未成年人暑期工作优秀活动场馆	崇明县未成年人保护委员会代章颁发	2015	
49	2014～2015年度思想政治工作先进单位	中国建设职工思想政治工作研究会风景园林行业分会	2015	
50	全国疫源疫病监测防控工作先进集体	国家林业局	2015	
51	全国模范职工小家	中华全国总工会	2015	总工发〔2015〕38号
52	2015年度上海市重点工程实事立功竞赛优秀单位	上海市重点工程实事立功竞赛领导小组	2016	
53	2015年度上海市绿化市容行业劳动竞赛先进集体	上海市绿化和市容管理局	2015	指挥部办公室综合部

续 表

序号	荣誉名称	颁发单位	获奖年份	备注
54	2015年度上海市绿化市容行业劳动竞赛先进集体	上海市绿化和市容管理局	2015	捕鱼港管护站
55	2015年度上海市绿化市容行业工人先锋号	上海市绿化和市容管理局	2015	环境教育中心
56	保护森林和野生动植物资源先进集体	国家林业局	2015	国家林业局林护发〔2015〕161号
57	全国优秀自然保护区	环保部等七部委	2016	环生态〔2016〕61号
58	优秀基层党组织	上海市绿化和市容管理局	2016	党支部
59	上海环保三年行动优秀项目	上海市环保局	2016	互花米草生态控制和鸟类栖息地优化工程
60	2015年度上海市“平安工地”	上海市建交委	2016	沪建信访联〔2016〕493号
61	2016年“行知杯”反腐倡廉辩论赛优胜奖	上海市绿化和市容管理局	2016	
62	庆祝中国共产党成立95周年暨基层党建成果展示活动特色案例奖：《有这么一群人》	上海市绿化和市容管理局	2016	党支部
63	2016年度上海市先进科普教育基地	上海市科普教育基地联合会	2016	沪科教基联〔2016〕第007号
64	2016年度绿化市容行业劳动竞赛先进集体	上海市绿化和市容管理局	2017	沪绿容〔2017〕13号 项目建设指挥部办公室
65	2016年度中国人居环境范例奖	住建部	2017	
66	2016年度工人先锋号	上海市绿化和市容管理局	2017	沪绿容工〔2017〕2号

续 表

序号	荣誉名称	颁发单位	获奖年份	备注
67	2016年度先进职工小家	上海市绿化和市容管理局	2017	沪绿容工〔2017〕1号 环境教育中心
68	2016年度上海市重点工程实事立功竞赛优秀公司	上海市重点工程实事立功竞赛领导小组	2017	
69	上海市“清网行动”先进集体	上海市林业局	2017	
70	2015～2016年市级文明单位称号	上海市文明办	2017	
71	上海市建设交通行业“建设先锋”服务型党组织示范点	上海市建设交通委	2017	党支部
72	2016年“上海市水利工程金奖” 上海崇明东滩鸟类国家级自然保护区互花米草生态控制与鸟类栖息地优化工程2标	上海市水利工程协会	2017	
73	2016年度上海市建设交通系统平安单位	上海市建设交通委	2017	沪建委综〔2017〕2号

（李梓榕，马涛）

参考文献

1. ZHAO B, KREUTERB U, LI B, et al. An ecosystem service value assessment of land-use change on Chongming Island, China[J]. Land Use Policy, 2004, 21(2): 139–148.
2. BARTER M A. Shorebirds of the Yellow Sea-Importance, threats and conservation status [R]. Wetlands International Global Series 9, International Wader Studies 12, Canberra, Australia, 2002.
3. FAN J, WANG X, WU W, et al. Function of restored wetlands for waterbird conservation in the Yellow Sea coast[J]. Science of the Total Environment, 2021, 756: 144061.
4. JIN B S, FU C Z, ZHONG J S, et al. Fish utilization of a salt marsh intertidal creek in the Yangtze River estuary, China[J]. Estuarine, Coastal and Shelf Science, 2007, 73: 844–852.
5. KNEIB R T. Salt marsh ecoscapes and production transfers by estuarine nekton in the southeastern United States[M]//WEINSTEIN M P, KREEGER D A. Concepts and Controversies in Tidal Marsh Ecology. Kluwer Academic Publications, Dordrecht, Netherlands, 2000: 267–291.
6. MA Z J, WANG Y, GAN X J, et al. Waterbird population changes in the wetlands at Chongming Dongtan in the Yangtze River estuary, China[J]. Environmental Management, 2009, 43: 1187–1200.
7. MINELLO T J, ROZAS L P. Nekton in Gulf Coast wetlands: Fine-scale distributions, landscape patterns, and restoration implications[J]. Ecological Applications, 2002, 12: 441–455.
8. ZHOU Q, XUE W, TAN K, et al. Temporal patterns of migratory shorebird communities at a stop-over site along the East Asian-Australasian Flyway[J]. Emu-Austral Ornithology, 2016, 116(2): 190–198.
9. 蔡友铭,周云轩.上海湿地(第二版)[M].上海:上海科学技术出版社,2014.
10. 陈中义.互花米草入侵国际重要湿地崇明东滩的生态后果[D].上海:复旦大学,

2004.
11. 崇明县地方志编纂委员会.崇明县志[M].上海：上海人民出版社,1989.
12. 储忝江,盛强,王思凯,等.沿潮沟级别大型底栖动物群落的次级生产力空间变异[J].复旦学报,2016,55：460-470.
13. 高峻.上海自然植被的特征,分区与保护[J].地理研究,1997,16(3)：82-88.
14. 国家林业局昆明勘察设计院.上海崇明东滩鸟类国家级自然保护区总体规划(2011年～2020年)[R].2011.
15. 国家林业局昆明勘察设计院.上海崇明东滩鸟类国家级自然保护区总体规划(2017年～2026年)[R].2017.
16. 华东师范大学河口海岸科学研究院.崇明东滩鸟类保护区典型断面冲淤及潮沟监测[R].2013.
17. 金斌松.长江口盐沼潮沟鱼类多样性时空分布格局[D].上海：复旦大学,2010.
18. 敬凯.上海崇明东滩鸻鹬类中途停歇生态学研究[D].上海：复旦大学,2005.
19. 马强,吴巍,汤臣栋,等.崇明东滩湿地互花米草治理对鸟类及底栖动物多样性的影响[J].南京林业大学学报(自然科学版),2017,41：9-14.
20. 秦海明,汤臣栋,马强,等.春、秋季崇明东滩盐沼潮沟大型浮游动物群落分布[J].水生生物学报,2014,38：375-381.
21. 秦海明.长江口盐沼潮沟大型浮游动物群落生态学研究[D].上海：复旦大学,2011.
22. 上海市崇明东滩鸟类自然保护区管理处,复旦大学生物多样性与生态工程教育部重点实验室,华东师范大学河口海岸学国家重点实验室.上海崇明东滩鸟类国家级自然保护区功能区调整论证报告[R].2019.
23. 上海市崇明东滩鸟类自然保护区管理处.上海崇明东滩鸟类国家级自然保护区及周边社区2016年度社会经济调查报告[R].2016.
24. 上海市崇明东滩鸟类自然保护区管理处.上海崇明东滩鸟类国家级自然保护区年度资源监测报告[R].2013.
25. 上海市崇明东滩鸟类自然保护区管理处.上海崇明东滩鸟类国家级自然保护区年度资源监测报告[R].2014.
26. 上海市崇明东滩鸟类自然保护区管理处.上海崇明东滩鸟类自然保护区及周边社区2005年社会经济调查报告[R].2005.
27. 上海闻政管理咨询有限公司.上海崇明东滩鸟类国家级自然保护区互花米草生态控制与鸟类栖息地优化工程项目绩效评价自评报告[R].2018.
28. 谭娟.上海市滩涂湿地生态系统调查与健康评价[D].上海：东华大学,2013.
29. 王卿.互花米草在上海崇明东滩的入侵历史、分布现状和扩张趋势的预测[J].长江流域资源与环境,2011,20(6)：690-696.
30. 王卿.长江口盐沼植物群落分布动态及互花米草入侵的影响[D].上海：复旦大学,

2007.
31. 王思凯.互花米草入侵对长江口盐沼湿地底栖动物食源与食物网的影响[D].上海:复旦大学,2015.
32. 吴征镒.中国种子植物属的分布区类型[J].云南植物研究.1991(S4):1-139.
33. 徐宏发,赵云龙.上海市崇明东滩鸟类自然保护区科学考察集[M].北京:中国林业出版社,2005.
34. 闫芊,蒋海涛,陆健健.崇明东滩湿地植被及土壤环境因子特征研究[J].人民长江,2008,39(23):75-76+79.
35. 杨洁,余华光,徐凤洁,等.崇明东滩围垦区草本植物群落组成及物种多样性[J].生态学杂志,2013,32(7):1748-1755.
36. 中国植被编委会.中国植被[M].北京:科学出版社,1980.

附　录

上海崇明东滩鸟类国家级自然保护区被子植物名录

序号	植物门类	种中文名	种 拉 丁 名	科 名	属 名
1	被子植物	葎草	*Humulus scandens*	桑科	葎草属
2	被子植物	绵毛酸模叶蓼	*Polygonum lapathifolium* var. *salicifolium*	蓼科	蓼属
3	被子植物	羊蹄	*Rumex japonicus*	蓼科	酸模属
4	被子植物	齿果酸模	*Rumex dentatus*	蓼科	酸模属
5	被子植物	藜	*Chenopodium album*	藜科	藜属
6	被子植物	小藜	*Chenopodium serotinum*	藜科	藜属
7	被子植物	灰绿藜	*Chenopodium glaucum*	藜科	藜属
8	被子植物	盐地碱蓬	*Suaeda salsa*	藜科	碱蓬属
9	被子植物	土荆芥	*Chenopodium ambrosioides*	藜科	藜属
10	被子植物	碱蓬	*Suaeda glauca*	藜科	碱蓬属
11	被子植物	反枝苋	*Amaranthus retroflexus*	苋科	苋属
12	被子植物	牛膝	*Achyranthes bidentata*	苋科	牛膝属
13	被子植物	喜旱莲子草	*Alternanthera philoxeroides*	苋科	莲子草属
14	被子植物	蕺菜	*Houttuynia cordata*	三白草科	蕺菜属
15	被子植物	田菁	*Sesbania cannabina*	豆科	田菁属
16	被子植物	泽漆	*Euphorbia helioscopia*	大戟科	大戟属

续 表

序号	植物门类	种中文名	种 拉 丁 名	科 名	属 名
17	被子植物	乌蔹莓	*Cayratia japonica*	葡萄科	乌蔹莓属
18	被子植物	蛇床	*Cnidium monnieri*	伞形科	蛇床属
19	被子植物	萝藦	*Metaplexis japonica*	萝藦科	萝藦属
20	被子植物	龙葵	*Solanum nigrum*	茄科	茄属
21	被子植物	车前	*Plantago asiatica*	车前科	车前属
22	被子植物	刺儿菜	*Cirsium setosum*	菊科	蓟属
23	被子植物	青蒿	*Artemisia carvifolia*	菊科	蒿属
24	被子植物	野艾蒿	*Artemisia lavandulaefolia*	菊科	蒿属
25	被子植物	钻叶紫菀	*Aster subulatus*	菊科	紫菀属
26	被子植物	鳢肠	*Eclipta prostrata*	菊科	醴肠属
27	被子植物	蒲公英	*Taraxacum mongolicum*	菊科	蒲公英属
28	被子植物	加拿大 一枝黄花	*Solidago canadensis*	菊科	一枝黄花 属
29	被子植物	小蓬草	*Conyza canadensis*	菊科	白酒草属
30	被子植物	一年蓬	*Erigeron annuus*	菊科	飞蓬属
31	被子植物	碱菀	*Tripolium vulgare*	菊科	碱菀属
32	被子植物	线叶旋覆花	*Inula lineariifolia*	菊科	旋覆花属
33	被子植物	芦竹	*Arundo donax*	禾本科	芦竹属
34	被子植物	野燕麦	*Avena fatua*	禾本科	燕麦属
35	被子植物	稗	*Echinochloa crusgalli*	禾本科	稗属
36	被子植物	无芒稗	*Echinochloa crusgalli* var. *mitis*	禾本科	稗属
37	被子植物	牛筋草	*Eleusine indica*	禾本科	穇属
38	被子植物	白茅	*Imperata cylindrica*	禾本科	白茅属
39	被子植物	芦苇	*Phragmites australis*	禾本科	芦苇属
40	被子植物	早熟禾	*Poa annua*	禾本科	早熟禾属
41	被子植物	棒头草	*Polypogon fugax*	禾本科	棒头草属
42	被子植物	狗尾草	*Setaria viridis*	禾本科	狗尾草属

续 表

序号	植物门类	种中文名	种 拉 丁 名	科 名	属 名
43	被子植物	互花米草	*Spartina alterniflora*	禾本科	米草属
44	被子植物	菰	*Zizania latifolia*	禾本科	菰属
45	被子植物	束尾草	*Phacelurus latifolius*	禾本科	束尾草属
46	被子植物	水烛	*Typha angustifolia*	香蒲科	香蒲属
47	被子植物	高秆莎草	*Cyperus exaltatus*	莎草科	莎草属
48	被子植物	糙叶苔草	*Carex scabrifolia*	莎草科	苔草属
49	被子植物	水莎草	*Juncellus serotinus*	莎草科	水莎草属
50	被子植物	藨草	*Scirpus triqueter*	莎草科	藨草属
51	被子植物	海三棱藨草	*Scirpus mariqueter*	莎草科	藨草属

上海崇明东滩鸟类国家级自然保护区鸟类名录

目·科·种	居留类型	保护级别	中国濒危物种红皮书	中日协定	中澳协定	生境		
						湿地水域	农田	林地
一、潜鸟目								
（一）潜鸟科								
1. 红喉潜鸟 *Gavia stellata*	冬	—		+		+		
二、䴙䴘目								
（二）䴙䴘科								
2. 小䴙䴘 *Tachybaptus ruficollis*	留	—				+		
3. 黑颈䴙䴘 *Podiceps nigricollis*	旅	Ⅱ		+		+		
4. 凤头䴙䴘 *Podiceps cristatus*	冬	—		+		+		
三、鹈形目								
（三）鸬鹚科								
5. 普通鸬鹚 *Phalacrocorax carbo*	旅	—				+		

续 表

目·科·种	居留类型	保护级别	中国濒危物种红皮书	中日协定	中澳协定	生境		
						湿地水域	农田	林地
（四）鲣鸟科								
6. 褐鲣鸟 *Sula leucogaster*	夏	Ⅱ		+		+		
（五）鹈鹕科								
7. 斑嘴鹈鹕 *Pelecanus philippensis*	旅	Ⅰ	+		+	+		
8. 卷羽鹈鹕 *Pelecanus crispus*	冬	Ⅰ						
四、鹳形目								
（六）鹭科								
9. 牛背鹭 *Bubulcus coromandus*	夏	—		+	+	+	+	
10. 草鹭 *Ardea purpurea*	夏	—		+		+	+	
11. 苍鹭 *Ardea cinerea*	留	—				+		
12. 绿鹭 *Butorides striata*	夏	—		+		+		
13. 夜鹭 *Nycticorax nycticorax*	夏	—		+		+		+
14. 池鹭 *Ardeola bacchus*	夏	—				+		+
15. 大白鹭 *Ardea alba*	冬	—		+	+	+	+	
16. 中白鹭 *Ardea intermedia*	旅	—		+		+	+	
17. 白鹭 *Egretta garzetta*	夏	—				+	+	
18. 黄嘴白鹭 *Egretta eulophotes*	旅	Ⅰ	+			+	+	
19. 黑鳽 *Dupetor flavicollis*	夏	—						
20. 大麻鳽 *Botaurus stellaris*	冬	—		+		+		
21. 栗苇鳽 *Ixobrychus cinnamomeus*	夏	—				+		
22. 小苇鳽 *Ixobrychus minutus*	旅	Ⅱ				+		
23. 黄斑苇鳽 *Ixobrychus sinensis*	夏	—		+	+	+	+	
24. 紫背苇鳽 *Ixobrychus eurhythmus*	夏	—		+		+		
（七）鹳科								

续 表

目·科·种	居留类型	保护级别	中国濒危物种红皮书	中日协定	中澳协定	生境		
						湿地水域	农田	林地
25. 东方白鹳 *Ciconia boyciana*	冬	Ⅰ	+			+		
26. 黑鹳 *Ciconia nigra*	冬	Ⅰ	+	+		+		
（八）鹮科								
27. 白琵鹭 *Platalea leucorodia*	冬	Ⅱ	+	+		+		
28. 黑脸琵鹭 *Platalea minor*	旅	Ⅰ	+	+		+		
五、雁形目								
（九）鸭科								
29. 鸿雁 *Anser cygnoides*	冬	Ⅱ		+		+		
30. 豆雁 *Anser fabalis*	旅	—		+		+		
31. 灰雁 *Anser answer*	冬	—				+		
32. 白额雁 *Anser albifrons*	旅	Ⅱ		+		+		
33. 小白额雁 *Anser erythropus*	冬	Ⅱ		+		+		
34. 大天鹅 *Cygnus cygnus*	冬	Ⅱ	+	+		+		
35. 小天鹅 *Cygnus columbianus*	冬	Ⅱ	+	+		+		
36. 翘鼻麻鸭 *Tadorna tadorna*	冬	—		+		+		
37. 赤麻鸭 *Tadorna ferruginea*	冬	—		+		+		
38. 针尾鸭 *Anas acuta*	冬	—		+		+		
39. 绿翅鸭 *Anas crecca*	冬	—		+		+		
40. 花脸鸭 *Sibirionetta formosa*	冬	Ⅱ		+		+		
41. 罗纹鸭 *Mareca falcata*	冬	—		+		+		
42. 绿头鸭 *Anas platyrhynchos*	冬	—		+		+		
43. 斑嘴鸭 *Anas zonorhyncha*	冬	—				+		
44. 赤膀鸭 *Mareca strepera*	冬	—		+		+		
45. 赤颈鸭 *Mareca Penelope*	冬	—		+		+		

续 表

目·科·种	居留类型	保护级别	中国濒危物种红皮书	中日协定	中澳协定	生境		
						湿地水域	农田	林地
46. 白眉鸭 *Spatula querquedula*	冬	—		+	+	+		
47. 琵嘴鸭 *Spatula clypeata*	冬	—		+	+	+		
48. 红头潜鸭 *Aythya ferina*	冬	—		+		+		
49. 白眼潜鸭 *Aythya nyroca*	冬	—				+		
50. 青头潜鸭 *Aythya baeri*	冬	Ⅰ		+		+		
51. 凤头潜鸭 *Aythya fuligula*	冬	—		+		+		
52. 斑背潜鸭 *Aythya marila*	冬	—		+		+		
53. 鸳鸯 *Aix galericulata*	旅	Ⅱ	+			+		
54. 鹊鸭 *Bucephala clangula*	冬	—		+		+		
55. 普通秋沙鸭 *Mergus merganser*	冬	—		+		+		
56. 红胸秋沙鸭 *Mergus serrator*	旅	—		+		+		
57. 中华秋沙鸭 *Mergus squamatus*	冬	Ⅰ		+		+		
六、隼形目								
（十）鹰科								
58. 凤头蜂鹰 *Pernis ptilorhynchus*	旅	Ⅱ					+	+
59.（黑）鸢 *Milvus migrans*	留	Ⅱ						+
60. 苍鹰 *Accipiter gentilis*	旅	Ⅱ						+
61. 赤腹鹰 *Accipiter soloensis*	夏	Ⅱ						+
62. 雀鹰 *Accipiter nisus*	冬	Ⅱ						+
63. 松雀鹰 *Accipiter virgatus*	夏	Ⅱ		+				+
64. 普通 鵟 *Buteo japonicus*	冬	Ⅱ						+
65. 白尾鹞 *Circus cyaneus*	冬	Ⅱ		+			+	+
66. 白腹鹞 *Circus spilonotus*	冬	Ⅱ		+			+	+
67. 鹗 *Pandion haliaetus*	冬	Ⅱ						+

续　表

目·科·种	居留类型	保护级别	中国濒危物种红皮书	中日协定	中澳协定	生　境		
						湿地水域	农田	林地
68. 白尾海雕 *Haliaeetus albicilla*	旅	Ⅰ	+	+				+
（十一）隼科								
69. 游隼 *Falco peregrinus*	冬	Ⅱ						+
70. 燕隼 *Falco Subbuteo*	旅	Ⅱ		+				+
71. 灰背隼 *Falco columbarius*	冬	Ⅱ		+				+
72. 红隼 *Falco tinnunculus*	冬	Ⅱ						+
七、鸡形目								
（十二）雉科								
73. 鹌鹑 *Coturnix japonica*	冬	—		+			+	
74. 雉鸡 *Phasianus colchicus*	留	—					+	
八、鹤形目								
（十三）鹤科								
75. 灰鹤 *Grus grus*	旅	Ⅱ				+		
76. 白头鹤 *Grus monachal*	冬	Ⅰ	+	+		+		
77. 白枕鹤 *Antigone vipio*	冬	Ⅰ	+	+		+		
（十四）秧鸡科								
78. 普通秧鸡 *Rallus indicus*	冬	—		+		+		
79. 蓝胸秧鸡 *Gallirallus striatus*	夏	—	+			+		
80. 白胸苦恶鸟 *Amaurornis phoenicurus*	夏	—				+		
81. 董鸡 *Gallicrex cinereal*	夏	—		+		+		
82. 黑水鸡 *Gallinula chloropus*	留	—		+		+		
83. 骨顶鸡 *Fulica atra*	冬	—				+		
84. 小田鸡 *Porzana pusilla*	旅	—		+		+		

续 表

目·科·种	居留类型	保护级别	中国濒危物种红皮书	中日协定	中澳协定	生境		
						湿地水域	农田	林地
85. 红胸田鸡 *Porzana fusca*	夏	—		+		+		
86. 斑胁田鸡 *Porzana paykullii*	夏	Ⅱ		+		+		
九、鸻形目								
（十五）水雉科								
87. 水雉 *Hydrophasianus chirurgus*	旅	Ⅱ				+		
（十六）彩鹬科								
88. 彩鹬 *Rostratula benghalensis*	旅	—		+	+	+		
（十七）蛎鹬科								
89. 蛎鹬 *Haematopus ostralegus*	旅	—		+		+		
（十八）燕鸻科								
90. 普通燕鸻 *Glareola maldivarum*	旅	—				+		
（十九）鸻科								
91. 凤头麦鸡 *Vanellus vanellus*	冬	—		+			+	
92. 灰头麦鸡 *Vanellus cinereus*	旅	—					+	
93. 灰斑鸻 *Pluvialis squatarola*	旅	—		+	+	+		
94. 金斑鸻 *Pluvialis fulva*	旅	—		+	+			
95. 剑鸻 *Charadrius hiaticula*	冬	—			+	+		
96. 金眶鸻 *Charadrius dubius*	旅	—			+	+		
97. 环颈鸻 *Charadrius alexandrinus*	旅	—				+		
98. 蒙古沙鸻 *Charadrius mongolus*	旅	—		+	+	+		
99. 铁嘴沙鸻 *Charadrius leschenaultii*	旅	—		+	+	+		
100. 红胸鸻 *Charadrius asiaticus*	旅	—			+	+		
（二十）鹬科								

续 表

目·科·种	居留类型	保护级别	中国濒危物种红皮书	中日协定	中澳协定	生境		
						湿地水域	农田	林地
101. 小杓鹬 *Numenius minutus*	旅	Ⅱ			+	+		
102. 中杓鹬 *Numenius phaeopus*	旅	—		+	+	+		
103. 白腰杓鹬 *Numenius arquata*	冬	Ⅱ		+	+	+		
104. 大杓鹬 *Numenius madagascariensis*	旅	Ⅱ		+	+	+		
105. 黑尾塍鹬 *Limosa limosa*	旅	—	+	+	+	+		
106. 斑尾塍鹬 *Limosa lapponica*	旅	—		+	+	+		
107. 鹤鹬 *Tringa erythropus*	旅	—		+		+		
108. 红脚鹬 *Tringa tetanus*	旅	—		+	+	+		
109. 泽鹬 *Tringa stagnatilis*	旅	—		+	+	+		
110. 青脚鹬 *Tringa nebularia*	冬	—		+	+	+		
111. 白腰草鹬 *Tringa ochropus*	冬	—		+		+		
112. 林鹬 *Tringa glareola*	旅	—		+	+	+		
113. 小青脚鹬 *Tringa guttifer*	旅	Ⅰ	+	+		+		
114. 矶鹬 *Actitis hypoleucos*	留	—		+	+	+		
115. 灰尾漂鹬 *Tringa brevipes*	旅	—		+	+	+		
116. 翘嘴鹬 *Xenus cinereus*	旅	—		+	+	+		
117. 翻石鹬 *Arenaria interpres*	旅	Ⅱ		+	+	+		
118. 半蹼鹬 *Limnodromus semipalmatus*	旅	Ⅱ	+		+	+		
119. 针尾沙锥 *Gallinago stenura*	旅	—			+	+		
120. 大沙锥 *Gallinago megala*	旅	—		+	+	+		
121. 孤沙锥 *Gallinago solitaria*	冬	—		+		+		
122. 扇尾沙锥 *Gallinago gallinago*	冬	—		+		+		
123. 丘鹬 *Scolopax rusticola*	冬	—		+		+		

续 表

目·科·种	居留类型	保护级别	中国濒危物种红皮书	中日协定	中澳协定	生境		
						湿地水域	农田	林地
124. 红腹滨鹬 *Calidris canutus*	旅	—		+	+	+		
125. 大滨鹬 *Calidris tenuirostris*	旅	Ⅱ		+	+	+		
126. 红颈滨鹬 *Calidris ruficollis*	旅	—		+	+	+		
127. 青脚滨鹬 *Calidris temminckii*	旅	—		+		+		
128. 尖尾滨鹬 *Calidris acuminata*	旅	—		+	+	+		
129. 黑腹滨鹬 *Calidris alpine*	冬	—		+	+	+		
130. 弯嘴滨鹬 *Calidris ferruginea*	旅	—		+	+	+		
131. 三趾滨鹬 *Calidris alba*	旅	—		+	+	+		
132. 勺嘴鹬 *Calidris pygmeus*	旅	Ⅰ		+		+		
133. 阔嘴鹬 *Calidris falcinellus*	旅	Ⅱ		+	+	+		
（二十一）反嘴鹬科								
134. 黑翅长脚鹬 *Himantopus himantopus*	旅	—		+		+		
135. 反嘴鹬 *Recurvirostra avosetta*	旅	—		+		+		
（二十二）瓣蹼鹬科								
136. 红颈瓣蹼鹬 *Phalaropus lobatus*	旅	—			+			
137. 灰瓣蹼鹬 *Phalaropus fulicarius*	旅	—			+			
（二十三）鸥科								
138. 黑尾鸥 *Larus crassirostris*	冬	—				+		
139. 海鸥 *Larus canus*	冬	—		+		+		
140. 银鸥 *Larus argentatus*	冬	—		+		+		
141. 红嘴鸥 *Chroicocephalus ridibundus*	冬	—		+		+		
142. 黑嘴鸥 *Chroicocephalus saundersi*	冬	Ⅰ	+			+		

续 表

目·科·种	居留类型	保护级别	中国濒危物种红皮书	中日协定	中澳协定	生境		
						湿地水域	农田	林地
143. 三趾鸥 *Rissa tridactyla*	冬	—		+		+		
144. 渔鸥 *Ichthyaetus ichthyaetus*	旅	—			+	+		
145. 白翅浮鸥 *Chlidonias leucopterus*	旅	—			+	+		
146. 须浮鸥 *Chlidonias hybrida*	夏	—				+		
147. 鸥嘴噪鸥 *Gelochelidon nilotica*	旅	—				+		
148. 红嘴巨鸥 *Hydroprogne caspia*	旅	—			+	+		
149. 普通燕鸥 *Sterna hirundo*	旅	—		+	+	+		
150. 白额燕鸥 *Sternula albifrons*	旅	—		+	+	+		
十、鸽形目								
（二十四）鸠鸽科								
151. 珠颈斑鸠 *Spilopelia chinensis*	留	—					+	+
152. 山斑鸠 *Streptopelia orientalis*	留	—					+	+
153. 灰斑鸠 *Streptopelia decaocto*	冬	—					+	+
154. 火斑鸠 *Streptopelia tranquebarica*	夏	—					+	+
十一、鹃形目								
（二十五）杜鹃科								
155. 红翅凤头鹃 *Clamator coromandus*	夏	—						+
156. 小鸦鹃 *Centropus bengalensis*	夏	Ⅱ					+	+
157. 四声杜鹃 *Cuculus micropterus*	夏	—						+
158. 大杜鹃 *Cuculus canorus*	旅	—		+				+
159. 中杜鹃 *Cuculus saturatus*	旅	—		+				+
160. 小杜鹃 *Cuculus poliocephalus*	旅	—		+				+

续 表

目·科·种	居留类型	保护级别	中国濒危物种红皮书	中日协定	中澳协定	生境		
						湿地水域	农田	林地
十二、鸮形目								
（二十六）鸱鸮科								
161. 红角鸮 *Otus sunia*	旅	Ⅱ						+
162. 领角鸮 *Otus lettia*	旅	Ⅱ						+
163. 斑头鸺鹠 *Glaucidium cuculoides*	留	Ⅱ						+
164. 鹰鸮 *Ninox scutulata*	夏	Ⅱ						+
165. 长耳鸮 *Asio otus*	冬	Ⅱ						+
166. 短耳鸮 *Asio flammeus*	冬	Ⅱ		+				+
十三、夜鹰目								
（二十七）夜鹰科								
167. 普通夜鹰 *Caprimulgus jotaka*	旅	—		+				+
十四、雨燕目								
（二十八）雨燕科								
168. 白喉针尾雨燕 *Hirundapus caudacutus*	旅	—				+	+	
169. 白腰雨燕 *Apus pacificus*	旅	—		+	+	+	+	
170. 小白腰雨燕 *Apus nipalensis*	旅	—		+		+	+	
十五、佛法僧目								
（二十九）翠鸟科								
171. 蓝翡翠 *Halcyon pileate*	旅	—				+		
172. 赤翡翠 *Halcyon coromanda*	旅	—		+		+		
173. 普通翠鸟 *Alcedo atthis*	留	—				+		
174. 斑鱼狗 *Ceryle rudis*	夏	—				+		
（三十）佛法僧科								

续 表

目·科·种	居留类型	保护级别	中国濒危物种红皮书	中日协定	中澳协定	生境		
						湿地水域	农田	林地
175. 三宝鸟 *Eurystomus orientalis*	旅	—		+				+
（三十一）戴胜科								
176. 戴胜 *Upupa epops*	旅	—				+		
十六、雀形目								
（三十二）八色鸫科								
177. 仙八色鸫 *Pitta nympha*	旅	Ⅱ					+	+
（三十三）百灵科								
178. 云雀 *Alauda arvensis*	冬	Ⅱ					+	
179. 小云雀 *Alauda gulgula*	旅	—					+	
（三十四）燕科								
180. 家燕 *Hirundo rustica*	夏	—		+	+	+	+	
181. 金腰燕 *Cecropis daurica*	夏	—		+		+	+	
（三十五）鹡鸰科								
182. 白鹡鸰 *Motacilla alba*	旅	—		+		+	+	
183. 黄鹡鸰 *Motacilla tschutschensis*	旅	—		+	+	+	+	
184. 灰鹡鸰 *Motacilla cinerea*	旅	—				+	+	
185. 黄头鹡鸰 *Motacilla citreola*	旅	—		+	+	+	+	
186. 山鹡鸰 *Dendronanthus indicus*	旅	—		+		+	+	
187. 草地鹨 *Anthus pratensis*	冬	—				+	+	
188. 红喉鹨 *Anthus cervinus*	冬	—				+	+	
189. 山鹨 *Anthus sylvanus*	旅	—				+	+	
190. 树鹨 *Anthus hodgsoni*	冬	—		+		+	+	
191. 水鹨 *Anthus spinoletta*	冬	—		+		+	+	

续　表

目 · 科 · 种	居留类型	保护级别	中国濒危物种红皮书	中日协定	中澳协定	生　境		
						湿地水域	农田	林地
192. 田鹨 *Anthus rufulus*	夏	—		+		+	+	
（三十六）山椒鸟科								
193. 灰山椒鸟 *Pericrocotus divaricatus*	旅	—		+				+
194. 暗灰鹃鵙 *Coracina melaschistos*	夏	—						+
（三十七）鹎科								
195. 白头鹎 *Pycnonotus sinensis*	留	—						+
（三十八）太平鸟科								
196. 太平鸟 *Bombycilla garrulus*	冬	—						+
197. 小太平鸟 *Bombycilla japonica*	旅	—						+
（三十九）伯劳科								
198. 棕背伯劳 *Lanius schach*	留	—				+	+	+
199. 灰背伯劳 *Lanius tephronotus*	旅	—				+	+	+
200. 虎纹伯劳 *Lanius tigrinus*	旅	—		+		+	+	+
201. 红尾伯劳 *Lanius cristatus*	旅	—		+		+	+	+
202. 牛头伯劳 *Lanius bucephalus*	冬	—				+	+	+
203. 楔尾伯劳 *Lanius sphenocercus*	冬	—				+	+	+
（四十）黄鹂科								
204. 黑枕黄鹂 *Oriolus chinensis*	夏	—		+				+
（四十一）卷尾科								
205. 灰卷尾 *Dicrurus leucophaeus*	旅	—						+
206. 黑卷尾 *Dicrurus macrocercus*	旅	—						+
207. 发冠卷尾 *Dicrurus hottentottus*	旅	—						+
（四十二）椋鸟科								

续 表

目·科·种	居留类型	保护级别	中国濒危物种红皮书	中日协定	中澳协定	生境		
						湿地水域	农田	林地
208. 灰椋鸟 *Spodiopsar cineraceus*	冬	—						+
209. 紫背椋鸟 *Agropsar philippensis*	冬	—						+
210. 丝光椋鸟 *Spodiopsar sericeus*	留	—						+
211. 八哥 *Acridotheres cristatellus*	留	—					+	+
（四十三）䴓科								
212. 普通䴓 *Sitta europaea*	留	—					+	+
（四十四）鸦科								
213. 喜鹊 *Pica pica*	留	—					+	+
（四十五A）鹟科鸫亚科								
214. 虎斑地鸫 *Zoothera dauma*	旅	—		+			+	+
215. 白眉地鸫 *Geokichla sibirica*	旅	—		+			+	
216. 乌鸫 *Turdus mandarinus*	留	—					+	+
217. 斑鸫 *Turdus eunomus*	留	—		+			+	+
218. 灰背鸫 *Turdus hortulorum*	旅	—		+			+	+
219. 乌灰鸫 *Turdus cardis*	旅	—		+				
220. 白腹鸫 *Turdus pallidus*	旅	—		+				
221. 蓝矶鸫 *Monticola solitarius*	旅	—					+	+
222. 蓝头矶鸫 *Monticola cinclorhynchus*	旅	—						+
223. 紫啸鸫 *Myophonus caeruleus*	旅	—					+	+
224. 红喉歌鸲 *Calliope calliope*	旅	Ⅱ		+			+	
225. 蓝喉歌鸲 *Luscinia svecica*	旅	Ⅱ		+			+	
226. 蓝歌鸲 *Larvivora cyane*	旅	—					+	
227. 红尾歌鸲 *Larvivora sibilans*	旅	—		+			+	

续 表

目·科·种	居留类型	保护级别	中国濒危物种红皮书	中日协定	中澳协定	生境		
						湿地水域	农田	林地
228. 鹊鸲 *Copsychus saularis*	留	—					+	+
229. 北红尾鸲 *Phoenicurus auroreus*	冬	—		+			+	
230. 红胁蓝尾鸲 *Tarsiger cyanurus*	冬	—		+			+	
231. 红尾水鸲 *Rhyacornis fuliginosa*	冬	—		+			+	
232. 黑喉石䳭 *Saxicola maurus*	冬	—		+			+	
（四十五B）鹟科画眉亚科								
233. 棕头鸦雀 *Sinosuthora webbiana*	留	—					+	+
234. 震旦鸦雀 *Paradoxornis heudei*	留	Ⅱ	+			+	+	
（四十五C）鹟科莺亚科								
235. 鳞头树莺 *Urosphena squameiceps*	旅	—		+			+	
236. 日本树莺 *Horornis diphone*	夏	—				+	+	
237. 强脚树莺 *Horornis fortipes*	夏	—				+	+	
238. 小蝗莺 *Locustella certhiola*	旅	—						
239. 北蝗莺 *Locustella ochotensis*	旅	—		+			+	+
240. 苍眉蝗莺 *Locustella fasciolata*	旅	—		+			+	+
241. 矛斑蝗莺 *Locustella lanceolata*	旅	—		+			+	+
242. 大苇莺 *Acrocephalus arundinaceus*	夏	—		+	+	+		+
243. 噪大苇莺 *Acrocephalus stentoreus*	旅	—				+		+
244. 黑眉苇莺 *Acrocephalus bistrigiceps*	旅	—		+		+		
245. 细纹苇莺 *Acrocephalus sorghophilus*	旅	Ⅱ					+	+

续 表

目·科·种	居留类型	保护级别	中国濒危物种红皮书	中日协定	中澳协定	生境		
						湿地水域	农田	林地
246. 褐柳莺 *Phylloscopus fuscatus*	旅	—				+	+	
247. 黄眉柳莺 *Phylloscopus inornatus*	旅	—		+		+	+	
248. 暗绿柳莺 *Phylloscopus trochiloides*	旅	—				+	+	
249. 淡脚柳莺 *Phylloscopus tenellipes*	旅	—					+	
250. 极北柳莺 *Phylloscopus borealis*	旅	—		+	+		+	
251. 冕柳莺 *Phylloscopus coronatus*	旅	—		+			+	
252. 芦苇莺 *Acrocephalus scirpaceus*	旅	—				+	+	
253. 戴菊 *Regulus regulus*	冬	—				+	+	
254. 棕扇尾莺 *Cisticola juncidis*	留	—					+	+
（四十五D）鹟科鹟亚科								
255. 白眉姬鹟 *Ficedula zanthopygia*	夏	—		+			+	+
256. 黄眉姬鹟 *Ficedula narcissina*	旅	—		+			+	
257. 鸲姬鹟 *Ficedula mugimaki*	旅	—		+			+	+
258. 白腹蓝姬鹟 *Ficedula superciliaris*	旅	—		+			+	+
259. 乌鹟 *Muscicapa sibirica*	旅	—		+			+	+
260. 灰纹鹟 *Muscicapa griseisticta*	旅	—		+			+	
261. 北灰鹟 *Muscicapa daurical*	旅	—		+			+	+
262. 紫寿带 *Terpsiphone atrocaudata*	旅	—		+				+
263. 寿带 *Terpsiphone incei*	旅	—						+
（四十六）山雀科								

续 表

目·科·种	居留类型	保护级别	中国濒危物种红皮书	中日协定	中澳协定	生境		
						湿地水域	农田	林地
264. 大山雀 *Parus major*	留	—					+	+
265. 红头长尾山雀 *Aegithalos concinnus*	留	—					+	+
（四十七）攀雀科								
266. 中华攀雀 *Remiz consobrinus*	冬	—					+	+
（四十八）锈眼鸟科								
267. 暗绿锈眼鸟 *Zosterops japonicus*	留	—					+	+
（四十九）文鸟科								
268. 麻雀 *Passer montanus*	留	—					+	+
269. 白腰文鸟 *Lonchura striata*	留	—					+	+
270. 斑文鸟 *Lonchura punctulata*	留	—					+	+
（五十）雀科								
271. 燕雀 *Fringilla montifringilla*	冬	—		+			+	+
272. 金翅雀 *Chloris sinica*	留	—					+	+
273. 黄雀 *Spinus spinus*	冬	—		+			+	+
274 普通朱雀 *Carpodacus erythrinus*	冬	—		+			+	+
275. 锡嘴雀 *Coccothraustes coccothraustes*	冬	—		+				+
276. 黑头蜡嘴雀 *Eophona personata*	冬	—						+
277. 黑尾蜡嘴雀 *Eophona migratoria*	冬	—		+				+
278. 黄胸鹀 *Emberiza aureola*	冬	I		+			+	
279. 黄喉鹀 *Emberiza elegans*	冬	—		+		+	+	

续 表

目·科·种	居留类型	保护级别	中国濒危物种红皮书	中日协定	中澳协定	生境		
						湿地水域	农田	林地
280. 栗鹀 *Emberiza rutile*	旅	—					+	
281. 黄眉鹀 *Emberiza chrysophrys*	冬	—				+	+	
282. 三道眉草鹀 *Emberiza cioides*	留	—				+	+	
283. 白眉鹀 *Emberiza tristrami*	旅	—		+		+	+	
284. 芦鹀 *Emberiza schoeniclus*	冬	—		+		+	+	
285. 苇鹀 *Emberiza pallasi*	冬	—		+		+	+	
286. 红颈苇鹀 *Emberiza yessoensis*	冬	—				+	+	
287. 灰头鹀 *Emberiza spodocephala*	冬	—		+		+	+	
288. 小鹀 *Emberiza pusilla*	冬	—			+		+	+
289. 田鹀 *Emberiza rustica*	冬	—		+		+	+	
290. 栗耳鹀 *Emberiza fucata*	冬	—				+	+	

上海崇明东滩鸟类国家级自然保护区鱼类名录

	种类名称	生态类型
Ⅰ 鲟形目		
1	中华鲟 *Acipenser sinensis*	洄游
2	白鲟 *Psephurus gladius*	淡水
Ⅱ 鲱形目		
3	刀鲚 *Coilia ectenes*	洄游
4	凤鲚 *Coilia mystus*	洄游
5	日本鳀 *Engraulis japonicus*	海水
6	鳓 *Ilisha elongata*	海水
7	斑鰶 *Konosirus punctatus*	海水

续 表

	种类名称	生态类型
8	寿南小沙丁鱼 *Sardinella zunasi*	海水
9	黄鲫 *Setipinna taty*	海水
10	中华小公鱼 *Stolephorus chinensis*	海水
11	鲥 *Tenualosa reevesii*	洄游
12	赤鼻棱鳀 *Thrissa kamalensis*	海水
Ⅲ 鲑形目		
13	前颌间银鱼 *Hemisalanx prognathus*	河口
14	短吻间银鱼 *Hemisalanx btachyrostralis*	淡水
15	寡齿新银鱼 *Neosalanx oligosontis*	淡水
16	安氏新银鱼 *Neosalanx anderssoni*	河口
17	太湖新银鱼 *Neosalanx taihuensis*	淡水
18	大银鱼 *Protosalanx hyalocranius*	洄游
19	居氏银鱼 *Salanx cuvieri*	河口
20	有明银鱼 *Salanx ariakensis*	洄游
Ⅳ 灯笼鱼目		
21	龙头鱼 *Harpodon nehereus*	海水
22	长蛇鲻 *Saurida elongata*	海水
Ⅴ 鳗鲡目		
23	日本鳗鲡 *Anguilla japonica*	洄游
24	海鳗 *Muraenesox cinereus*	海水
25	暗体蛇鳗 *Ophichthus aphotistos*	海水
Ⅵ 鲤形目		
26	棒花鱼 *Abbottina rivularis*	淡水
27	兴凯鱊 *Acanthorhodeus chankaensis*	淡水
28	革条鱊 *Acheilognathus himantegus*	淡水
29	大鳍鱊 *Acheilognathus macropterus*	淡水
30	鳙 *Aristichthys nobilis*	淡水

续 表

	种类名称	生态类型
31	鲫 *Carassius auratus*	淡水
32	红鳍原鲌 *Chanodichthys erythropterus*	淡水
33	铜鱼 *Coreius heterodon*	淡水
34	草鱼 *Ctenopharyngodon idellus*	淡水
35	鲤 *Cyprinus carpio*	淡水
36	红鳍鲌 *Culter erythropterus*	淡水
37	青梢红鲌 *Erythroculter dabryi*	淡水
38	花鱼骨 *Hemibarbus maculatus*	淡水
39	鳌 *Hemiculter leucisculus*	淡水
40	贝氏鳌 *Hemiculter bleekeri*	淡水
41	鲢 *Hypophthalmichthys molitrix*	淡水
42	紫薄鳅 *Leptobotia taeniops*	淡水
43	团头鲂 *Megalobrama amblycephala*	淡水
44	三角鲂 *Megalobrama terminalis*	淡水
45	泥鳅 *Misgurnus anguillicudatus*	淡水
46	胭脂鱼 *Myxocyprinus asiaticus*	淡水
47	鳊 *Parabramis pakinensis*	淡水
48	大鳞副泥鳅 *Paramisgurnus dabryanus*	淡水
49	似鳊 *Pseudobrama simony*	淡水
50	麦穗鱼 *Pseudorasbora parva*	淡水
51	彩石鳑鲏 *Rhodues lighti*	淡水
52	高体鳑鲏 *Rhodues ocellatus*	淡水
53	华鳈 *Sarcocheilichthys sinensis*	
54	长蛇鮈 *Saurogobio dumerili*	淡水
55	银鮈 *Squalidus argentatus*	淡水
56	赤眼鳟 *Squaliobarbus curriculus*	淡水
57	似鲚 *Toxabramis swinhonis*	淡水

续 表

	种类名称	生态类型
Ⅶ 鲶形目		
58	中华海鲶 *Arius sinensis*	海水
59	长吻鮠 *Leiocassis longirostris*	淡水
60	黄颡鱼 *Pelteobagrus fulvidraco*	淡水
61	光泽黄颡鱼 *Pelteobagrus nitidus*	淡水
62	鲶 *Siluruis asotus*	淡水
Ⅷ 颌针鱼目		
63	间下鱵 *Hyporhamphus intermedius*	淡水
Ⅸ 鲻形目		
64	四指马鲅 *Eleutheronema tetradactylum*	海水
65	前鳞鲛 *Liza affinis*	河口
66	鲛 *Liza haematocheila*	河口
67	棱梭鱼 *Liza caronatus*	河口
68	鲻 *Mugil cephalus*	河口
Ⅹ 合鳃目		
69	黄鳝 *Monopterus albus*	淡水
Ⅺ 鲈形目		
70	棕刺虾虎鱼 *Acanthogobius luridus*	河口
71	大弹涂鱼 *Boleophthalmus pectinirostris*	河口
72	多鳞鲻虾虎鱼 *Calamiana polylepis*	河口
73	乌鳢 *Channa arga*	淡水
74	六带鲹 *Caranx sexfasciatus*	海水
75	子陵栉鰕虎鱼 *Ctenogobius giurinus*	淡水
76	小头栉孔虾虎鱼 *Ctenotrypauchen microcephalus*	河口
77	棘头梅童鱼 *Collichthys lucidus*	海水
78	香鲔 *Collionymus olidus*	海水
79	绵鳚 *Enchelyopus elongates*	海水

续 表

	种类名称	生态类型
80	黄鲥 *Hypseleotris swinhonis*	淡水
81	花鲈 *Latolabrax japonicus*	海水
82	蝌蚪鰕虎鱼 *Lophiogobius ocellicauda*	河口
83	鮸鱼 *Miichthys miiuy*	海水
84	阿部鲻虾虎鱼 *Mugilogobius abei*	河口
85	黏皮鲻虾虎鱼 *Mugilogobius myxodermus*	河口
86	黄姑鱼 *Nibea albiflora*	海水
87	沙塘鳢 *Odontobutis obscura*	淡水
88	红狼牙鰕虎鱼 *Odontamblyopus rubicundus*	河口
89	拉氏狼牙虾虎鱼 *Odontamblyopus lacepedii*	河口
90	银鲳 *Pampus argenteus*	海水
91	弹涂鱼 *Periopalmus cantonensis*	河口
92	大鳍弹涂鱼 *Periophthalmus magnuspinnatus*	河口
93	多鳞鱚 *Sillago sihama*	海水
94	鳜 *Siniperca chuatsi*	淡水
95	斑尾复鰕虎 *Synechogobius ommaturus*	河口
96	髭鰕虎鱼 *Triaenopogon barbatus*	河口
97	带鱼 *Trichiurus lepturus*	海水
98	纹缟鰕虎鱼 *Tridentiger trigonocephalus*	河口
99	孔鰕虎鱼 *Trypauchen vagina*	河口
XII 鲉形目		
100	松江鲈鱼 *Trachidermus fasciatus*	洄游
XIII 鲽形目		
101	半滑舌鳎 *Cynoglossus semilaevis*	河口
102	短吻舌鳎 *Cynoglossus abbreviatus*	河口
103	焦氏舌鳎 *Cynoglossus joyneri*	河口
104	窄体舌鳎 *Cynoglossus gracilis*	河口

续 表

	种类名称	生态类型
XⅣ 鲀形目		
105	弓斑东方鲀 *Takifugu ocellatus*	海水
106	暗纹东方鲀 *Takifugu obscurus*	洄游
107	黄鳍东方鲀 *Takifugu xanthopterus*	海水
108	双斑东方鲀 *Takifugu bimaculatus*	海水
109	晕环东方鲀 *Takifugu coronoidus*	海水

上海崇明东滩鸟类国家级自然保护区潮间带底栖动物名录

腔肠动物门COELENTERATA

水螅纲HYDROZOA

1. 鲍枝螅 *Bougarnyillia* sp.

纽形动物门NEMERLINEA

异纽目 HETERONEMERTEA

2. 纽虫 *Nemertini* sp.

环节动物门ANNELIDA

寡毛纲OLIGOCHAETA

3. 苏氏尾鳃蚓 *Branchiura sowerbyi*

4. 带丝蚓 *Lumbriculus* sp.

5. 印西头鳃虫 *Branchiodrilus hortensis*

6. 霍氏水蚯蚓 *Limnodrilus hoffmeisteri*

7. 拟寡毛虫 *Capitellethus dispar*

8. 背蚓虫 *Notomastus latericeus*

9. 中蚓虫 *Mediomastus califoraiensis*

多毛纲POLYCHAETA

续 表

10. 日本刺沙蚕 *Nereis japonica*
11. 小头虫 *Capitella capitata*
12. 丝异须虫 *Heteromastus filiforms*
13. 疣吻沙蚕 *Tylorrhynchus heterochaetus*
14. 多鳃齿吻沙蚕 *Nephtys polybranchia*
15. 寡鳃齿吻沙蚕 *Nephtys oligobranchia*
16. 厚鳃蚕 *Dasybranchus caducus*
17. 索沙蚕 *Lumbrieris* sp.
软体动物门 MOLLUSKS
腹足纲 GASTROPODA
田螺科 Viviparidae
18. 中华圆田螺 *Cipangopaludina cathayensis*
19. 梨形环棱螺 *Bellamya purificata*
豆螺科 Bithyniidae
20. 长角涵螺 *Alocinma longicornis*
拟沼螺科 Assimineidae
21. 堇拟沼螺 *Assiminea violacea*
22. 绯拟沼螺 *Assiminea latericera*
23. 琵琶拟沼螺 *Assiminea lutea*
24. 紧缢小田螺 *Paludinella stricta*
狭口螺科 Stenothyridae
25. 光滑狭口螺 *Stenothyra glabra*
汇螺科 Potamididae
26. 中华拟蟹守螺 *Cerithidea sinensis*
27. 尖锥拟蟹守螺 *Cerithidea largillierli*
28. 珠带拟蟹守螺 *Cerithidea cingulata*
玉螺科 Naticidae
29. 玉螺 *Natica* sp.

续 表

石磺科 Onchiliidae
30. 瘤背石磺 *Onchidium struma*
阿地螺科 Atyidae
31. 泥螺 *Bullacta exarata*
麂眼螺科 Rissoidae
32. 麂眼螺 *Rissoina* sp.
瓣鳃纲 LAMELLIBRANCHIA
牡蛎科 Ostreidae
33. 近江牡蛎 *Ostrea rivularis*
蚬科 Corbicudae
34. 河蚬 *Corbicula fluminea*
绿螂科 Glaucomyidae
35. 中国绿螂 *Glaucomya chinensis*
竹蛏科 Solenidae
36. 缢蛏 *Sinonvacula constricta*
37. 簿荚蛏 *Sinonvacula pulchella*
樱蛤科 Tellinidae
38. 彩虹明樱蛤 *Moerella iridescens*
蓝蛤科 Corbulidae
39. 焦河蓝蛤 *Potamocorbulata ustulata*
节肢动物门 ARTHROPODA
甲壳纲 CRUSTACEA
蔓足亚纲 CIRRIPEDIA
藤壶科 Balanidae
40. 泥藤壶 *Balanus uliginosus*
软甲亚纲 MALACOSTRACA
等足目 ISOPODA
盖鳃水虱科 Idotheoidae

续 表

41. 拟盖鳃水虱 *Pseudidotheidae* sp.
团水虱科 Sphaeromatidae
42. 光背节鞭水虱 *Synidotea laevidorsalis*
栉水虱科 Asellidae
43. 栉水虱 *Asellus* sp.
端足目 Amphipoda
44. 钩虾 *Gammarus* sp.
45. 中华蜾蠃蜚 *Corophium sinensis*
46. 日本大螯蜚 *Grandidierella japonica*
十足目 DECAPODA
长臂虾科 Palaemonidae
47. 日本沼虾 *Macrobrachium nipponense*
48. 脊尾白虾 *Palaemon (Exopalaeonon) carinicauda*
49. 秀丽白虾 *Palaemon (Exopalaeonon) modestus*
50. 葛氏长臂虾 *Palaemon gravieri*
51. 中华锯齿新米虾 *Neocaridina denticulata sinensis*
52. 安氏白虾 *Exopalaeonon annandalei*
玉蟹科 Leucosiidae
53. 豆形拳蟹 *Philyra pisum*
54. 杂粒拳蟹 *Philyra helerograna*
55. 隆线拳蟹 *Philyra carinata*
馒头蟹科 Calappidae
56. 中华虎头蟹 *Orithyia sinica*
蝤蛑科 Portunidae
57. 锯缘青蟹 *Scylla serrata*
沙蟹科 Ocypodidae
58. 乌氏招潮蟹 *Uca (Deltuca) urviller*
59. 弧边招潮蟹 *Uca (Deltuca) arcuata*

续 表

60. 谭氏泥蟹 *Ilyoplax deschampsi*
61. 明秀大眼蟹 *Macrophthalmus definitus*
62. 并齿大眼蟹 *Macrophthalmus simdentatus*
63. 日本大眼蟹 *Macrophthalmus japonicus*
64. 宽身大眼蟹 *Macrophthalmus dilatatum*
65. 隆背大眼蟹 *Macrophthalmus convexus*
方蟹科 Grapsidae
66. 中华绒螯蟹 *Eriocheir sinensis*
67. 狭颚绒螯蟹 *Eriocheir leptongnathus*
68. 天津厚蟹 *Helice tientsinensis*
69. 沈氏厚蟹 *Helice sheni*
70. 伍氏厚蟹 *Helice wuana*
71. 长足长方蟹 *Metaplax longipes*
72. 无齿相手蟹 *Sesarma denaani*
73. 褶痕相手蟹 *Sesarma plicata*
74. 中型仿相手蟹 *Sesarma intermedia*
75. 神妙相手蟹 *Sesarma (Parasesarma) picta*
76. 红螯相手蟹 *Sesarma haematocheir*
77. 隆线拟闭口蟹 *Paracleistostoma cristatum*
78. 四齿大颚蟹 *Metopograpsus quadridentatus stimpson*
昆虫纲 Insect
79. 摇蚊幼虫 Chironomidae Larva
80. 忙蝇幼虫 *Tabanus* Larva

上海崇明东滩鸟类国家级自然保护区相关研究生学位论文（2001 ～ 2020）

2001年

1. 叶属峰.2001.滩涂湿地泥螺(*Bullacta exarata*)的空间分布、重金属积累特征及其生态经济价值评估.华东师范大学,博士论文.

2. 袁兴中.2001.河口潮滩湿地底栖动物群落的生态学研究.华东师范大学,博士论文.

2003年

1. 丁峰元.2003.长江口滨海湿地氮、磷循环及污染净化初步研究.上海师范大学,硕士论文.

2. 刘存歧.2003.河口潮滩湿地沉积物中胞外酶研究.华东师范大学,博士论文.

3. 栾晓峰.2003.上海鸟类群落特征及其保护规划研究.华东师范大学,博士论文.

2004年

1. 毕春娟.2004.长江口滨岸潮滩重金属环境生物地球化学研究.华东师范大学,博士论文.

2. 陈中义.2004.互花米草入侵国际重要湿地崇明东滩的生态后果.复旦大学,博士论文.

3. 傅勇.2004.崇明东滩冬季水鸟生境选择与保护策略研究.华东师范大学,硕士论文.

4. 韩震.2004.海岸带淤泥质潮滩和Ⅱ类水体悬浮泥沙遥感信息提取与定量反演研究.华东师范大学,博士论文.

5. 何小勤.2004.长江口崇明东滩现代地貌过程研究.华东师范大学,硕士论文.

6. 贺宝根.2004.长江口潮滩水动力过程、泥沙输移与冲淤变化.华东师范大学,博士论文.

7. 侯立军.2004.长江口滨岸潮滩营养盐环境地球化学过程及生态效应.华东师范大学,博士论文.

8. 李丽娜.2004.长江口滨岸潮滩大型底栖动物重金属的分布累积及其生态毒理效应.华东师范大学,硕士论文.

9. 刘巧梅.2004.长江口潮滩沉积物——水界面营养元素N的累积、迁移过程.华东师范大学,硕士论文.

10. 刘清玉.2004.近40年来长江口崇明东滩沉积记录与环境过程研究.华东师范大学,硕士论文.

11. 欧冬妮.2004.长江口潮滩“干湿交替”模式下磷的迁移过程与机制.华东师范大学,硕士论文.

12. 童春富.2004.河口湿地生态系统结构、功能与服务——以长江口为例.华东师范大学,博士论文.

13. 王初.2004.长江口潮滩水动力过程及TN、TP动力输移.上海师范大学,硕士论文.

14. 徐玲.2004.崇明东滩湿地植被演替不同阶段鸟类群落动态变化的研究.华东师范大学,硕士论文.

15. 张彤.2004.崇明东滩景观格局与变化研究.华东师范大学,硕士论文.

16. 张兴正.2004.长江口潮滩无机氮界面交换通量研究.华东师范大学,硕士论文.

17. 赵平.2004.上海市崇明东滩湿地生态恢复和重建工程中的生态学研究——以鸟类、植被和生态效益调查为例.华东师范大学,硕士论文.

2005年

1. 敬凯.2005.上海崇明东滩鸻鹬类中途停歇生态学研究.复旦大学,博士论文.

2. 吴江.2005.上海崇明东滩湿地公园生态规划研究.华东师范大学,博士论文.

3. 赵广琦.2005.崇明东滩湿地生态系统健康评价和芦苇与互花米草入侵的光合生理比较研究.华东师范大学,博士论文.

4. 周俊丽.2005.长江口湿地生态系统中有机质的生物地球化学过程研究——以崇明东滩为例.华东师范大学,博士论文.

2006年

1. 陈华.2006.长江口滨岸湿地盐生植被对生源要素循环的影响.华东师范大学,硕士论文.

2. 高磊.2006.长江口潮滩湿地主要生源要素的动力学过程研究.华东师范大学,博士论文.

3. 高占国.2006.长江口盐沼植被的光谱特征研究.华东师范大学,博士论文.

4. 李万会.2006.潮滩湿地沉积物中叶绿素a浓度的变化特征及其与沉积物特性间的关系初探.华东师范大学,硕士论文.

5. 刘昊.2006.人工湿地生境在水鸟保护中的作用研究——以崇明东滩地区为例.华东师范大学,博士论文.

6. 刘杰.2006.长江口潮滩无机氮界面交换研究.华东师范大学,博士论文.

7. 汪青.2006.崇明东滩湿地生态系统温室气体排放及机制研究.华东师范大学,硕士

论文.

8. 王爱萍.2006.长江口滨海湿地磷的迁移转化及净化功能的研究.同济大学,博士论文.

9. 王东启.2006.长江口滨岸潮滩沉积物反硝化作用及N_2O的排放和吸收.华东师范大学,博士论文.

10. 王金军.2006.长江泥沙输移与河口潮滩的冲淤变化关系.上海师范大学,硕士论文.

11. 王亮.2006.崇明东部景观格局动态分析及土地利用变化模拟.华东师范大学,硕士论文.

12. 徐晓军.2006.崇明东滩大型底栖动物群落的生态学研究.华东师范大学,硕士论文.

13. 闫芊.2006.崇明东滩湿地植被的生态演替.华东师范大学,硕士论文.

14. 姚庆祯.2006.痕量元素砷、硒在长江流域及河口的生物地球化学行为探讨.华东师范大学,博士论文.

15. 张东.2006.崇明东滩互花米草的无性扩散与相对竞争力.华东师范大学,硕士论文.

16. 赵常青.2006.长江口崇明东滩、北港下段和横沙东滩演变分析.华东师范大学,硕士论文.

17. 赵娟.2006.长江河口(南支)冲淤变化对流域来水来沙的响应研究.河海大学,硕士论文.

2007年

1. 葛振鸣.2007.长江口滨海湿地迁徙水禽群落特征及生境修复策略.华东师范大学,博士论文.

2. 李贺鹏.2007.外来入侵植物互花米草控制的生态学研究.华东师范大学,博士论文.

3. 廖成章.2007.外来植物入侵对生态系统碳、氮循环的影响:案例研究与整合分析.复旦大学,博士论文.

4. 全为民.2007.长江口盐沼湿地食物网的初步研究:稳定同位素分析.复旦大学,博士论文.

5. 沈栋伟.2007.互花米草基因型多样性及其与入侵能力的关系.华东师范大学,硕士论文.

6. 王卿.2007.长江口盐沼植物群落分布动态及互花米草入侵的影响.复旦大学,博士论文.

7. 王元叶.2007.细颗粒泥沙近底边界层观测和模型研究.华东师范大学,博士论文.

8. 杨红霞.2007.长江口滨岸湿地CH_4和CO_2的排放和吸收.华东师范大学,硕士论文.

9. 张杰.2007.长江口潮滩植被检测及时空变化的遥感研究.华东师范大学,硕士论文.

10. 郑宗生.2007.长江口淤泥质潮滩高程遥感定量反演及冲淤演变分析.华东师范大学,博士论文.

11. 朱颖.2007.崇明岛土地资源承载力综合评价指标体系研究.华东师范大学,硕士论文.

2008年

1. 曹慧.2008.崇明东滩盐沼近底层水流与悬沙变化过程研究.上海师范大学,硕士论文.

2. 陈慧丽.2008.互花米草入侵对长江口盐沼湿地线虫群落的影响及其机制.复旦大学,博士论文.

3. 陈希.2008.崇明岛区植被景观格局及生态效益研究.华东师范大学,硕士论文.

4. 管玉娟.2008.基于COCA的海岸带盐沼植被动态扩散模型设计与应用.华东师范大学,博士论文.

5. 吉晓强.2008.崇明东滩水沙输移及植被影响分析.华东师范大学,硕士论文.

6. 吕金妹.2008.崇明东滩沉积物腐殖酸与重金属生物地球化学研究.华东师范大学,硕士论文.

7. 毛义伟.2008.长江口沿海湿地生态系统健康评价.华东师范大学,硕士论文.

8. 潘静.2008.典型东部沿海和西部高原地区持久性有机污染物的污染特征研究.东华大学,博士论文.

9. 秦晓怡.2008.基于ADCP的高潮滩盐沼潮流过程研究——以长江口崇明东滩盐沼为例.上海师范大学,硕士论文.

10. 任杰.2008.长江口崇明东滩盐沼边缘带悬浮泥沙短期变化特征研究.上海师范大学,硕士论文.

11. 唐龙.2008.刈割、淹水及芦苇替代综合控制互花米草的生态学机理研究.复旦大学,博士论文.

12. 田波.2008.面向对象的滩涂湿地遥感与GIS应用研究——以上海市滩涂湿地研究为例.华东师范大学,博士论文.

13. 王金庆.2008.长江口盐沼优势蟹类的生境选择与生态系统工程师效应.复旦大学,博士论文.

14. 闫慧敏.2008.长江口潮滩湿地生物硅分布与富集机制.华东师范大学,博士论文.

15. 余婕.2008.河口潮滩湿地有机质来源、组成与食物链传递研究.华东师范大学,博士论文.

16. 张敬.2008.长江口及邻近海域沉积速率比较研究.华东师范大学,硕士论文.

17. 张士萍.2008.崇明东滩不同类型湿地土壤生物活性差异性分析及其相关性研究.同济大学,硕士论文.

18. 张雪梅.2008.上海崇明岛及新江湾城多环芳烃和多氯联苯分布特征.青岛大学,硕士论文.

19. 张亦默.2008.中国东部沿海互花米草(*Spartina alterniflora*)种群生活史的纬度变异与可塑性.复旦大学,硕士论文.

2009年

1. 蔡志扬.2009.崇明东滩黑腹滨鹬的生态学研究.复旦大学,硕士论文.

2. 古志钦.2009.入侵植物互花米草对长期淹水措施的生理生态学响应.华东师范大学,硕士论文.

3. 黄华梅.2009.上海滩涂盐沼植被的分布格局和时空动态研究.华东师范大学,博士论文.

4. 李华.2009.潮间带盐沼植物的沉积动力学效应研究.华东师范大学,博士论文.

5. 刘红.2009.长江河口泥沙混合和交换过程研究.华东师范大学,博士论文.

6. 卢蒙.2009.氮输入对生态系统碳、氮循环的影响:整合分析.复旦大学,博士论文.

7. 彭容豪.2009.互花米草对河口盐沼生态系统氮循环的影响——上海崇明东滩实例研究.复旦大学,博士论文.

8. 陶世如.2009.互花米草(*Spartina alterniflora*)凋落物空中分解的季节动态:原位和凋落物袋分解法比较.复旦大学,硕士论文.

9. 汪承焕.2009.环境变异对崇明东滩优势盐沼植物生长、分布与种间竞争的影响.复旦大学,博士论文.

10. 向圣兰.2009.崇明东滩湿地不同植被类型下N_2O排放通量研究.华东师范大学,硕士论文.

11. 徐彬.2009.长江口潮滩环境硅的多形态分布特征.华东师范大学,硕士论文.

12. 严燕儿.2009.基于遥感模型和地面观测的河口湿地碳通量研究.复旦大学,博士论文.

13. 姚东京.2009.崇明东滩盐沼前缘带上覆水氮、磷营养盐潮周期变化特征及其影响因素.上海师范大学,硕士论文.

14. 袁连奇.2009.调控淹水胁迫对入侵物种互花米草的控制效果.华东师范大学,硕士论文.

2010年

1. 曹爱丽.2010.长江口滨海沉积物中无机硫的形态特征及其环境意义.复旦大学,硕士论文.

2. 陈曦.2010.刈割+淹水治理互花米草技术对盐沼土壤的影响.华东师范大学，硕士论文.

3. 董斌.2010.上海崇明东滩震旦鸦雀(*Paradoxornis heudei*)冬季种群生态学研究.华东师范大学,硕士论文.

4. 郭海强.2010.长江河口湿地碳通量的地面监测及遥感模拟研究.复旦大学，博士论文.

5. 惠鑫.2010.鸻鹬类在迁徙停歇地雄性早现的初步研究.复旦大学,硕士论文.

6. 金斌松.2010.长江口盐沼潮沟鱼类多样性时空分布格局.复旦大学,博士论文.

7. 李行.2010.长江三角洲海岸侵蚀决策支持系统若干关键技术研究.华东师范大学，博士论文.

8. 李强.2010.崇明东滩潮间带潮沟浮游动物群落生态学研究.华东师范大学，硕士论文.

9. 罗祖奎.2010.崇明东滩水鸟对鱼塘抛荒早期阶段的反应及食物因子分析.华东师范大学,博士论文.

10. 马金妍.2010.崇明东滩围垦区湿地水位与土壤对芦苇生长和繁殖的影响.华东师范大学,硕士论文.

11. 石冰.2010.崇明东滩围垦芦苇生长和繁殖对大气温度升高的响应.华东师范大学,硕士论文.

12. 王睿照.2010.互花米草入侵对崇明东滩盐沼底栖动物群落的影响.华东师范大学,博士论文.

13. 王莹.2010.GIS技术支持下的湿地健康评价决策支持系统研究——以崇明东滩为例.华东师范大学,硕士论文.

14. 肖德荣.2010.长江河口盐沼湿地外来物种互花米草扩散方式与机理研究.华东师范大学,博士论文.

15. 阳祖涛.2010.高分辨率遥感影像监测河口湿地外来种的方法探讨.复旦大学，硕士论文.

16. 赵锦霞.2010.崇明东滩养殖塘人工湿地景观特征与越冬水鸟空间分布格局.华东师范大学,硕士论文.

17. 周学峰.2010.围垦后不同土地利用方式对长江口滩地土壤有机碳的影响.华东师范大学,硕士论文.

18. 朱立峰.2010.崇明东滩湿地元素砷的时空分布特征及其影响因素初探.华东师范大学,硕士论文.

2011年

1. 安传光.2011.长江口潮间带大型底栖动物群落的生态学研究.华东师范大学，博士

论文.

2. 邓可.2011.我国典型近岸海域沉积物—水界面营养盐交换通量及生物扰动的影响.中国海洋大学,博士论文.

3. 范学忠.2011.崇明东滩基于生态系统的海岸带管理.华东师范大学,博士论文.

4. 李路.2011.长江河口盐水入侵时空变化特征和机理.华东师范大学,博士论文.

5. 李鹏.2011.长江供沙锐减背景下河口及其邻近海域悬沙浓度变化和三角洲敏感区部淤响应.华东师范大学,博士论文.

6. 李勇.2011.长江口潮滩环境下厌氧氨氧化(Anammox)过程及形成机制研究.华东师范大学,硕士论文.

7. 林啸.2011.典型河口区氮循环过程和影响机制研究.华东师范大学,博士论文.

8. 马志刚.2011.植被分异与环境因子的关系——以崇明东滩芦苇带为例.华东师范大学,硕士论文.

9. 秦海明.2011.长江口盐沼潮沟大型浮游动物群落生态学研究.复旦大学,博士论文.

10. 任文玲.2011.崇明东滩土壤呼吸动态研究.华东师范大学,硕士论文.

11. 阮俊杰.2011.基于RS的上海市滩涂湿地动态变化及其生态系统服务价值的研究.东华大学,硕士论文.

12. 盛强.2011.崇明东滩不同高程上蟹类对植物种间关系的影响——局域尺度"环境压力梯度假说"实验性验证.复旦大学,硕士论文.

13. 王伟伟.2011.长江口潮滩营养动态与稳定同位素指示研究.华东师范大学,博士论文.

14. 王晓燕.2011.互花米草基因型多样性对入侵能力及生态系统功能的影响.华东师范大学,博士论文.

15. 吴梅桂.2011.多核素在长江口崇明东滩表层沉积物的分布及其环境指示意义.华东师范大学,硕士论文.

16. 谢潇.2011.湿地生态系统二氧化碳通量动态特征及其填补策略.复旦大学,硕士论文.

17. 张谦栋.2011.多环芳烃在长江口滨岸表层及柱状沉积物中的分布、累积及辨源研究.华东师范大学,硕士论文.

18. 赵健.2011.长江口滨岸潮滩汞的环境地球化学研究.华东师范大学,博士论文.

19. 祝振昌.2011.崇明东滩互花米草扩散格局及其影响因素研究.华东师范大学,硕士论文.

2012年

1. 姜亦飞.2012.多核素示踪近代环境演变在河口沉积物中的记录.华东师范大学,硕士论文.

2. 蒋丰佩.2012.异质潮滩水沙输运研究.华东师范大学,硕士论文.

3. 李雅娟.2012.崇明东滩湿地的重金属积累效应及其对人类活动的响应.华东师范大学,硕士论文.

4. 刘英文.2012.基于RTK-GPS现场观测的崇明东滩冲淤变化研究.华东师范大学,硕士论文.

5. 路兵.2012.人类活动影响下长江河口变化的遥感研究.华东师范大学,硕士论文.

6. 史本伟.2012.长江口崇明东滩盐沼——光滩过渡带沉积动力过程研究.华东师范大学,博士论文.

7. 张骁栋.2012.互花米草与蟹类扰动对崇明东滩植物种间关系及生地化循环的影响.复旦大学,博士论文.

8. 张璇.2012.崇明东滩滨鹬类的食物组成及食物来源.复旦大学,硕士论文.

9. 章振亚.2012.崇明东滩湿地互花米草与芦苇、海三棱藨草根际固氮微生物多样性研究.上海师范大学,硕士论文.

10. 赵美霞.2012.崇明东滩湿地芦苇和互花米草N、P养分利用策略的生态化学计量学研究.华东师范大学,硕士论文.

11. 宗玮.2012.上海海岸带土地利用/覆盖格局变化及驱动机制研究.华东师范大学,博士论文.

2013年

1. Schwarz Christan. 2013. Implications of biogeomorphic feedbacks on tidal landscape development. Radbound University Nijmegen & Royal Netherlands Institute for Sea Research (奈梅亨大学和荷兰皇家海洋研究所), PhD thesis (博士论文).

2. Zeleke Habtewold Jemaneh. 2013. Molecular ecology of methanogens and methanotrophs in wetlands of the Yangtze River estuary (长江河口湿地产甲烷菌及甲烷氧化菌的分子生态学研究). Fudan University (复旦大学), PhD thesis (博士论文).

3. 储忝江.2013.长江口盐沼湿地大型底栖动物次级生产力研究.复旦大学,博士论文.

4. 高晓琴.2013.自生铁硫化物在长江口现代潮滩分布特征及其形成机制分析.华东师范大学,硕士论文.

5. 关阅章.2013.滨海湿地芦苇凋落物分解对模拟增温的响应.华东师范大学,硕士论文.

6. 李慧.2013.互花米草入侵盐沼中芦苇顶枯病的发生机制及生态后果.复旦大学,博士论文.

7. 谭娟.2013.上海市滩涂湿地生态系统调查与健康评价.东华大学,硕士论文.

8. 汪祖丞.2013.典型河口湿地/海湾多环芳烃多介质迁移机制研究.华东师范大学,博士论文.

9. 王永杰.2013.长江河口潮滩沉积物中砷的迁移转化机制研究.华东师范大学,博士论文.

10. 杨洁.2013.崇明东滩围垦区土壤性质和草本植物群落特征分异.华东师范大学,硕士论文.

11. 仲启铖.2013.温度和水位对滨海围垦湿地碳过程的影响——以崇明东滩为例.华东师范大学,博士论文.

2014年

1. 韩檪.2014.上海临港滨海湿地植物种类、区系成分和种群生物学特征的生态学调查及其与环境因子间关系的研究.上海海洋大学,硕士论文.

2. 何彦龙.2014.中低潮滩盐沼植被分异的形成机制研究——以崇明东滩盐沼为例.华东师范大学,博士论文.

3. 胡泓.2014.长江口芦苇湿地温室气体排放通量及影响因素研究.华东师范大学,硕士论文.

4. 胡梦云.2014.长江口边滩湿地生态功能价值评估.华东师范大学,硕士论文.

5. 计娜.2014.近30年来长江口典型岸滩动力、沉积及地貌演变特征研究.华东师范大学,硕士论文.

6. 任璘婧.2014.变化的长江口滩涂湿地景观与生态系统服务功能.华东师范大学,硕士论文.

7. 孙培英.2014.长江口中国花鲈和斑尾刺虾虎鱼的生态化学计量研究.华东师范大学,硕士论文.

8. 严格.2014.崇明东滩湿地盐沼植被生物量及碳储量分布研究.华东师范大学,硕士论文.

9. 余骥.2014.崇明东滩潮间带大型底栖动物群落的生态学研究.华东师范大学,硕士论文.

10. 袁月.2014.崇明东滩湿地芦苇与互花米草种群间关系格局与影响因素研究.华东师范大学,博士论文.

11. 张墨谦.2014.遥感时间序列数据的特征挖掘:在生态学中的应用.复旦大学,博士论文.

12. 邹业爱.2014.崇明东滩水鸟群落对生境变化及湿地修复的响应.华东师范大学,博士论文.

2015年

1. 程勋亮.2015.崇明东滩无机氮的迁移转化过程与影响机制分析.华东师范大学,硕士论文.

2. 崔洪磊.2015.典型滨海湿地植被类型及收割方式对沉积物CO_2和N_2O释放的影响.南京林业大学,硕士论文.

3. 顾骏钦.2015.湿地景观服务空间特征及其价值评价研究——以崇明东滩为例.上海师范大学,硕士论文.

4. 姜俊彦.2015.崇明东滩土壤有机碳汇聚能力及影响因素分析.华东师范大学,硕士论文.

5. 李希之.2015.长江口滩涂湿地植被变化模拟及其生态效应.华东师范大学,硕士论文.

6. 李杨杰.2015.植被在长江口湿地温室气体排放过程中的影响机制研究.华东师范大学,博士论文.

7. 林良羽.2015.崇明东滩大型底栖动物功能群与沉积物理化因子关系研究.华东师范大学,硕士论文.

8. 刘冬秀.2015.崇明东滩互花米草入侵对碳—硫循环微生物群落的影响研究.上海大学,硕士论文.

9. 马长安.2015.围垦对南汇和崇明东滩湿地大型底栖动物的影响.华东师范大学,博士论文.

10. 欧强.2015.水位和增温对崇明东滩滨海围垦湿地土壤呼吸的影响.华东师范大学,硕士论文.

11. 王亚惠.2015.自然保护区环境解说系统评价研究.上海师范大学,硕士论文.

12. 王紫.2015.湿地自然保护区环境解说展示设计研究——以崇明东滩鸟类国家级自然保护区为例.上海师范大学,硕士论文.

13. 吴波.2015.长江口区藻类分布格局及其与环境因子相关性的研究.华东师范大学,博士论文.

14. 吴绽蕾.2015.长江河口湿地沉积物中有机碳及微量元素的沉积埋藏特征.华东师范大学,硕士论文.

15. 张佳蕊.2015.长江口典型淡水潮滩湿地生态系统初级生产力及其对周边河口、海洋的有机碳贡献.华东师范大学,博士论文.

16. 郑艳玲.2015.长江口潮滩湿地氨氧化菌群动态及活性研究.华东师范大学,博士论文.

17. 钟青龙.2015.植物多样性对湿地生态系统初级生产力及底栖动物群落的影响.华东师范大学,硕士论文.

2016年

1. 陈怀璞.2016.崇明东滩湿地土壤有机碳及总氮储量研究.华东师范大学,硕士

论文.
2. 崔利芳.2016.海平面上升影响下长江口滨海湿地脆弱性评价.华东师范大学,博士论文.
3. 丁文慧.2016.互花米草生态治理工程对崇明东滩白头鹤潮滩生境的影响.华东师范大学,硕士论文.
4. 郭慧丽.2016.我国典型潮间带营养盐的空间分布特征及其影响因素研究.河北师范大学,硕士论文.
5. 李艳.2016.滨海芦苇湿地土壤微生物对长期模拟增温的响应.华东师范大学,硕士论文.
6. 刘晋嫣.2016.长江口崇明东滩潮滩植物根系铁膜的磁性特征研究.华东师范大学,硕士论文.
7. 柳林.2016.长江口湿地碳氮汇能力及其生态环境效应.华东师范大学,博士论文.
8. 钱伟伟.2016.基于三维激光扫描系统的崇明东滩潮滩地形测量研究.华东师范大学,硕士论文.
9. 肖珍珠.2016.海三棱藨草(*Scirpus mariqueter*)种群遗传多样性与空间遗传结构.华东师范大学,硕士论文.
10. 谢佳.2016.崇明东滩土地利用/土地覆盖变化遥感监测研究.江西理工大学,硕士论文.
11. 许立佳.2016.基于黑脸琵鹭栖息行为的自然保护区栖息地规划设计研究.上海交通大学,硕士论文.
12. 张天雨.2016.崇明东滩湿地沉积物有机碳和总氮储量动态研究.华东师范大学,博士论文.

2017年

1. 戴文龙.2017.崇明东滩主要自然群落与人工恢复群落的生态功能比较.华东师范大学,硕士论文.
2. 高艳娜.2017.长江口湿地土壤酶活性和土壤微生物生物量对长期模拟升温的响应.华东师范大学,硕士论文.
3. 胡忠健.2017.新生潮滩湿地海三棱藨草种群恢复技术研究.华东师范大学,硕士论文.
4. 黄斌.2017.Cd和Pb对崇明东滩湿地土壤中细菌、真菌和放线菌的Hormesis效应研究.南京林业大学,硕士论文.
5. 李蕙.2017.长江口滨海湿地生态系统多稳态特征及形成机制研究.华东师范大学,硕士论文.
6. 梁晓莉.2017.长江河口大型底栖动物疑难种修订及河口种形成机理初探.华东师

范大学，硕士论文.

7. 廖婉莹.2017.上海崇明岛湿地纤毛虫分类及物种多样性研究.华东师范大学，硕士论文.

8. 刘志权.2017.崇明东滩大型底栖动物对人类活动的响应及生态修复研究.华东师范大学，硕士论文.

9. 吕巍巍.2017.围垦及盐度淡化对长江口潮间带大型底栖动物影响的研究.华东师范大学，博士论文.

10. 舒敏彦.2017.海岸带盐沼植被指数构建研究.华东师范大学，硕士论文.

11. 项世亮.2017.崇明东滩莎草科植物群落格局及其形成机制研究.华东师范大学，硕士论文.

12. 许运凯.2017.河口湿地植被对温室气体排放的影响及其全球变化响应初探.华东师范大学，硕士论文.

13. 薛莲.2017.盐度和淹水对长江口盐沼植被土壤有机碳累积的影响.华东师范大学，博士论文.

14. 曾毓燕.2017.基于三维辐射传输模型的湿地植被场景模拟与光谱分析.华东师范大学，硕士论文.

15. 张骞.2017.崇明东滩土壤总氮含量对环境因子的响应及对植物生理生长的影响.华东师范大学，硕士论文.

2018年

1. 陈思明.2018.粉砂淤泥质潮滩表层沉积物侵蚀特性探讨.华东师范大学，硕士论文.

2. 陈威.2018.崇明东滩湿地原生植被恢复后土壤碳、氮积累研究.华东师范大学，硕士论文.

3. 陈圆.2018.Cd对土壤反硝化与氨化相对重要性的影响.南京林业大学，硕士论文.

4. 樊同.2018.长江口湿地芦苇和互花米草光合生理特性对模拟增温的响应.华东师范大学，硕士论文.

5. 费蓓莉.2018.崇明东滩湿地潮沟水体溶解态和颗粒态碳季节变化特征研究.华东师范大学，硕士论文.

6. 马荣荣.2018.长江口滩涂湿地大弹涂鱼和大鳍弹涂鱼生态位差异.上海海洋大学，博士论文.

7. 马族航.2018.上海崇明岛东滩湿地底栖纤毛虫的物种多样性及其生态学研究.华东师范大学，硕士论文.

8. 孙秀茹.2018.崇明东滩湿地土壤生物固氮速率沿潮滩水淹梯度分布特征.华东师范大学，硕士论文.

9. 王郭臣.2018.长江河口湿地植被固碳对CH_4和CO_2产生的贡献.华东师范大学,硕士论文.

10. 王恒.2018.河口湿地时空动态及其影响因子的尺度效应.华东师范大学,博士论文.

11. 王佳鹏.2018.湿地植被叶片光谱特征及其光合色素反演研究.华东师范大学,硕士论文.

2019年

1. 曹牧.2019.崇明东滩湿地鸟类种群动态及其多样性价值研究.南京林业大学,博士论文.

2. 陈小刚.2019.海岸带典型红树林、盐沼、沙质海滩和岩溶生态系统海底地下水排放.华东师范大学,博士论文.

3. 顿佳耀.2019.崇明东滩盐沼表层沉积物有机碳组分及其来源示踪研究.上海师范大学,硕士论文.

4. 高娟.2019.河口潮滩湿地沉积物反硝化过程及其功能微生物菌群动态研究.华东师范大学,博士论文.

5. 黄盖先.2019.生态物联网在崇明东滩湿地野外观测中的应用.华东师范大学,硕士论文.

6. 刘承磊.2019.Cd、Pb作用下土壤碱性磷酸酶活性的Hormesis效应及预测.南京林业大学,硕士论文.

7. 鲁佩仪.2019.崇明东滩鸟类栖息地优化工程区水量和涵闸调控研究.华东师范大学,硕士论文.

8. 汪蓉.2019.长江口及其邻近海域沉积物固氮及其影响因素.华东师范大学,硕士论文.

9. 王珊珊.2019.河口泥滩底栖硅藻群落结构时空变化特征的比较研究.中国科学院大学(中国科学院烟台海岸带研究所),硕士论文.

10. 魏伟.2019.基于地面激光扫描的崇明东滩潮滩地形构建及冲淤演变分析.华东师范大学,硕士论文.

11. 魏晓宇.2019.海三棱藨草种子萌发及幼苗生长对盐度和氮磷比梯度的生态响应.华东师范大学,硕士论文.

12. 吴晓峰.2019.长江口中华绒螯蟹亲蟹的种群特征及资源评估.上海海洋大学,硕士论文.

13. 杨骁.2019.植物入侵对海岸带湿地土壤碳动态和CH_4排放的影响.辽宁大学,硕士论文.

14. 叶锦玉.2019.长江口潮间带湿地亚生境中斑尾刺虾虎鱼时空分布特征和栖息策略.上海海洋大学,硕士论文.

15. 衣俊.2019.潮滩沉积物微生物群落表征及其对污染物的响应研究.华东师范大

学,博士论文.

16. 张红丽.2019.长江口潮滩上覆水体脱氮过程对沉积物再悬浮的响应.华东师范大学,硕士论文.

17. 朱红雨.2019.滨海湿地芦苇和互花米草光合、生长及生物量对模拟增温的动态响应—实验与模型估算.华东师范大学,硕士论文.

18. 朱绳祖.2019.近期崇明岛周边岸滩沉积特征及影响因子探讨.华东师范大学,硕士论文.

19. 朱晓泾.2019.生态治理后互花米草二次入侵的风险评估研究.华东师范大学,硕士论文.

2020年

1. 陈明利.2020.崇明东滩湿地水鸟对小型水生生物的携带作用.华东师范大学,硕士论文.

2. 陈雅慧.2020.长江口海三棱藨草种群的生态修复研究.华东师范大学,硕士论文.

3. 何钰滢.2020.环崇明岛岸滩变化过程研究.华东师范大学,硕士论文.

4. 胡梦瑶.2020.崇明东滩潮间带前沿植被与泥沙沉积协同动态研究.华东师范大学,硕士论文.

5. 李钰.2020.植物枯落物对长江口潮间带湿地二氧化碳和甲烷产生的贡献和影响.华东师范大学,硕士论文.

6. 刘欢.2020.长江口崇明东滩夏秋季仔稚鱼空间分布的分析研究.上海海洋大学,硕士论文.

7. 牛淑杰.2020.崇明东滩多尺度冲淤特征及动力机制.华东师范大学,硕士论文.

8. 潘家琳.2020.海岸生态工程对水鸟栖息地的影响及综合调控对策.华东师范大学,硕士论文.

9. 孙钰茗.2020.崇明东滩湿地芦苇群落土壤酶活性时空变化及影响因素分析.华东师范大学,硕士论文.

10. 王倩.2020.环境因子和竞争对崇明东滩优势物种群落更新的影响.华东师范大学,硕士论文.

11. 赵丽侠.2020.盐沼湿地空间自组织格局形成机理及其生态系统功能.华东师范大学,博士论文.

12. 郑鑫.2020.围堤工程对崇明东滩湿地浮游生物群落的影响.华东师范大学,硕士论文.

13. 种振涛.2020.潮滩植被“绿色堤防效应”数值模拟.上海师范大学,硕士论文.

14. 朱颖旸.2020.崇明东滩湿地四种典型生境土壤胞外酶活性及影响因素.华东师范大学,硕士论文.

图书在版编目(CIP)数据

长江河口滩涂湿地：上海崇明东滩鸟类国家级自然保护区第二次综合科学考察报告 / 陈家宽主编；
汤臣栋，马涛，马强副主编. — 上海：上海科学普及出版社，2022.9
ISBN 978-7-5427-8294-6

Ⅰ.①长… Ⅱ.①陈… ②汤… ③马… ④马… Ⅲ.①长江-河口-自然保护区-科学考察-考察报告-上海
Ⅳ.①S759.992.51

中国版本图书馆CIP数据核字(2022)第166267号

责任编辑　何中辰　柴日奕
助理编辑　郝梓涵
装帧设计　姜　明

长江河口滩涂湿地：上海崇明东滩鸟类国家级
自然保护区第二次综合科学考察报告
陈家宽　主编
上海科学普及出版社出版发行
(上海中山北路832号　邮政编码200070)
http://www.pspsh.com

各地新华书店经销　　上海盛通时代印刷有限公司印刷
开本 787×1092　1/16　　印张 15.5　　字数 330 000
2022年9月第1版　　2022年9月第1次印刷

ISBN 978-7-5427-8294-6
定价：98.00元